jQuery 前端开发
（全案例微课版）

刘　辉　编著

清华大学出版社
北　京

内 容 简 介

本书是针对零基础读者研发的网站前端开发入门教材。该书侧重案例实训，并提供扫码微课来讲解当前的热点案例。

本书分为 18 章，内容包括 jQuery 框架快速入门、jQuery 的选择器、使用 jQuery 控制页面、事件处理、设计网页中动画特效、jQuery 的功能函数、jQuery 插件的应用与开发、jQuery 与 Ajax 技术的应用、jQuery 的经典交互特效案例、jQuery Mobile 快速入门、使用 UI 组件、jQuery Mobile 事件、数据存储和读取技术、响应式网页设计、流行的响应式开发框架 Bootstrap。本书最后通过 3 个热点综合项目，进一步巩固读者的项目开发经验。

本书通过精选热点案例，让初学者快速掌握网站前端开发技术。

本书封面贴有清华大学出版社防伪标签，无标签者不得销售。

版权所有，侵权必究。举报：010-62782989，beiqinquan@tup.tsinghua.edu.cn

图书在版编目(CIP)数据

jQuery 前端开发：全案例微课版 / 刘辉编著 . —北京：清华大学出版社，2021.8
ISBN 978-7-302-58275-5

Ⅰ . ① j… Ⅱ . ①刘… Ⅲ . ① JAVA 语言－程序设计－教材 Ⅳ . ① TP312.8

中国版本图书馆 CIP 数据核字 (2021) 第 105756 号

责任编辑：张彦青
封面设计：李 坤
责任校对：周剑云
责任印制：朱雨萌

出版发行：清华大学出版社
　　　　　网　　　址：http://www.tup.com.cn，http://www.wqbook.com
　　　　　地　　　址：北京清华大学学研大厦 A 座　　　　邮　　编：100084
　　　　　社 总 机：010-62770175　　　　邮　　购：010-62786544
　　　　　投稿与读者服务：010-62776969，c-service@tup.tsinghua.edu.cn
　　　　　质 量 反 馈：010-62772015，zhiliang@tup.tsinghua.edu.cn
印 装 者：小森印刷霸州有限公司
经　　销：全国新华书店
开　　本：185mm×260mm　　　印　　张：21.5　　　字　　数：524 千字
版　　次：2021 年 8 月第 1 版　　　印　　次：2021 年 8 月第 1 次印刷
定　　价：78.00 元

产品编号：087774-01

前　言

"网站开发全案例微课版"系列图书是专门为网站开发和数据库初学者量身定做的一套学习用书。整套书涵盖网站开发、数据库设计等方面。

本套书具有以下特点

前沿科技

无论是数据库设计还是网站开发，精选的案例均来自较为前沿或者用户群最多的领域，以帮助大家认识和了解最新动态。

权威的作者团队

组织国家重点实验室和资深应用专家联手编著该套图书，该套书融入了丰富的教学经验与优秀的管理理念。

学习型案例设计

以技术的实际应用过程为主线，全程采用图解和多媒体同步结合的教学方式，生动、直观、全面地剖析使用过程中的各种应用技能，降低难度，提升学习效率。

扫码看视频

通过微信扫码看视频，可以随时在移动端学习技能对应的视频操作。

为什么要写这样一本书

jQuery 是目前最受欢迎的 JavaScript 库之一，能用最少的代码实现最多的功能。对最新 jQuery 的学习也成为网页设计师的必修课。目前学习和关注的人越来越多，而很多 jQuery 的初学者都苦于找不到一本通俗易懂、容易入门和案例实用的参考书。通过本书的案例实训，大学生可以很快地上手流行的动态网站开发方法，提高职业化能力，从而帮助解决公司与学生的双重需求问题。

本书特色

零基础、入门级的讲解

无论您是否从事计算机相关行业，也无论您是否接触过网站开发，都能从本书中找到最佳起点。

实用、专业的范例和项目

本书在编排上紧密结合深入学习网页设计的过程，从 jQuery 基本概念开始，逐步带领读者学习网站前端开发的各种应用技巧，侧重实战技能，使用简单易懂的实际案例进行分析和操作指导，让读者学起来轻松易懂，操作起来有章可循。

随时随地学习

本书提供了微课视频，涵盖本书所有知识点，详细讲解每个实例及项目的过程及技术关键点，通过手机扫码即可观看，随时随地解决学习中的困惑。比看书更轻松地掌握书中所有的 jQuery 前端开发知识，而且扩展的讲解部分使您得到比书中更多的收获。

读者对象

本书是一本全面介绍网站前端技术的教程，内容丰富、条理清晰、实用性强，适合以下读者学习使用：

- 零基础的 jQuery 网站前端开发自学者。
- 希望快速、全面掌握 jQuery 网站前端开发的人员。
- 高等院校或培训机构的老师和学生。
- 参加毕业设计的学生。

创作团队

本书由刘辉编著，参加编写的人员还有刘春茂、李艳恩和张华。在编写过程中，我们虽竭尽所能将最好的讲解呈献给了读者，但难免有疏漏和不妥之处，敬请读者不吝指正。

本书案例源代码　　　　王牌资源

目　录

Contents

第1章 jQuery框架快速入门

📖 **本章导读**

随着互联网的快速发展，程序员开始越来越多地重视程序功能上的封装与开发，进而可以从烦琐的 JavaScript 中解脱出来，以便后人在遇到相同问题时可以直接使用，从而提高项目的开发效率，其中 jQuery 就是一个优秀的 JavaScript 脚本库。本章重点学习 jQuery 框架的使用方法。

📑 **知识导图**

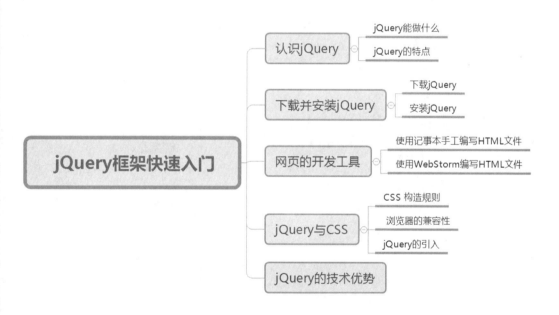

1.1　认识 jQuery

　　jQuery 是一个兼容多浏览器的 JavaScript 框架，它的核心理念是"写得更少，做得更多"。jQuery 在 2006 年 1 月由美国人 John Resig 在纽约的 Barcamp 发布，吸引了来自世界各地众多 JavaScript 高手的加入，如今，jQuery 已经成为最流行的 JavaScript 框架之一。

1.1.1　jQuery 能做什么

　　最开始时，jQuery 所提供的功能非常有限，仅仅能增强 CSS 的选择器功能，而如今 jQuery 已经发展到集 JavaScript、CSS、DOM 和 Ajax 于一体的优秀框架，其模块化的使用方式使开发者可以很轻松地开发出功能强大的静态或动态网页。目前，很多网站的动态效果就是利用 jQuery 脚本库制作出来的，如中国网络电视台、CCTV、京东商城等。

　　下面来介绍京东商城应用的 jQuery 效果，访问京东商城的首页时，在右侧有一个话费、旅行、彩票、游戏栏目，这里应用 jQuery 实现了选项卡的效果，将鼠标移动到"话费"栏目上，选项卡中将显示手机话费充值的相关内容，如图 1-1 所示；将鼠标移动到"游戏"栏目上，选项卡中将显示游戏充值的相关内容，如图 1-2 所示。

图 1-1　显示手机话费充值的相关内容

图 1-2　显示游戏充值的相关内容

1.1.2　jQuery 的特点

　　jQuery 是一个简洁快速的 JavaScript 脚本库，其独特的选择器、链式的 DOM 操作方式、事件绑定机制、封装完善的 Ajax 都是其他 JavaScript 库望尘莫及的。

　　jQuery 的主要特点如下。

　　（1）代码短小精湛。jQuery 是一个轻量级的 JavaScript 脚本库，其代码非常短小，采用 Dean Edwards 的 Packer 压缩后，只有不到 30KB 的大小，如果服务器端启用 gzip 压缩后，甚至只有 16KB 的大小。

　　（2）强大的选择器支持。jQuery 可以让操作者使用从 CSS 1 到 CSS 3 几乎所有的选择器，以及 jQuery 独创的高级而复杂的选择器。

　　（3）出色的 DOM 操作封装。jQuery 封装了大量常用 DOM 操作，使用户编写 DOM 操作相关程序的时候能够得心应手，轻松地完成各种原本非常复杂的操作，让 JavaScript 新手也能写出出色的程序。

（4）可靠的事件处理机制。jQuery 的事件处理机制吸取了 JavaScript 专家 Dean Edwards 编写的事件处理函数的精华，使得 jQuery 处理事件绑定时相当可靠。在预留退路方面，jQuery 也做得较好。

（5）完善的 Ajax。jQuery 将所有的 Ajax 操作封装到一个 $.ajax 函数中，使得用户处理 Ajax 的时候能够专心处理业务逻辑，而无须关心复杂的浏览器兼容性和 XMLHttpRequest 对象的创建和使用的问题。

（6）出色的浏览器兼容性。作为一个流行的 JavaScript 库，浏览器的兼容性自然是必须具备的条件之一，jQuery 能够在 IE 6.0+、FF 2+、Safari 2.0+ 和 Opera 9.0+ 下正常运行。同时修复了一些浏览器之间的差异，使用户无须在开展项目前因为忙于建立一个浏览器兼容库而焦头烂额。

（7）丰富的插件支持。任何事物，如果没有很多人的支持，是永远发展不起来的。jQuery 的易扩展性，吸引了来自全球的开发者来共同编写 jQuery 的扩展插件。目前已经有超过几百种的官方插件支持。

（8）开源特点。jQuery 是一个开源的产品，任何人都可以自由地使用。

1.2　下载并安装 jQuery

要想在开发网站的过程中应用 jQuery 库，需要下载并安装它，本章节将介绍如何下载与安装 jQuery。

1.2.1　下载 jQuery

jQuery 是一个开源的脚本库，可以从其官方网站（http://jquery.com）下载，下载 jQuery 库的操作步骤如下。

01 在浏览器的地址栏中输入 http://jquery.com，按下 Enter 键，即可进入 jQuery 官方网站的首页，如图 1-3 所示。

图 1-3　jQuery 官方网站的首页

02 在 jQuery 官方网站的首页中，可以下载最新版本的 jQuery 库，在其中单击 jQuery 库的下载链接，即可下载 jQuery 库，如图 1-4 所示。

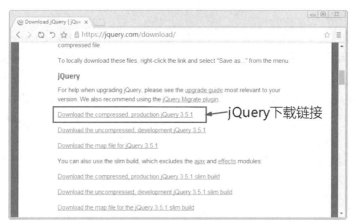

图 1-4　下载 jQuery 库

> **提示**：在图 1-4 中选择 Download the compressed, production jQuery 3.5.1 链接，将会下载代码压缩版本，下载的文件为 jquery-3.5.1.min.js。如果选择 Download the uncompressed, development jQuery 3.5.1 链接，则下载包含注释的未被压缩的版本，下载的文件为 jquery-3.5.1.js。

1.2.2　安装 jQuery

将 jQuery 库文件 jquery-3.5.1.min.js 下载到本地计算机后，将其名称修改为 jquery.min.js 后，将 jquery.min.js 文件放置到项目文件夹中，根据需要应用到 jQuery 的页面中即可。

使用下面的语句，将其引用到文件中：

```
<script src="jquery.min.js" type="text/javascript"></script>
<!--或者-->
<script Language="javascript" src="jquery.min.js"></script>
```

> **注意**：引用 jQuery 的 <script> 标签必须放在所有的自定义脚本的 <script> 之前，否则在自定义的脚本代码中应用不到 jQuery 脚本库。

1.3　网页的开发工具

有两种常用方式可产生 HTML 文件：①自己写 HTML 文件，事实上这并不是很困难，也不需要特别的技巧；②使用 HTML 编辑器 WebStorm，它可以辅助使用者来做编写工作。

1.3.1　使用记事本手工编写 HTML 文件

前面介绍过，HTML 5 是一种标签语言，标签语言代码是以文本形式存在的，因此，所有的记事本工具都可以作为它的开发环境。

HTML 文件的扩展名为 .html 或 .htm，将 HTML 源代码输入到记事本并保存之后，可以在浏览器中打开文档查看其效果。

使用记事本编写 HTML 文件的具体操作步骤如下。

01 单击 Windows 桌面上的"开始"按钮，选择"所有程序"→"附件"→"记事本"命令，打开一个记事本，在记事本中输入 HTML 代码，如图 1-5 所示。

图 1-5 编辑 HTML 代码

02 编辑完 HTML 文件后，选择"文件"→"保存"命令或按 Ctrl+S 快捷键，在弹出的"另存为"对话框中，选择"保存类型"为"所有文件"，然后将文件扩展名设为 .html 或 .htm，如图 1-6 所示。

03 单击"保存"按钮，即可保存文件。打开网页文档，运行效果如图 1-7 所示。

图 1-6 "另存为"对话框

图 1-7 网页的浏览效果

1.3.2 使用 WebStorm 编写 HTML 文件

WebStorm 是一款前端页面开发工具。该工具的主要优势是有智能提示，智能补齐代码，代码格式化显示，联想查询和代码调试等。对于初学者而言，WebStorm 不仅功能强大，而且非常容易上手操作，被广大前端开发者誉为 Web 前端开发神器。

下面以 WebStorm 英文版为例进行讲解。首先打开浏览器，输入网址 https://www.jetbrains.com/webstorm/download/#section=windows，进入 WebStorm 官网下载页面，如图 1-8 所示。单击 Download 按钮，即可开始下载 WebStorm 安装程序。

图 1-8　WebStorm 官网下载页面

1. 安装 WebStorm 2019

下载完成后，即可进行安装，具体操作步骤如下。

01 双击下载的安装文件，进入安装 WebStorm的欢迎界面，如图 1-9 所示。

02 单击 Next 按钮，进入选择安装路径界面，单击 Browse... 按钮，即可选择新的安装路径，这里采用默认的安装路径，如图 1-10 所示。

图 1-9　欢迎界面

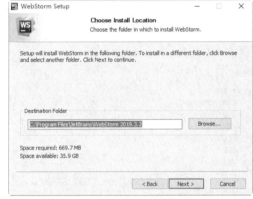

图 1-10　选择安装路径界面

03 单击 Next 按钮，进入选择安装选项界面，选择所有的复选框，如图 1-11 所示。

04 单击 Next 按钮，进入选择开始菜单文件夹界面，默认为 JetBrains，如图 1-12 所示。

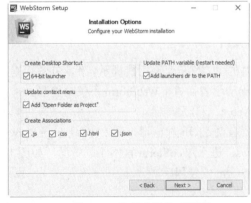

图 1-11　选择安装选项界面

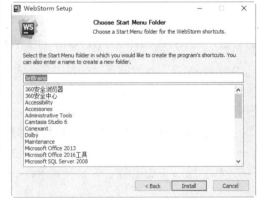

图 1-12　选择开始菜单文件夹界面

05 单击 Install 按钮，开始安装软件并显示安装的进度，如图 1-13 所示。

06 安装完成后，单击 Finish 按钮，如图 1-14 所示。

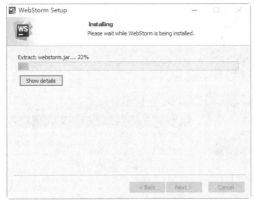
图 1-13　开始安装 WebStorm

图 1-14　安装完成界面

2. 创建和运行 HTML 文件

01 单击 Windows 桌面上的"开始"按钮，选择"所有程序"→ JetBrains WebStorm 2019 命令，打开 WebStorm 欢迎界面，如图 1-15 所示。

02 单击 Create New Project 按钮，打开 New Project 对话框，在 Location 文本框中输入工程存放的路径，也可以单击 按钮选择路径，如图 1-16 所示。

图 1-15　WebStorm 欢迎界面

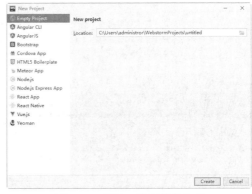
图 1-16　设置工程存放的路径

03 单击 Create 按钮，进入 WebStorm 主界面，选择 File → New → HTML File 命令，如图 1-17 所示。

04 打开 New HTML File 对话框，输入文件名称为 index.html，选择文件类型为 HTML 5 file，如图 1-18 所示。

05 按 Enter 键即可查看新建的 HTML5 文件，接着就可以编辑 HTML5 文件。例如这里在 \<body\> 标签中输入文字"使用工具好方便啊！"，如图 1-19 所示。

06 编辑完代码后，选择 File → Save As 命令，打开 Copy 对话框，可以保存文件或者另存为一个文件，还可以选择保存路径，设置完成后单击 OK 按钮即可，如图 1-20 所示。

07 在浏览器中运行代码，如图 1-21 所示。

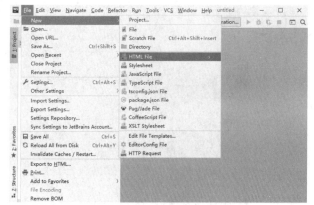

图 1-17　创建一个 HTML 文件

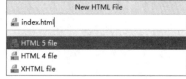

图 1-18　输入文件的名称

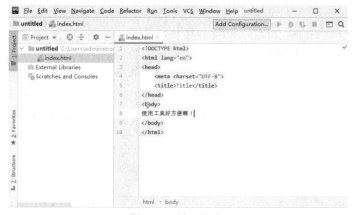

图 1-19　输入文字

图 1-20　输入文件的名称

图 1-21　运行 HTML5 文件的代码

1.4　jQuery 与 CSS

对于设计者来说，CSS 是一个非常灵活的工具，使用户不必再把复杂的样式定义编写在文档结构中，而将有关文档的样式内容全部脱离出来。这样做的最大优势就是在后期维护中只需修改代码即可。

1.4.1　CSS 构造规则

CSS 样式表是由若干条样式规则组成的，这些样式规则可以应用到不同的元素或文档，来定义它们显示的外观。每一条样式规则由三部分构成：选择符（selector）、属性（properties）和属性值（value），基本格式如下：

```
selector{property: value}
```

（1）selector 选择符可以采用多种形式，可以是文档中的 HTML 标签，例如 <body>、<table>、<p> 等，但是也可以是 XML 文档中的标签。

（2）property 属性则是选择符指定的标签所包含的属性。

（3）value 指定了属性的值。如果定义选择符的多个属性，则属性和属性值为一组，组与组之间用分号（；）隔开。基本格式如下：

```
selector{property1: value1; property2: value2; ...}
```

下面给出一条样式规则，如下所示：

```
p{color: red}
```

该样式规则的选择符是 p，即为段落标签 <p> 提供样式，color 为指定文字颜色属性，red 为属性值。此样式表示标签 <p> 指定的段落文字为红色。

如果要为段落设置多种样式，则可以使用如下语句：

```
p{font-family:"隶书"; color:red; font-size:40px; font-weight:bold}
```

1.4.2 浏览器的兼容性

CSS 制定完成后，具有了很多新功能，即新样式，但这些新样式在浏览器中不能获得完全支持，主要在于各个浏览器对 CSS 细节处理上存在差异，例如一种标签某个属性一种浏览器支持，而另一种浏览器不支持，或者两者浏览器都支持，但其显示效果不一样。

针对 CSS 与浏览器的兼容性，用户可以通过 http://www.css3.info 网站来测试自己所使用的浏览器版本对属性选择器的兼容性程度。

具体的操作步骤如下。

01 打开 IE 浏览器，在地址栏中输入 http://www.css3.info，按下 Enter 键，进入该网站的首页，选择 CSS SELECTORS TEST 选项卡，进入 CSS SELECTORS TEST 工作界面中，如图 1-22 所示。

02 单击 Start the CSS Selectors test 按钮，开始测试本机浏览器版本（IE 11.0）与 CSS 属性选择器的兼容性，其中红色部分说明兼容效果不好，绿色部分说明兼容效果好，如图 1-23 所示。

图 1-22　CSS SELECTORS TEST 工作界面

图 1-23　测试结果

1.4.3 jQuery 的引入

　　jQuery 的引入弥补了浏览器与 CSS 兼容性不好的缺陷，因为 jQuery 提供了几乎所有的 CSS 属性选择器，而且 jQuery 的兼容性很好，目前的主流浏览器几乎都可以完美实现。开发者只需按照以前的方法定义 CSS 类别，在引入 jQuery 后，通过 addClass() 方法添加至指定元素中即可。

▌ 实例 1：jQuery 的引入

```
<!DOCTYPE html>
<html>
<head>
    <!--指定页面编码格式-->
    <meta charset="UTF-8">
    <!--指定页头信息-->
    <title>属性选择器</title>
    <style type="text/css">
        .NewClass{ /* 设定某个CSS类别 */
            background-color: #223344;
            color: #22ff37;
        }
    </style>
    <script language="javascript"
src="jquery.min.js"></script>
    <script language="javascript">
        $(function(){ /*先用CSS 3的选择
器，然后添加样式风格*/
            $("a:nth-child4)").addClass
("NewClass");
        });
```

```
    </script>
</head>
<body>
<a href="#">首页</a>
<a href="#">电脑办公</a>
<a href="#">家用电器</a>
<a href="#">男鞋箱包</a>
<a href="#">珠宝玉器</a>
<a href="#">今日秒杀</a>
</body>
</html>
```

运行结果如图 1-24 所示。

图 1-24　属性选择器

1.5　jQuery 的技术优势

　　jQuery 最大的技术优势就是简洁实用，能够使用短小的代码来实现复杂的网页预览效果，下面通过例子来介绍 jQuery 的技术优势。

　　在日常生活中，经常会遇到各种各样以表格形式出现的数据，当数据量很大或者表格格式过于一致时，会使人感觉混乱，所以工作人员常常通过奇偶行异色来使数据一目了然。如果利用 JavaScript 来实现隔行变色的效果，需要用 for 循环遍历所有行，当行数为偶数时，添加不同类别即可。

▌ 实例 2：JavaScript 实现表格奇偶行异色

```
<!DOCTYPE html>
<html>
<head>
    <!--指定页面编码格式-->
    <meta charset="UTF-8">
    <!--指定页头信息-->
    <title>JavaScript表格奇偶行异色</title>
    <style>
        <!--
        .datalist{
            border:1px solid #007108;
```

```
/* 表格边框 */
            font-family:Arial;
            border-collapse:collapse;
/* 边框重叠 */
            background-color:#d999dc;
/* 表格背景色:紫色 */
            font-size:14px;
        }
        .datalist th{
            border:1px solid #007108;
/* 行名称边框 */
            background-color:#000000;
/* 行名称背景色 :黑色*/
```

```
            color:#FFFFFF;
/* 行名称颜色:白色 */
            font-weight:bold;
                padding-top:4px; padding-
bottom:4px;
                padding-left:12px; padding-
right:12px;
            text-align:center;
        }
        .datalist td{
            border:1px solid #007108;
/* 单元格边框 */
            text-align:left;
                padding-top:4px; padding-
bottom:4px;
                padding-left:10px; padding-
right:10px;
        }
        .datalist tr.altrow{
            background-color:#a5e5ff;
/* 隔行变色:蓝色 */
        }
        -->
    </style>
    <script language="javascript">
        window.onload = function(){
                var oTable = document.
getElementById("Table");
            for(var i=0;i<Table.rows.
length;i++){
                if(i%2==0)   /* 偶数行
时 */
                        Table.rows[i].
className = "altrow";
            }
        }
    </script>
</head>
<body>
<table class="datalist" summary="list
of members in EE Studay" id="Table">
    <tr>
        <th scope="col">名称</th>
        <th scope="col">价格</th>
        <th scope="col">产地</th>
        <th scope="col">库存</th>
```

```
    </tr>
    <tr>
        <td>冰箱</td>
        <td>6800元</td>
        <td>北京</td>
        <td>4600台</td>
    </tr>
    <tr>
        <td>洗衣机</td>
        <td>4800</td>
        <td>北京</td>
        <td>4900台</td>
    </tr>
    <tr>
        <td>空调</td>
        <td>6900</td>
        <td>上海</td>
        <td>6900台</td>
    </tr>
    <tr>
        <td>电视机</td>
        <td>4999元</td>
        <td>上海</td>
        <td>4600台</td>
    </tr>
</table>
</body>
</html>
```

运行结果如图 1-25 所示。

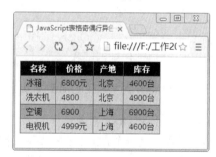

图 1-25　表格的奇偶行异色效果

下面使用 jQuery 来实现表格奇偶行异色。当引入 jQuery 使用时，jQuery 的选择器会自动选择奇偶行。

实例 3：jQuery 实现表格奇偶行异色

将上个例子中 1.2.html 文件中的代码：

```
<script language="javascript">
        window.onload = function(){
        var oTable = document.
getElementById("Table");
```

```
        for(var i=0;i<Table.rows.
length;i++){
            if(i%2==0)        //偶数行时
            Table.rows[i].className =
"altrow";
        }
    }
</script>
```

修改如下：

```
<script language="javascript"
src="jquery.min.js"></script>
<script language="javascript">
```

```
$(function(){
    $("table.datalist tr:nth-child
(odd)").addClass("altrow");
});
</script>
```

运行结果与 JavaScript 的结果完全一样，但是代码量减少了，一行代码就可轻松实现，语法也十分简单。

1.6 新手常见疑难问题

▌疑问 1：jQuery 变量与普通 JavaScript 变量是否容易混淆？

jQuery 作为一个跨浏览器的 JavaScript 库，可有助于写出高度兼容的代码，但其中有一点需要强调的是，jQuery 的函数调用返回的变量，与浏览器原生的 JavaScript 变量是有区别的，不可混用。例如，以下代码是有问题的：

```
var a = $('#abtn');
a.click(function(){...});
```

可以这样理解，$('') 选择器返回的变量属于"jQuery 变量"，通过复制给原生 var a，将其转换为普通变量了，因而无法支持常见的 jQuery 操作。解决方法是将变量名加上 $ 标签，使得其保持为"jQuery 变量"：

```
var $a = $('#abtn');
$a.click(function(){...});
```

除了上述例子，实际 jQuery 编程中也会有很多不经意间的转换，从而导致错误，也需要读者根据这个原理仔细调试和修改。

▌疑问 2：jQuery 对象和 DOM 对象有什么区别？

jQuery 对象和 DOM 对象操作的都是 DOM 元素，不过 jQuery 对象包含了多个 DOM 元素，而 DOM 对象只是一个 DOM 元素。可见，jQuery 对象是 DOM 元素的集合，也被称为伪类数组。

jQuery 对象和 DOM 对象是可以相互转换的。

1）把 DOM 对象转换为 jQuery 对象

要想把 DOM 对象转换为 jQuery 对象，直接把它传递给 $() 函数即可，jQuery 会自动把它转化为 jQuery 对象，然后就可以根据需要调用 jQuery 定义的方法。

2）把 jQuery 对象转换为 DOM 对象

jQuery 对象不能使用 DOM 对象的方法，如果需要把 jQuery 对象转化为 DOM 对象。转化的方法有两种。

（1）通过 jQuery 对象的方法，例如 get() 方法，给 get() 方法传递一个下标值，即可从 jQuery 对象中取出一个 DOM 对象元素。

（2）通过数组下标来读取 jQuery 对象集合中的某个 DOM 元素对象。

1.7 实战训练营

▎实战 1：使用 WebStorm 制作符合 W3C 标准的古诗网页。

安装 WebStorm 软件，并制作一个符合 W3C 标准的古诗网页，最终效果如图 1-26 所示。

▎实战 2：制作一个简单的引用 jQuery 框架的程序。

制作一个简单的引用 jQuery 框架的程序，运行程序，将弹出如图 1-27 所示的对话框。

图 1-26　古诗网页的预览效果

图 1-27　引用 jQuery 框架的程序

第2章 jQuery的选择器

📖 本章导读

在 JavaScript 中，要想获取网页的 DOM 元素，必须使用该元素的 ID 和 TagName，但是在 jQuery 中，遍历 DOM、事件处理、CSS 控制、动画设计和 Ajax 操作都要依赖于选择器。熟练使用选择器，不仅可以简化代码，还可以提升开发效率。本章介绍如何使用 jQuery 的选择器选择匹配的元素。

📖 知识导图

2.1 jQuery 的 $

$ 是 jQuery 中最常用的一个符号，用于声明 jQuery 对象。可以说，在 jQuery 中，无论使用哪种类型的选择器，都需要从一个 $ 符号和一对 () 开始。在 () 中通常使用字符串参数，参数中可以包含任何 CSS 选择符表达式。

2.1.1 $ 符号的应用

$ 是 jQuery 选取元素的符号，用来选择某一类或者某一个元素。其通用语法格式如下：

```
$(selector)
```

$ 通常的用法有以下几种。

（1）在参数中使用标签名，如 $("div")，用于获取文档中全部的 <div>。

（2）在参数中使用 ID，如 $("#usename")，用于获取文档中 ID 属性值为 usename 的一个元素。

（3）在参数中使用 CSS 类名，如 $(".btn_grey")，用于获取文档中使用 CSS 类名为 btn_grey 的所有元素。

▌实例 1：选择文本段落中的奇数行

```html
<!DOCTYPE html>
<html>
<head>
    <!--指定页面编码格式-->
    <meta charset="UTF-8">
    <!--指定页头信息-->
    <title>选择文本段中的奇数行</title>
    <script language="javascript"
src="jquery.min.js"></script>
    <script language="javascript">
        window.onload = function(){
                var oElements = $
("p:odd");          //选择匹配元素
            for(var i=0; i<oElements.
length; i++)
                oElements[i].innerHTML
= i.toString();
        }
    </script>
</head>
<body>
<div id="body">
    <p>第一行文字</p>
```

```html
    <p>第二行文字</p>
    <p>第三行文字</p>
    <p>第四行文字</p>
    <p>第五行文字</p>
    <p>第六行文字</p>
</div>
</body>
</html>
```

运行结果如图 2-1 所示。

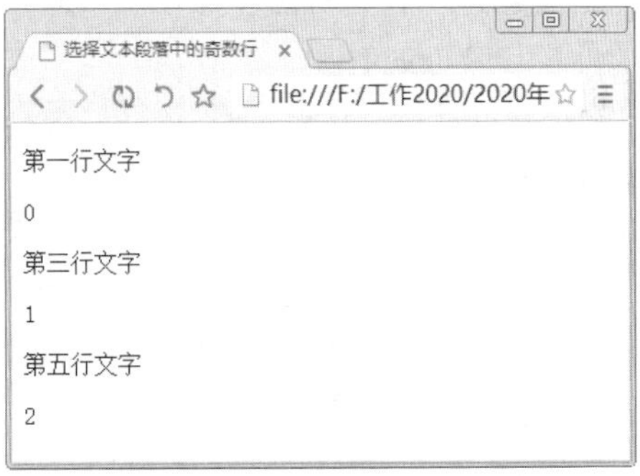

图 2-1　选择文本段落中的奇数行

2.1.2 功能函数的前缀

$ 是功能函数的前缀，例如，JavaScript 中没有提供清理文本框中空格的功能，但在引入

jQuery 后，开发者就可以直接调用 trim() 函数来轻松地去掉文本框前后的空格，不过需要在函数前加上 $ 符号。当然 jQuery 中这种函数还有很多，后面章节涉及的时候会继续介绍。

▌实例 2：去除字符串前后的空格

```
<!DOCTYPE html>
<html>
<head>
    <!--指定页面编码格式-->
    <meta charset="UTF-8">
    <!--指定页头信息-->
    <title>去除字符串前后的空格</title>
        <script language="javascript"
src="jquery.min.js"></script>
        <script language="javascript">
            var String = "        飞云当面化龙
蛇，夭矫转空碧。        ";
            String = $.trim(String);
            alert(String);
        </script>
</head>
<body>
<p>字符串清除空格前:"  飞云当面化龙蛇，夭矫转
```

```
空碧。  "</p>
</body>
</html>
```

运行结果如图 2-2 所示，可以看到这段代码的功能是将字符串中首尾的空格全部去掉。

图 2-2　使用 trim() 函数

2.1.3　创建 DOM 元素

jQuery 可以使用 $ 创建 DOM 元素。例如，下面一段 JavaScript 就是用来创建 DOM 的代码：

```
var NewElement = document.createElement("p");
var NewText = document.createTextNode("Hello World!");
NewElement.appendChild(NewText);
```

其中，appendChild() 方法用于在节点之下加入新的文本。上面的代码在 jQuery 中可以直接简化为：

```
var NewElement = $("<p>Hello World!</p>");
```

▌实例 3：创建 DOM 元素

```
<!DOCTYPE html>
<html>
<head>
    <meta charset="UTF-8">
    <title>创建DOM元素</title>
        <script language="javascript"
src="jquery.min.js"></script>
        <script language="javascript">
            $(document).ready(function(){
                var New = $("<a>（添加新文本
内容）</a>");  //创建DOM元素
                        New.insertAfter
("#target");        //insertAfter()方法
            });
        </script>
</head>
```

```
<body>
<a id="target" href="https://www.
google.com.hk/">Google</a>
<a href="http://www.baidu.com">Baidu</
a>
</body>
</html>
```

运行结果如图 2-3 所示。

图 2-3　创建 DOM

2.2　基本选择器

jQuery 的基本选择器是应用最广泛的选择器，它是其他类型选择器的基础，是 jQuery 选择器中最为重要的部分，这里建议读者重点掌握。jQuery 的基本选择器包括 ID 选择器、元素选择器、类别选择器、复合选择器等。

2.2.1　通配符选择器（*）

通配符选择器（*）选取文档中的每个单独的元素，包括 html、head 和 body。如果与其他元素（如嵌套选择器）一起使用，该选择器选取指定元素中的所有子元素。

通配符选择器（*）的语法格式如下：

```
$(*)
```

▌ 实例 4：选择 <body> 内的所有元素

```
<!DOCTYPE html>
<html>
<head>
    <meta charset="UTF-8">
    <title>通配符选择器</title>
    <script language="javascript"
src="jquery.min.js"></script>
    <script language="javascript">
        $(document).ready(function(){
                $("body *").css
("background-color","#B2E0FF");
        });
    </script>
</head>
<body>
<h1>老码识途课堂</h1>
<p class="intro">公众号介绍</p>
<p>名称：老码识途课堂</p>
<p>发表文章的范围：网站开发、人工智能和网络安全</p>
<div id="choose">
    课程分类：
    <ul>
        <li>网站开发训练营</li>
```

```
        <li>网络安全训练营</li>
        <li>人工智能训练营</li>
    </ul>
</div>
</body>
</html>
```

运行结果如图 2-4 所示，可以看到网页中用背景色显示出 body 中所有的元素内容。

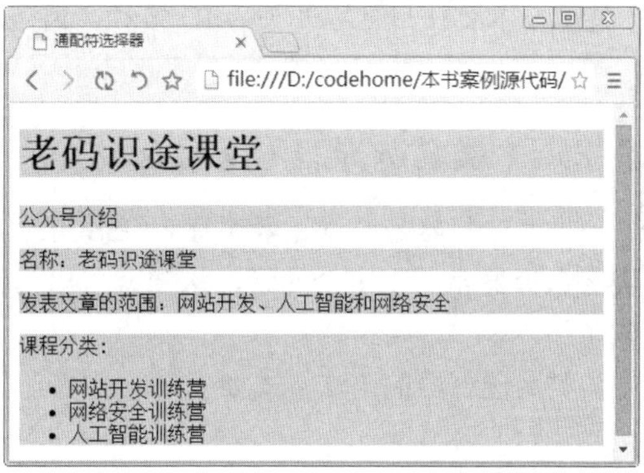

图 2-4　选择 <body> 内的所有元素

2.2.2　ID 选择器（#id）

ID 选择器是利用 DOM 元素的 ID 属性值来筛选匹配的元素，并以 jQuery 包装集的形式返回给对象，ID 选择器的语法格式如下：

```
$("#id")
```

实例 5：选择 \<body\> 中 id 为 choose 的所有元素

```
<!DOCTYPE html>
<html>
<head>
    <meta charset="UTF-8">
        <title>选择id为"choose"的所有元素</title>
        <script language="javascript"
src="jquery.min.js"></script>
        <script language="javascript">
        $(document).ready(function(){
        $("#choose").css("background-
color","#B2E0FF");
            });
        </script>

</head>
<body>
<h1>老码识途课堂</h1>
<p class="intro">公众号介绍</p>
<p>名称:老码识途课堂</p>
<p>发表文章的范围:网站开发、人工智能和网络安全</p>
<div id="choose">
    课程分类:
```

```
    <ul>
        <li>网站开发训练营</li>
        <li>网络安全训练营</li>
        <li>人工智能训练营</li>
    </ul>
</div>
</body>
</html>
```

运行结果如图 2-5 所示，可以看到网页中只用背景色显示 id 为 choose 的元素内容。

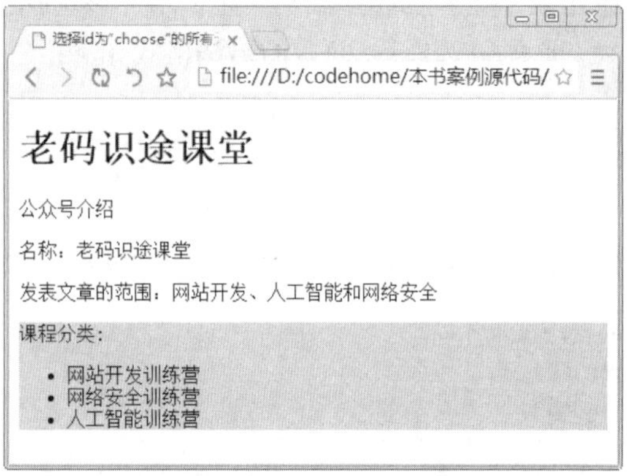

图 2-5　使用 ID 选择器

> **注意**：不要使用数字开头的 ID 名称，因为在某些浏览器中可能出问题。

2.2.3　类名选择器（.class）

类名选择器是通过元素拥有的 CSS 类的名称查找匹配的 DOM 元素，与 ID 选择器不同，类名选择器常用于多个元素，这样就可以为带有相同 class 的任何 HTML 元素设置特定的样式了。

类名选择器的语法格式如下：

```
$(".class")
```

实例 6：选择 \<body\> 中拥有指定 CSS 类名称的所有元素

```
<!DOCTYPE html>
<html>
<head>
    <meta charset="UTF-8">
        <title>选择拥有指定CSS类名称的所有元素</title>
        <script language="javascript"
src="jquery.min.js"></script>
        <script language="javascript">
        $(document).ready(function(){
            $(".intro").css("background-
color","#B2E0FF");
            });
        </script>
</head>
<body>
<h1>老码识途课堂</h1>
<p class="intro">公众号介绍</p>
<p class="intro">名称:老码识途课堂</p>
<p class="intro">发表文章的范围:网站开发、人工智能和网络安全</p>
<div id="choose">
    课程分类:
    <ul>
        <li>网站开发训练营</li>
        <li>网络安全训练营</li>
```

```
        <li>人工智能训练营</li>
    </ul>
</div>
</body>
</html>
```

运行结果如图 2-6 所示，可以看到网页中只突出显示拥有 CSS 类名称的匹配元素。

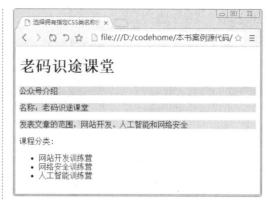

图 2-6 使用类名选择器

2.2.4 元素选择器（element）

元素选择器是根据元素名称匹配相应的元素。通俗地讲，元素选择器是根据选择的标签名来选择的，其中，标签名引用 HTML 标签的 < 与 > 之间的文本，多数情况下，元素选择器匹配的是一组元素。

元素选择器的语法格式如下：

```
$（"element"）
```

实例 7：选择 <body> 中标签名为 <h1> 的元素

```
<!DOCTYPE html>
<html>
<head>
    <meta charset="UTF-8">
    <title>选择标记名为h1的元素</title>
    <script language="javascript"
src="jquery.min.js"></script>
    <script language="javascript">
        $（document）.ready（function(){
        $（"h1"）.css（"background-
color","#B2E0FF"）;
        }）;
    </script>
</head>
<body>
<h1>老码识途课堂</h1>
<p class="intro">公众号介绍</p>
<p class="intro">名称:老码识途课堂</p>
<p class="intro">发表文章的范围:网站开发、
人工智能和网络安全</p>
<div id="choose">
    课程分类:
    <ul>
        <li>网站开发训练营</li>
```

```
        <li>网络安全训练营</li>
        <li>人工智能训练营</li>
    </ul>
</div>
</body>
</html>
```

运行结果如图 2-7 所示，可以看到网页中只突出显示标签名为<h1>所对应的元素。

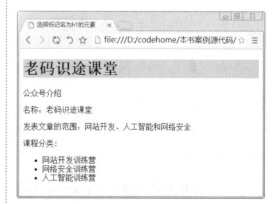

图 2-7 使用元素选择器

2.2.5 复合选择器

复合选择器是将多个选择器组合在一起，可以是 ID 选择器、类名选择器或元素选择器，它们之间用逗号分开，只要符合其中的任何一个筛选条件，就会匹配，并以集合的形式返回 jQuery 包装集。

元素选择器的语法格式如下：

```
$("selector1,selector2,selectorN")
```

参数的含义如下。

（1）selector1：一个有效的选择器，可以是 ID 选择器、元素选择器或者类名选择器等。

（2）selector2：另一个有效的选择器，可以是 ID 选择器、元素选择器或者类名选择器等。

（3）selectorN：任意多个选择器，可以是 ID 选择器、元素选择器或者类名选择器等。

实例 8：获取 id 为 choose 和 CSS 类为 intro 的所有元素

```
<!DOCTYPE html>
<html>
<head>
    <meta charset="UTF-8">
        <title>获取id为"choose"和CSS类为
"intro"的所有元素</title>
        <script language="javascript"
src="jquery.min.js"></script>
        <script language="javascript">
        $(document).ready(function(){
        $("#choose,.intro").css
("background-color","#B2E0FF");
        });
        </script>
</head>
<body>
<h1 class="intro">老码识途课堂</h1>
<p>公众号介绍</p>
<p>名称:老码识途课堂</p>
<p>发表文章的范围:网站开发、人工智能和网络安
全</p>
<div id="choose">
```

```
课程分类:
<ul>
    <li>网站开发训练营</li>
    <li>网络安全训练营</li>
    <li>人工智能训练营</li>
</ul>
</div>
</body>
</html>
```

运行结果如图 2-8 所示，可以看到网页中突出显示 id 为 choose 和 CSS 类为 intro 的元素内容。

图 2-8　使用复合选择器

2.3 层级选择器

层级选择器是根据 DOM 元素之间的层次关系来获取特定的元素，例如后代元素、子元素、相邻元素和兄弟元素等。

2.3.1 祖先后代选择器（ancestor descendant）

ancestor descendant 为祖先后代选择器，其中 ancestor 为祖先元素，descendant 为后代元素，用于选取给定祖先元素下的所有匹配的后代元素。

ancestor descendant 的语法格式如下：

```
$("ancestor descendant")
```

参数的含义如下。

（1）ancestor：为任何有效的选择器。

（2）descendant：为用以匹配元素的选择器，并且是 ancestor 指定的元素的后代元素。

例如，想要获取 ul 元素下的全部 li 元素，就可以使用如下 jQuery 代码：

```
$("ul li")
```

▌实例 9：使用 jQuery 为商品快报设置样式

```html
<!DOCTYPE html>
<html>
<head>
    <meta charset="UTF-8">
    <title>祖先后代选择器</title>
    <style type="text/css">
        body{
            margin: 0px;
        }
        #top{
            background-color: #B2E0FF;
/*设置背景颜色*/
            width: 450px;
/*设置宽度*/
            height: 180px;
/*设置高度*/
            clear: both;
/*设置左右两侧无浮动内容*/
            padding-top: 10px;
/*设置顶边距*/
            font-size: 13pt;
/*设置字体大小*/
        }
        .css{
            color: #B71C1C;
/*设置文字颜色*/
            line-height: 22px;
/*设置行高*/
        }
    </style>
    <script type="text/javascript"
src="jquery.min.js"></script>
    <script type="text/javascript">
        $(document).ready(function(){
        $("div ul").addClass("css");/*为
div元素的子元素ul添加样式*/
        });
    </script>
</head>
<body>
<ul>
    <li>品质厨房如何打造？高颜值厨电"三件套"
暖心支招</li>
    <li>冲奶粉不做这个动作，奶粉再贵都被浪费
</li>
```

```html
    <li>秋季养生正当时，顺季食补滋阴养肺</
li>
    <li>撼动无线耳机市场，三动铁耳机靓丽呈现
</li>
    <li>侧着也能投，不受环境束缚的投影设备</
li>
    <li>各家大牌秋冬新鞋款，简直好看到爆炸!</
li>
</ul>
<div id="top">
    <ul>
        <li>品质厨房如何打造？高颜值厨电"三
件套"暖心支招</li>
        <li>冲奶粉不做这个动作，奶粉最贵都放
浪费</li>
        <li>秋季养生正当时，顺季食补滋阴养肺
</li>
        <li>撼动无线耳机市场，三动铁耳机靓丽
呈现</li>
        <li>侧着也能投，不受环境束缚的投影设
备</li>
        <li>各家大牌秋冬新鞋款，简直好看到爆
炸! </li>
    </ul>
</div>
</body>
</html>
```

运行结果如图 2-9 所示，其中下面的商品快报是通过 jQuery 添加的样式效果，上面的是默认的显示效果。

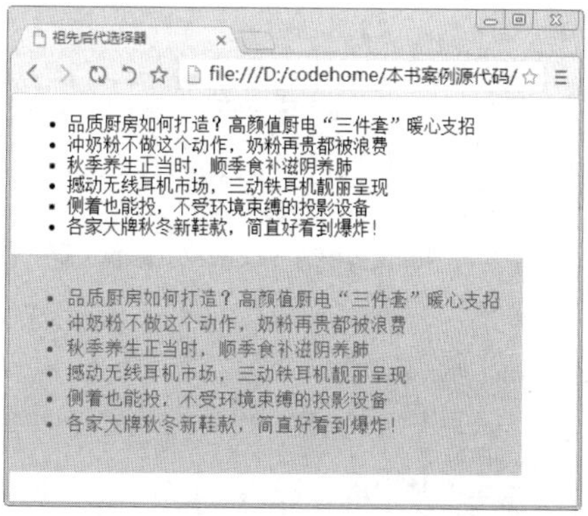

图 2-9　使用祖先后代选择器

提示：代码中的 addClass() 方法用于为元素添加 CSS 类。

2.3.2　父子选择器（parent>child）

父子选择器中的 parent 代表父元素，child 代表子元素，该选择器用于选择 parent 的直接子节点 child，而且 child 必须包含在 parent 中，并且父类是 parent 元素。

parent>child 的语法格式如下：

```
$("Parent>child")
```

参数的含义如下。

（1）parent：指任何有效的选择器。

（2）child：用以匹配元素的选择器，是 parent 元素的子元素。

例如，想要获取表单中的所有元素的子元素 input，就可以使用如下 jQuery 代码：

```
$("form>input")
```

实例 10：使用 jQuery 为表单元素添加背景色

```html
<!DOCTYPE html>
<html>
<head>
    <meta charset="UTF-8">
    <title>父子选择器</title>
    <style type="text/css">
        input{
            margin: 5px;
/*设置input元素的外边距为5像素*/
        }
        .input{
            font-size: 12pt;
/*设置文字大小*/
            color: #333333;
/*设置文字颜色*/
            background-color: #cef;
/*设置背景颜色*/
            border: 1px solid #000000;
/*设置边框*/
        }
    </style>
    <script type="text/javascript"
src="jquery.min.js"></script>
    <script type="text/javascript">
        $(document).ready(function(){
        $("#change").ready(function(){
//为表单元素的直接子元素input添加样式
                        $("form>input").
addClass("input");
            });
        });
    </script>
</head>
<body>
<h1 align=center>用户反馈表单</h1>
<form id="form1" name="form1"
method="post" action="">
    会员昵称:<input type="text"
name="name" id="name" />
    <br />
    反馈主题:<input type="text"
name="test" id="test" />
    <br />
    邮箱地址:<input type="text"
name="email" id="email" />
    <br />
    请输入您对网站的建议<br/>
    <textarea name="yourworks" cols
="50" rows = "5"></textarea>
    <br/>
    <input type="submit" name="submit"
value="提交"/>
    <input type="reset" name="reset"
value="清除" /></p>
</form>
</body>
</html>
```

运行结果如图 2-10 所示，可以看到表单中直接子元素 input 都添加上了背景色。

图 2-10　使用父子选择器

2.3.3 相邻元素选择器（prev+next）

相邻元素选择器用于获取所有紧跟在 prev 元素后的 next 元素，其中 prev 和 next 是两个同级别的元素。

prev+next 的语法格式如下：

```
$("prev+next")
```

参数的含义如下。

（1）prev：是指任何有效的选择器。

（2）next：是一个有效选择器并紧接着 prev 的选择器。

例如，想要获取 div 标签后的 <p> 标签，就可以使用如下 jQuery 代码：

```
$("div+p")
```

实例 11：使用 jQuery 制作隔行变色商品快报

```html
<!DOCTYPE html>
<html>
<head>
    <meta charset="UTF-8">
    <title>相邻元素选择器</title>
    <style type="text/css">
        .background{background: #cef}
        body{font-size: 20px;}
    </style>
    <script type="text/javascript"
src="jquery.min.js"></script>
    <script type="text/javascript">
        $(document).ready(function()
{
        $("label+p").addClass
("background");
        });
    </script>
</head>
<body>
<h1 align="center">商品快报</h1>
<label>品质厨房如何打造？高颜值厨电"三件套"
暖心支招</label>
```

```html
<p>冲奶粉不做这个动作，奶粉再贵都被浪费</p>
<label>秋季养生正当时，顺季食补滋阴养肺</
label>
<p>撼动无线耳机市场，三动铁耳机靓丽呈现</p>
<label>侧着也能投，不受环境束缚的投影设备</
label>
<p>各家大牌秋冬新鞋款，简直好看到爆炸！</p>
</body>
</html>
```

运行结果如图 2-11 所示，可以看到页面中的商品快报的列表进行了隔行变色。

图 2-11　使用相邻元素选择器

2.3.4 兄弟选择器（prev ～ siblings）

兄弟选择器用于获取 prev 元素之后的所有 siblings，prev 和 siblings 是两个同辈的元素。prev ～ siblings 的语法格式如下：

```
$("prev～siblings");
```

参数的含义如下。

（1）prev：是指任何有效的选择器。

（2）siblings：是有效选择器且并列跟随 prev 的选择器。

例如，想要获取与 div 标签同辈的 ul 元素，就可以使用如下 jQuery 代码：

```
$("div~ul")
```

实例12：使用 jQuery 筛选所需的商品快报列表

```
<!DOCTYPE html>
<html>
<head>
    <meta charset="UTF-8">
    <title>兄弟选择器</title>
    <style type="text/css">
        .background{background: #cef}
        body{font-size: 20px;}
    </style>
    <script type="text/javascript"
src="jquery.min.js"></script>
    <script type="text/javascript">
        $(document).ready(function()
{
                $("div~p").addClass
("background");
        });
    </script>
</head>
<body>
<h1 align="center">商品快报</h1>
<div>
    <p>品质厨房如何打造？高颜值厨电"三件套"
暖心支招</p>
```

```
    <p>冲奶粉不做这个动作，奶粉再贵都被浪费
</p>
    <p>秋季养生正当时，顺季食补滋阴养肺</p>
</div>
<p>撼动无线耳机市场，三动铁耳机靓丽呈现</p>
<p>侧着也能投，不受环境束缚的投影设备</p>
<p>各家大牌秋冬新鞋款，简直好看到爆炸！</p>
</body>
</html>
```

运行结果如图 2-12 所示，可以看到页面中与 div 同级别的 <p> 元素被筛选出来。

图 2-12　使用兄弟选择器

2.4　过滤选择器

jQuery 过滤选择器主要包括简单过滤选择器、内容过滤选择器、可见性过滤器、表单过滤器和子元素选择器等。

2.4.1　简单过滤选择器

简单过滤选择器通常是以冒号开头，用于实现简单过滤效果的过滤器，常用的简单过滤选择器包括 :first、:last、:even、:odd 等。

1. :first 选择器

:first 选择器用于选取第一个元素，最常见的用法就是与其他元素一起使用，选取指定组合中的第一个元素。

:first 选择器的语法格式为：

```
$(":first")
```

例如，想要选取 body 中的第一个 <p> 元素，就可以使用如下 jQuery 代码：

```
$("p:first")
```

实例 13：筛选商品快报列表中的第一个信息

```
<!DOCTYPE html>
<html>
<head>
    <meta charset="UTF-8">
    <title>:first选择器</title>
    <style type="text/css">
        .background{background: #cef}
        body{font-size: 20px;}
    </style>
    <script type="text/javascript"
src="jquery.min.js"></script>
    <script type="text/javascript">
        $(document).ready(function()
{
        $("p:first").addClass
("background");
        });
    </script>
</head>
<body>
<h1 align="center">商品快报</h1>
<p>品质厨房如何打造？高颜值厨电"三件套"暖心支招</p>
```

```
<p>冲奶粉不做这个动作，奶粉再贵都被浪费</p>
<p>秋季养生正当时，顺季食补滋阴养肺</p>
<p>撼动无线耳机市场，三动铁耳机靓丽呈现</p>
<p>侧着也能投，不受环境束缚的投影设备</p>
<p>各家大牌秋冬新鞋款，简直好看到爆炸！</p>
</body>
</html>
```

运行结果如图 2-13 所示，可以看到，页面中第一个 <p> 元素被筛选出来。

图 2-13　使用 :first 选择器

2. :last 选择器

:last 选择器用于选取最后一个元素，最常见的用法就是与其他元素一起使用，选取指定组合中的最后一个元素。

:last 选择器的语法格式为：

```
$(":last")
```

例如，想要选取 body 中的最后一个 <p> 元素，就可以使用如下 jQuery 代码：

```
$("p:last")
```

实例 14：筛选商品快报列表中的最后一个 <p> 元素信息

```
<!DOCTYPE html>
<html>
<head>
    <meta charset="UTF-8">
    <title>:last选择器</title>
```

```
    <style type="text/css">
        .background{background: #cef}
        body{font-size: 20px;}
    </style>
    <script type="text/javascript"
src="jquery.min.js"></script>
    <script type="text/javascript">
        $(document).ready(function()
```

```
{
                    $("p:last").addClass
("background");
        });
    </script>
</head>
<body>
<h1 align="center">商品快报</h1>
<p>品质厨房如何打造？高颜值厨电"三件套"暖心支
招</p>
<p>冲奶粉不做这个动作，奶粉再贵都被浪费</p>
<p>秋季养生正当时，顺季食补滋阴养肺</p>
<p>撼动无线耳机市场，三动铁耳机靓丽呈现</p>
<p>侧着也能投，不受环境束缚的投影设备</p>
<p>各家大牌秋冬新鞋款，简直好看到爆炸！</p>
</body>
</html>
```

运行结果如图 2-14 所示，可以看到页面中最后一个 <p> 元素被筛选出来。

图 2-14　使用 :last 选择器

3. :even

:even 选择器用于选取每个带有偶数 index 值的元素（比如 2、4、6）。index 值从 0 开始，所有第一个元素是偶数（0）。最常见的用法是与其他元素或选择器一起使用，来选择指定的组中偶数序号的元素。

:even 选择器的语法格式为：

```
$(":even")
```

例如，想要选取表格中的所有偶数元素，就可以使用如下 jQuery 代码：

```
$("tr:even")
```

实例 15：使用 jQuery 制作隔行（偶数行）变色的表格

```
<!DOCTYPE html>
<html>
<head>
    <meta charset="UTF-8">
    <title>制作偶数行变色的销售表</title>
    <script language="javascript"
src="jquery.min.js"></script>
    <script type="text/javascript">
        $(document).ready(function(){
        $("tr:even").css("background-
color", "#B2E0FF");
        });
    </script>
    <style>
        *{
            padding: 0px;
            margin: 0px;
        }
```

```
        body{
            font-family: "黑体";
            font-size: 20px;
        }
        table{
            text-align: center;
            width: 500px;
            border: 1px solid green;
        }
        td{
            border: 1px solid green;
            height: 30px;
        }
        h2{
            text-align: center;
        }
    </style>
</head>
<body>
<h2>商品销售表</h2>
<table>
    <tr>
```

```
            <th>编号</th>
            <th>名称</th>
            <th>价格</th>
            <th>产地</th>
            <th>销量</th>
        </tr>
        <tr>
            <td>10001</td>
            <td>洗衣机</td>
            <td>5900元</td>
            <td>北京</td>
            <td>1600台</td>
        </tr>
        <tr>
            <td>10002</td>
            <td>冰箱</td>
            <td>6800元</td>
            <td>上海</td>
            <td>1900台</td>
        </tr>
        <tr>
            <td>10003</td>
            <td>空调</td>
            <td>8900元</td>
            <td>北京</td>
            <td>3600台</td>
```

```
        </tr>
        <tr>
            <td>10004</td>
            <td>电视机</td>
            <td>2900元</td>
            <td>北京</td>
            <td>8800台</td>
        </tr>
</table>
</body>
</html>
```

运行结果如图 2-15 所示，可以看到表格中的偶数行被选取出来。

图 2-15　使用 :even 选择器

4. :odd

:odd 选择器用于选取每个带有奇数 index 值的元素（比如 1、3、5）。最常见的用法是与其他元素或选择器一起使用，来选择指定的组中奇数序号的元素。

:odd 选择器的语法格式为：

```
$(":odd")
```

例如，想要选取表格中的所有奇数元素，就可以使用如下 jQuery 代码：

```
$("tr:odd")
```

实例 16：使用 jQuery 制作隔行（奇数行）变色的表格

```
<!DOCTYPE html>
<html>
<head>
    <meta charset="UTF-8">
    <title>制作奇数行变色的销售表</title>
    <script language="javascript"
src="jquery.min.js"></script>
    <script type="text/javascript">
        $(document).ready(function(){
        $("tr:odd").css("background-
color","#B2E0FF");
        });
```

```
    </script>
<style>
    *{
        padding: 0px;
        margin: 0px;
    }
    body{
        font-family: "黑体";
        font-size: 20px;
    }
    table{
        text-align: center;
        width: 500px;
        border: 1px solid green;
    }
    td{
```

```
            border: 1px solid green;
            height: 30px;
        }
        h2{
            text-align: center;
        }
    </style>
</head>
<body>
<h2>商品销售表</h2>
<table>
    <tr>
        <th>编号</th>
        <th>名称</th>
        <th>价格</th>
        <th>产地</th>
        <th>销量</th>
    </tr>
    <tr>
        <td>10001</td>
        <td>洗衣机</td>
        <td>5900元</td>
        <td>北京</td>
        <td>1600台</td>
    </tr>
    <tr>
        <td>10002</td>
        <td>冰箱</td>
        <td>6800元</td>
        <td>上海</td>
        <td>1900台</td>
    </tr>
```

```
    <tr>
        <td>10003</td>
        <td>空调</td>
        <td>8900元</td>
        <td>北京</td>
        <td>3600台</td>
    </tr>
    <tr>
        <td>10004</td>
        <td>电视机</td>
        <td>2900元</td>
        <td>北京</td>
        <td>8800台</td>
    </tr>
</table>
</body>
</html>
```

运行结果如图 2-16 所示，可以看到表格中的奇数行被选取出来。

图 2-16　使用 :odd 选择器

2.4.2　内容过滤选择器

内容过滤选择器是通过 DOM 元素包含的文本内容以及是否含有匹配的元素来获取内容的，常见的内容过滤器有 :contains（text）、:empty、:parent、:has（selector）等。

1. :contains（text）

:contains 选择器选取包含指定字符串的元素，该字符串可以是直接包含在元素中的文本，或者被包含于子元素中，该选择器经常与其他元素或选择器一起使用，来选择指定的组中包含指定文本的元素。

:contains（text）选择器的语法格式为：

```
$(":contains(text)")
```

例如，想要选取所有包含 is 的 <p> 元素，就可以使用如下 jQuery 代码：

```
$("p:contains(is)")
```

实例 17：选择表格中包含数字 9 的单元格

```html
<!DOCTYPE html>
<html>
<head>
    <meta charset="UTF-8">
    <title>制作奇数行变色的销售表</title>
    <script language="javascript"
src="jquery.min.js"></script>
    <script type="text/javascript">
        $(document).ready(function(){
        $("td:contains(9)").css
("background-color","#B2E0FF");
        });
    </script>
    <style>
        *{
            padding: 0px;
            margin: 0px;
        }
        body{
            font-family: "黑体";
            font-size: 20px;
        }
        table{
            text-align: center;
            width: 500px;
            border: 1px solid green;
        }
        td{
            border: 1px solid green;
            height: 30px;
        }
        h2{
            text-align: center;
        }
    </style>
</head>
<body>
<h2>商品销售表</h2>
<table>
    <tr>
        <th>编号</th>
        <th>名称</th>
        <th>价格</th>
        <th>产地</th>
        <th>销量</th>
    </tr>
    <tr>
        <td>10001</td>
        <td>洗衣机</td>
        <td>5900元</td>
        <td>北京</td>
        <td>1600台</td>
    </tr>
    <tr>
        <td>10002</td>
        <td>冰箱</td>
        <td>6800元</td>
        <td>上海</td>
        <td>1900台</td>
    </tr>
    <tr>
        <td>10003</td>
        <td>空调</td>
        <td>8900元</td>
        <td>北京</td>
        <td>3600台</td>
    </tr>
    <tr>
        <td>10004</td>
        <td>电视机</td>
        <td>2900元</td>
        <td>北京</td>
        <td>8800台</td>
    </tr>
</table>
</body>
</html>
```

运行结果如图 2-17 所示，可以看到表格中包含数字 9 的单元格被选取出来。

图 2-17　使用 :contains 选择器

2. :empty

:empty 选择器用于选取所有不包含子元素或者文本的空元素。:empty 选择器的语法格式如下：

```
$(":empty")
```

例如，想要选取表格中的所有空元素，就可以使用如下 jQuery 代码：

```
$("td:empty")
```

实例 18：选择表格中无内容的单元格

```html
<!DOCTYPE html>
<html>
<head>
    <meta charset="UTF-8">
        <title>选择表格中无内容的单元格</title>
        <script language="javascript" src="jquery.min.js"></script>
        <script type="text/javascript">
            $(document).ready(function(){
                $("td:empty").css("background-color","#B2E0FF");
            });
        </script>
        <style>
            *{
                padding: 0px;
                margin: 0px;
            }
            body{
                font-family: "黑体";
                font-size: 20px;
            }
            table{
                text-align: center;
                width: 500px;
                border: 1px solid green;
            }
            td{
                border: 1px solid green;
                height: 30px;
            }
            h2{
                text-align: center;
            }
        </style>
</head>
<body>
<h2>商品销售表</h2>
<table>
    <tr>
        <th>编号</th>
        <th>名称</th>
        <th>价格</th>
        <th>产地</th>
        <th>销量</th>
    </tr>
    <tr>
        <td>10001</td>
        <td>洗衣机</td>
        <td></td>
        <td>北京</td>
        <td></td>
    </tr>
    <tr>
        <td>10002</td>
        <td>冰箱</td>
        <td>6800元</td>
        <td>上海</td>
        <td></td>
    </tr>
    <tr>
        <td>10003</td>
        <td>空调</td>
        <td></td>
        <td>北京</td>
        <td></td>
    </tr>
    <tr>
        <td>10004</td>
        <td>电视机</td>
        <td></td>
        <td></td>
        <td>8800台</td>
    </tr>
</table>
</body>
</html>
```

运行结果如图 2-18 所示，可以看到表格中无内容的单元格被选取出来。

图 2-18　使用 :empty 选择器

3. :parent

:parent 用于选取包含子元素或文本的元素，:parent 选择器的语法格式为：

```
$(":parent")
```

例如，想要选取表格中的所有包含内容的子元素，就可以使用如下 jQuery 代码：

```
$("td:parent")
```

实例 19：选择表格中包含内容的单元格

```html
<!DOCTYPE html>
<html>
<head>
    <meta charset="UTF-8">
    <title>选择表格中包含内容的单元格</title>
    <script language="javascript" src="jquery.min.js"></script>
    <script type="text/javascript">
        $(document).ready(function(){
        $("td:parent").css("background-color","#B2E0FF");
        });
    </script>
    <style>
        *{
            padding: 0px;
            margin: 0px;
        }
        body{
            font-family: "黑体";
            font-size: 20px;
        }
        table{
            text-align: center;
            width: 500px;
            border: 1px solid green;
        }
        td{
            border: 1px solid green;
            height: 30px;
        }
        h2{
            text-align: center;
        }
    </style>
</head>
<body>
<h2>商品销售表</h2>
<table>
    <tr>
        <th>编号</th>
        <th>名称</th>
        <th>价格</th>
        <th>产地</th>
        <th>销量</th>
    </tr>
    <tr>
        <td>10001</td>
        <td>洗衣机</td>
        <td></td>
        <td>北京</td>
        <td></td>
    </tr>
    <tr>
        <td>10002</td>
        <td>冰箱</td>
        <td>6800元</td>
        <td>上海</td>
        <td></td>
    </tr>
    <tr>
        <td>10003</td>
        <td>空调</td>
        <td></td>
        <td>北京</td>
        <td></td>
    </tr>
    <tr>
        <td>10004</td>
        <td>电视机</td>
        <td></td>
        <td></td>
        <td>8800台</td>
    </tr>
</table>
</body>
</html>
```

运行结果如图 2-19 所示，可以看到表格中包含内容的单元格被选取出来。

图 2-19　使用 :parent 选择器

2.4.3　可见性过滤器

元素的可见状态有隐藏和显示两种。可见性过滤器是利用元素的可见状态匹配元素的，因此，可见性过滤器也有两种，分别是用于隐藏元素的 :hidden 选择器和用于显示元素的 :visible 选择器。

:hidden 选择器的语法格式如下：

```
$(":hidden")
```

　　例如，想要获取页面中所有隐藏的 <p> 元素，就可以使用如下 jQuery 代码：

```
$("p:hidden")
```

　　:visible 选择器的语法格式如下：

```
$(":visible")
```

　　例如：想要获取页面中所有可见表格元素，就可以使用如下 jQuery 代码：

```
$("table:visible")
```

▌实例 20：获取页面中所有隐藏的元素

```html
<!DOCTYPE html>
<html>
<head>
    <meta charset="UTF-8">
    <title>显示隐藏元素</title>
    <style>
        div {
            width: 70px;
            height: 40px;
            background: #e7f;
            margin: 5px;
            float: left;
        }
        span {
            display: block;
            clear: left;
            color: black;
        }
        .starthidden {
            display: none;
        }
    </style>
    <script type="text/javascript"
src="jquery.min.js"></script>
</head>
<body>
<span></span>
<div></div>
<div style="display:none; ">Hider!</
div>
<div></div>
<div class="starthidden">Hider!</div>
<div></div>
<form>
    <input type="hidden">
    <input type="hidden">
    <input type="hidden">
</form>
<span></span>
<script>
    var hiddenElements = $("body").
find(":hidden").not("script");
```

```javascript
    $("span:first").text("发现" +
hiddenElements.length + "个隐藏元素");
    $("div:hidden").show(3000);
    $("span:last").text("发现" + $
("input:hidden").length + "个隐藏input
元素");
</script>
</body>
</html>
```

　　运行结果如图 2-20 所示，可以看到网页中所有隐藏的元素都被显示出来。

图 2-20　使用 :hidden 选择器

▌实例 21：选择表格中的所有表格元素

```html
<!DOCTYPE html>
<html>
<head>
    <meta charset="UTF-8">
    <title>选择表格中的所有表格元素</
title>
    <script language="javascript"
src="jquery.min.js"></script>
    <script type="text/javascript">
        $(document).ready(function(){
        $("table:visible").css
("background-color","#B2E0FF");
        });
    </script>
    <style>
        *{
            padding: 0px;
```

```
            margin: 0px;
        }
        body{
            font-family: "黑体";
            font-size: 20px;
        }
        table{
            text-align: center;
            width: 500px;
            border: 1px solid green;
        }
        td{
            border: 1px solid green;
            height: 30px;
        }
        h2{
            text-align: center;
        }
    </style>
</head>
<body>
<h2>商品销售表</h2>
<table>
    <tr>
        <th>编号</th>
        <th>名称</th>
        <th>价格</th>
        <th>产地</th>
        <th>销量</th>
    </tr>
    <tr>
        <td>10001</td>
        <td>洗衣机</td>
        <td>5900元</td>
        <td>北京</td>
        <td>1600台</td>
    </tr>
    <tr>
```

```
        <td>10002</td>
        <td>冰箱</td>
        <td>6800元</td>
        <td>上海</td>
        <td>1900台</td>
    </tr>
    <tr>
        <td>10003</td>
        <td>空调</td>
        <td>8900元</td>
        <td>北京</td>
        <td>3600台</td>
    </tr>
    <tr>
        <td>10004</td>
        <td>电视机</td>
        <td>2900元</td>
        <td>北京</td>
        <td>8800台</td>
    </tr>
</table>
</body>
</html>
```

运行结果如图 2-21 所示，可以看到，表格中所有元素都被选取出来。

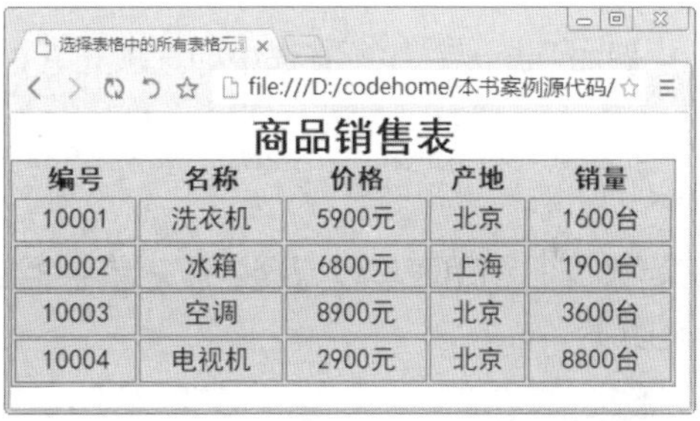

图 2-21　使用 :visible 选择器

2.4.4　表单过滤器

表单过滤器是通过表单元素的状态属性来选取元素的，表单元素的状态属性包括选中、不可用等，表单过滤器有 4 种，分别是 :enabled、:disabled、:checked 和 :selected。

1. :enabled
获取所有被选中的元素，:enabled 选择器的语法格式为：

```
$(":enabled")
```

例如，想要获取所有 input 当中的可用元素，就可以使用如下 jQuery 代码：

```
$("input:enabled")
```

2. :disabled

获取所有不可用的元素，:disabled 选择器的语法格式为：

```
$(":disabled")
```

例如，想要获取所有 input 当中的不可用元素，就可以使用如下 jQuery 代码：

```
$("input: disabled")
```

3. :checked

获取所有被选中元素（复选框、单选按钮等，不包括 select 中的 option），:checked 选择器的语法格式为：

```
$(":checked")
```

例如，想要查找所有选中的复选框元素，就可以使用如下 jQuery 代码：

```
$("input:checked")
```

4. :selected

获取所有选中的 option 元素，:selected 选择器语法格式为：

```
$(":selected")
```

例如，想要查找所有选中的选项元素，就可以使用如下 jQuery 代码：

```
$("select option:selected")
```

▌实例 22：利用表单过滤器匹配表单中相应的元素

```html
<!DOCTYPE html>
<html>
<head>
    <meta charset="UTF-8">
    <title>利用表单过滤器匹配表单中相应的元素</title>
    <script language="javascript" src="jquery.min.js"></script>
    <script type="text/javascript">
        $(document).ready(function()
{
        $("input:checked").css
("background-color","red");/*设置选中的
复选框的背景色*/
            $("input:disabled").val("
不可用按钮");  /*为灰色不可用按钮赋值*/
        });
        function selectVal(){
            /*下拉列表框变化时执行的方法*/
            alert($("select
option:selected").val());  /*显示选中
的值*/
        }
    </script>
</head>
<body>
<form>
        复选框1:<input type="checkbox"
checked="checked" value="复选框1"/>
        复选框2:<input type="checkbox"
checked="checked" value="复选框2"/>
        复选框3:<input type="checkbox"
value="复选框3"/><br />
        不可用按钮:<input type="button"
value="不可用按钮" disabled><br />
    下拉列表框:
    <select onchange="selectVal()">
        <option value="列表项1">列表项1</option>
        <option value="列表项2">列表项2</
```

```
option>
        <option value="列表项3">列表项3</
option>
    </select>
</form>
</body>
</html>
```

运行结果如图 2-22 所示，当在下拉列表
框中选择"列表 2"选项时，弹出提示信息框。

图 2-22　利用表单过滤器匹配表单中相应的元素

2.5　表单选择器

表单选择器用于选取经常在表单内出现的元素，不过，选取的元素并不一定在表单之中，
jQuery 提供的表单选择器主要有以下几种。

2.5.1　:input

:input 选择器用于选取表单元素，该选择器的语法格式为：

```
$(":input")
```

实例 23：为页面中所有的表单元素添加背景色

```
<!DOCTYPE html>
<html>
<head>
    <meta charset="UTF-8">
    <title>为页面中所有的表单元素添加背景色
</title>
    <script language="javascript"
src="jquery.min.js"></script>
    <script type="text/javascript">
        $(document).ready(function(){
        $(":input").css("background-
color","#B2E0FF");
        });
    </script>
</head>
<body>
<h1>注册网站高级会员</h1>
<form id="form1" name="form1"
method="post" action="">
        会员昵称:<input type="text"
name="name" id="name" />
    <br />
        登录密码:<input type="password"
name="password" id="password" />
    <br />
        确认密码:<input type="password"
name="password" id="password" />
```

```
    <br />
        个人邮箱:<input type="text"
name="email" id="email" />
    <br />
        <input type=submit value="同意协议并
注册" class=button>
    <br />
    <input type="reset" value="重置" />
    <input type="submit" value="提交" />
</form>
</body>
</html>
```

运行结果如图 2-23 所示，可以看到网
页中表单元素都被添加上了背景色，而且从
代码中可以看出该选择器也适用于 <button>
元素。

图 2-23　使用 :input 选择器

2.5.2 :text

:text 选择器选取类型为 text 的所有 <input> 元素。该选择器的语法格式为：

```
$(":text")
```

实例 24：为页面中类型为 text 的 <input> 元素添加背景色

```html
<!DOCTYPE html>
<html>
<head>
    <meta charset="UTF-8">
    <title>为页面中类型为text的元素添加背景
色</title>
        <script language="javascript"
src="jquery.min.js"></script>
        <script type="text/javascript">
        $(document).ready(function(){
        $(":text").css("background-
color","#B2E0FF");
        });
        </script>
</head>
<body>
<h1>注册网站高级会员</h1>
<form id="form1" name="form1"
method="post" action="">
        会员昵称:<input type="text"
name="name" id="name" />
        <br />
        登录密码:<input type="password"
name="password" id="password" />
        <br />
        确认密码:<input type="password"
```

```html
name="password" id="password" />
    <br />
        个人邮箱:<input type="text"
name="email" id="email" />
    <br />
    <input type=submit value="同意协议并
注册" class=button>
    <br />
    <input type="reset" value="重置" />
    <input type="submit" value="提交" />
</form>
</body>
</html>
```

运行结果如图 2-24 所示，可以看到网页中表单类型为 text 的元素被添加上了背景色。

图 2-24　使用 :text 选择器

2.5.3 :password

:password 选择器选取类型为 password 的所有 <input> 元素。该选择器的语法格式为：

```
$(":password")
```

实例 25：为页面中类型为 password 的元素添加背景色

```html
<!DOCTYPE html>
<html>
<head>
    <meta charset="UTF-8">
        <title>为页面中类型为password的元素添
加背景色</title>
        <script language="javascript"
```

```html
src="jquery.min.js"></script>
    <script type="text/javascript">
        $(document).ready(function(){
        $(":password").css("background-
color","#B2E0FF");
        });
        </script>
</head>
<body>
<h1>注册网站高级会员</h1>
<form id="form1" name="form1"
```

```
method="post" action="">
      会员昵称:<input type="text"
name="name" id="name" />
    <br />
      登录密码:<input type="password"
name="password" id="password" />
    <br />
      确认密码:<input type="password"
name="password" id="password" />
    <br />
      个人邮箱:<input type="text"
name="email" id="email" />
    <br />
    <input type=submit value="同意协议并
注册" class=button>
    <br />
    <input type="reset" value="重置" />
    <input type="submit" value="提交" />
</form>
</body>
</html>
```

运行结果如图 2-25 所示，可以看到，网页中表单类型为 password 的元素已经被添加上了背景色。

图 2-25　使用 :password 选择器

2.5.4　:radio

:radio 选择器选取类型为 radio 的 <input> 元素。该选择器的语法格式为：

```
$(":radio")
```

▌实例 26：隐藏页面中的单选按钮

```
<!DOCTYPE html>
<html>
<head>
    <meta charset="UTF-8">
    <title>隐藏页面中的单选按钮</title>
    <script language="javascript"
src="jquery.min.js"></script>
    <script type="text/javascript">
        $(document).ready(function(){
        $(".btn1").click(function(){
        $(":radio").hide();
            });
        });
    </script>
</head>
<body>
<form >
    请选择您感兴趣的热门课程:
    <br />
    <input type="radio" name="course"
value = "Course1">网站开发训练营<br />
    <input type="radio" name="course"
value = "Course2">人工智能训练营<br />
    <input type="radio" name="course"
value = "Course3">网络安全训练营<br />
```

```
    <input type="radio" name="course"
value = "Course4">Java开发训练营<br />
    <input type="radio" name="course"
value = "Course5">PHP网站开发训练营<br />
</form>
<button class="btn1">隐藏单元按钮</
button>
</body>
</html>
```

运行结果如图 2-26 所示，可以看到网页中的单选按钮，然后单击"隐藏单选按钮"按钮，就可以隐藏页面中的单选按钮，如图 2-27 所示。

图 2-26　初始运行结果

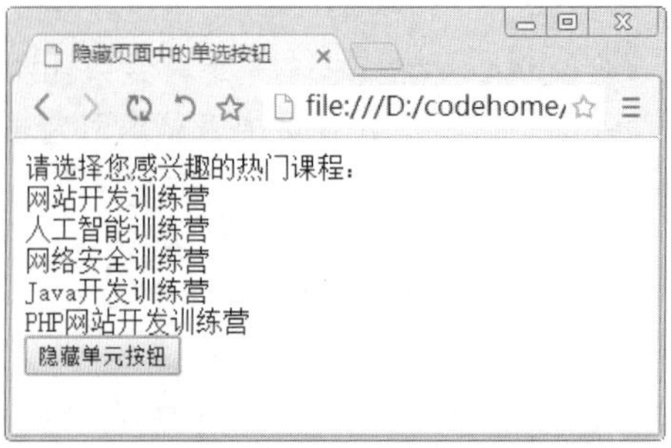

图 2-27　通过 :radio 选择器隐藏单选按钮

2.5.5　:checkbox

:checkbox 选择器选取类型为 checkbox 的 <input> 元素。该选择器的语法格式为：

```
$(":checkbox")
```

实例 27：隐藏页面中的复选框

```html
<!DOCTYPE html>
<html>
<head>
    <meta charset="UTF-8">
    <title>选择感兴趣的图书</title>
    <script type="text/javascript"
src="jquery.min.js"></script>
    <script type="text/javascript">
        $(document).ready(function(){
        $(".btn1").click(function(){
        $(":checkbox").hide();
            });
        });
    </script>
</head>
<body>
<form>
    请选择您感兴趣的图书类型：
    <br />
    <input type="checkbox" name="course"
value = "Course1">网站开发训练营<br/>
    <input type="checkbox" name="course"
value = "Course2">人工智能训练营<br/>
    <input type="checkbox" name="course"
value = "Course3">网络安全训练营<br/>
    <input type="checkbox" name="course"
value = "Course4">Java开发训练营<br/>
    <input type="checkbox" name="course"
value = "Course5">PHP网站开发训练营<br/>
</form>
<button class="btn1">隐藏复选框</button>
</body>
```

```html
</html>
```

运行结果如图 2-28 所示，可以看到网页中的复选框，然后单击"隐藏复选框"按钮，就可以隐藏页面中的复选框，如图 2-29 所示。

图 2-28　初始运行效果

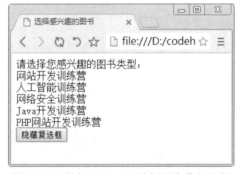

图 2-29　通过 :checkbox 选择器隐藏复选框

2.5.6　:submit

:submit 选择器选取类型为 submit 的 <button> 和 <input> 元素。如果 <button> 元素没有定义类型，大多数浏览器会把该元素当作类型为 submit 的按钮。该选择器的语法格式为：

```
$(":submit")
```

实例 28：为类型为 submit 的 <input> 和 <button> 元素添加背景色

```
<!DOCTYPE html>
<html>
<head>
    <meta charset="UTF-8">
    <title>为类型为submit的元素添加背景色
</title>
    <script type="text/javascript"
src="jquery.min.js"></script>
    <script type="text/javascript">
        $(document).ready(function(){
                $(":submit").css
("background-color","#B2E0FF");
        });
    </script>
</head>
<body>
<form action="">
    姓名: <input type="text" name="姓名"
/>
    <br />
    密码: <input type="password" name="
密码" />
    <br />
```

```
    <button type="submit">按钮1</button>
    <input type="button" value="按钮2"
/>
    <br />
    <input type="reset" value="重置" />
    <input type="submit" value="提交" />
    <br />
</form>
</body>
</html>
```

运行结果如图 2-30 所示，可以看到网页中表单类型为 submit 的元素都被添加上背景色。

图 2-30　使用 :submit 选择器

2.5.7　:reset

:reset 选择器选取类型为 reset 的 <button> 和 <input> 元素。该选择器的语法格式为：

```
$(":reset")
```

实例 29：为类型为 reset 的 <input> 和 <button> 元素添加背景色

```
<!DOCTYPE html>
<html>
<head>
    <meta charset="UTF-8">
    <title>为类型为reset的元素添加背景色</
title>
    <script language="javascript"
```

```
src="jquery.min.js"></script>
    <script type="text/javascript">
        $(document).ready(function(){
        $(":reset").css("background-
color","#B2E0FF");
        });
    </script>
</head>
<body>
<form action="">
    姓名: <input type="text" name="姓名"
```

```
/>
    <br />
    密码: <input type="password" name="
密码" />
    <br />
    <button type="reset">按钮1</button>
     <input type="button" value="按钮2"
/>
    <br />
    <input type="reset" value="重置" />
    <input type="submit" value="提交" />
    <br />
</form>
</body>
</html>
```

运行结果如图 2-31 所示，可以看到网页中表单类型为 reset 的元素都被添加上了背景色。

图 2-31　使用 :reset 选择器

2.5.8　:button

:button 选择器用于选取类型为 button 的 <button> 元素和 <input> 元素。该选择器的语法格式如下：

```
$(":button")
```

实例 30：为类型为 button 的 <input> 和 <button> 元素添加背景色

```
<!DOCTYPE html>
<html>
<head>
    <meta charset="UTF-8">
    <title>为类型为button的元素添加背景色
</title>
    <script language="javascript"
src="jquery.min.js"></script>
    <script type="text/javascript">
        $(document).ready(function(){
        $(":button").css("background-
color","#B2E0FF");
        });
    </script>
</head>
<body>
<form action="">
    姓名: <input type="text" name="姓名"
/>
    <br />
```

```
    密码: <input type="password" name="
密码" />
    <br />
    <button type="button">按钮1</button>
     <input type="button" value="按钮2"
/>
    <br />
    <input type="reset" value="重置" />
    <input type="submit" value="提交" />
    <br />
</form>
</body>
</html>
```

运行结果如图 2-32 所示，可以看到，表单类型为 button 的元素被添加上了背景色。

图 2-32　使用 :button 选择器

2.5.9　:image

:image 选择器选取类型为 image 的 <input> 元素。该选择器的语法格式为：

```
$(":image")
```

实例 31：使用 jQuery 为图像域添加图片

```
<!DOCTYPE html>
<html>
<head>
    <meta charset="UTF-8">
    <title>使用jQuery为图像域添加图片</
title>
    <script type="text/javascript"
src="jquery.min.js"></script>
    <script type="text/javascript">
        $(document).ready(function(){
        $(":image").attr("src","1.
jpg");
        });
    </script>
</head>
<body>
<form action="">
    姓名：<input type="text" name="姓名"
/>
    <br />
    密码：<input type="password" name="
密码" />
    <br />
```

```
    <button type="button">按钮1</button>
    <input type="button" value="按钮2"
/>
    <br />
    <input type="reset" value="重置" />
    <input type="submit" value="提交" />
    <br />
    <input type="image" />
</form>
</body>
</html>
```

运行结果如图 2-33 所示，可以看到网页中的图像域中添加了图片。

图 2-33　使用 :image 选择器

2.5.10　:file

:file 选择器选取类型为 file 的 <input> 元素。该选择器的语法格式为：

```
$(":file")
```

实例 32：为类型为 file 的所有 <input> 元素添加背景色

```
<!DOCTYPE html>
<html>
<head>
    <meta charset="UTF-8">
    <title>为类型为file的元素添加背景色</
title>
    <script language="javascript"
src="jquery.min.js"></script>
    <script type="text/javascript">
        $(document).ready(function(){
        $(":file").css("background-
color","#B2E0FF");
        });
    </script>
</head>
<body>
<form action="">
    姓名：<input type="text" name="姓名"
/>
```

```
    <br />
    密码：<input type="password" name="
密码" />
    <br />
    <button type="button">按钮1</button>
    <input type="button" value="按钮2"
/>
    <br />
    <input type="reset" value="重置" />
    <input type="submit" value="提交" />
    <br />
    文件域：<input type="file">
</form>
</body>
</html>
```

运行结果如图 2-34 所示，可以看到网页中表单类型为 file 的元素被添加上背景色。

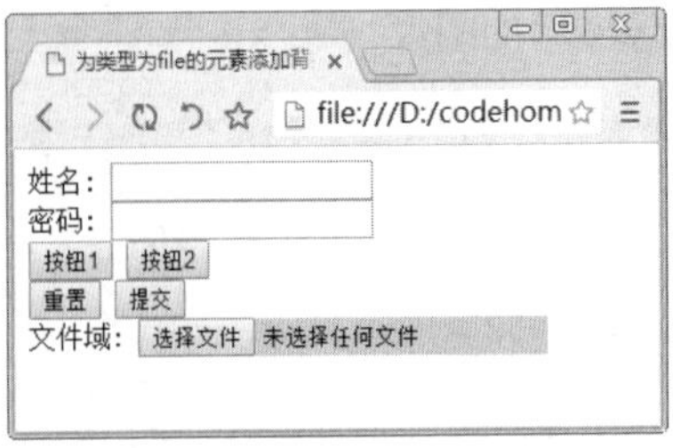

图 2-34　使用 :file 选择器

2.6　属性选择器

属性选择器是通过元素的属性作为过滤条件来进行筛选对象的选择器，常见的属性选择器主要有以下几种。

2.6.1　[attribute]

[attribute] 用于选择每个带有指定属性的元素，可以选取带有任何属性的元素，而且对于指定的属性没有限制。[attribute] 选择器的语法格式如下：

```
$("[attribute]")
```

例如，想要选择页面中带有 id 属性的所有元素，就可以使用如下 jQuery 代码：

```
$("[id]")
```

▌实例 33：为有 id 属性的元素添加背景色

```html
<!DOCTYPE html>
<html>
<head>
    <meta charset="UTF-8">
    <title>为有id属性的元素添加背景色</title>
    <script language="javascript" src="jquery.min.js"></script>
    <script type="text/javascript">
        $(document).ready(function(){
        $("[id]").css("background-color","#B2E0FF");
        });
    </script>
</head>
<body>
<h1>老码识途课堂</h1>
<p class="intro">公众号介绍</p>
<p>名称:老码识途课堂</p>
<p>发表文章的范围:网站开发、人工智能和网络安全</p>
<div id="choose">
    课程分类:
    <ul>
        <li>网站开发训练营</li>
        <li>网络安全训练营</li>
        <li>人工智能训练营</li>
    </ul>
</div>
</body>
</html>
```

运行结果如图 2-35 所示，可以看到网页中带有 id 属性的所有元素被添加上了背景色。

图 2-35　使用 [attribute] 选择器

2.6.2　[attribute=value]

[attribute=value] 选择器选取每个带有指定属性和值的元素。[attribute=value] 选择器的语法格式如下：

```
$("[attribute=value]")
```

参数含义说明如下。

（1）attribute：必需，规定要查找的属性。

（2）value：必需，规定要查找的值。

例如，想要选择页面中每个 id="choose" 的元素，就可以使用如下 jQuery 代码：

```
$("[id=choose]")
```

实例 34：为 id="choose" 属性的元素添加背景色

```
<!DOCTYPE html>
<html>
<head>
    <meta charset="UTF-8">
    <title>为id="choose"属性的元素添加背景
色</title>
    <script language="javascript"
src="jquery.min.js"></script>
    <script type="text/javascript">
        $(document).ready(function(){
        $("[id=choose]").css("background-
color","#B2E0FF");
        });
    </script>
</head>
<body>
<h1>老码识途课堂</h1>
<p class="intro">公众号介绍</p>
<p>名称:老码识途课堂</p>
<p>发表文章的范围:网站开发、人工智能和网络安
全</p>
<div id="choose">
    课程分类:
    <ul>
        <li>网站开发训练营</li>
        <li>网络安全训练营</li>
        <li>人工智能训练营</li>
    </ul>
</div>
```

```
<div id="books">
    教程分类:
    <ul>
        <li>网站开发教材</li>
        <li>网络安全教材</li>
        <li>人工智能教材</li>
    </ul>
</div>
</body>
</html>
```

运行结果如图 2-36 所示，可以看到网页中带有 id="choose" 属性的所有元素被添加上了背景色。

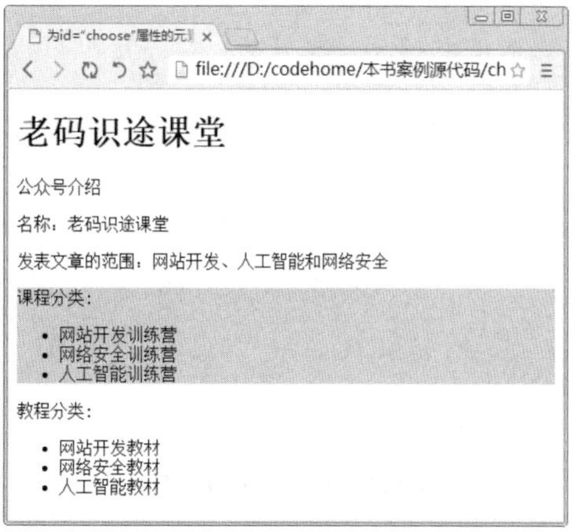

图 2-36　使用 [attribute=value] 选择器

2.6.3　[attribute!=value]

[attribute!=value] 选择器选取每个不带有指定属性及值的元素。不过，带有指定的属性，但不带有指定的值的元素，也会被选择。

[attribute!=value] 选择器的语法格式如下：

```
$("[attribute!=value]")
```

参数含义说明如下。

（1）attribute：必需，规定要查找的属性。

（2）value：必需，规定要查找的值。

例如，想要选择 body 标签中不包含 id="names" 的元素，就可以使用如下 jQuery 代码：

```
$("body[id!=names]")
```

实例 35：为不包含 id="names" 属性的元素添加背景色

```html
<!DOCTYPE html>
<html>
<head>
    <meta charset="UTF-8">
    <title>为不包含id="names"属性的元素添
加背景色</title>
    <script language="javascript"
src="jquery.min.js"></script>
    <script type="text/javascript">
        $(document).ready(function(){
        $("body [id!=names]").css
("background-color","#B2E0FF");
        });
    </script>
</head>
<body>
<h1 id="names">老码识途课堂</h1>
<p>公众号介绍</p>
<p>名称:老码识途课堂</p>
<p>发表文章的范围:网站开发、人工智能和网络安
全</p>
<div id="choose">
    课程分类:
    <ul>
        <li>网站开发训练营</li>
        <li>网络安全训练营</li>
        <li>人工智能训练营</li>
    </ul>
</div>
```

```html
<div id="books">
    教程分类:
    <ul>
        <li>网站开发教材</li>
        <li>网络安全教材</li>
        <li>人工智能教材</li>
    </ul>
</div>
</body>
</html>
```

运行结果如图 2-37 所示，可以看到网页中不包含 id="header" 属性的所有元素被添加上了背景色。

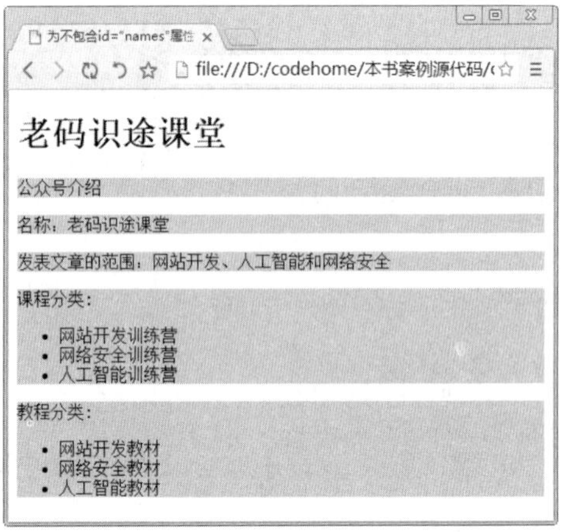

图 2-37　使用 [attribute!=value] 选择器

2.6.4　[attribute$=value]

[attribute$=value] 选择器选取每个带有指定属性且以指定字符串结尾的元素，语法格式如下：

```
$("[attribute$=value]")
```

参数含义说明如下。

（1）attribute：必需，规定要查找的属性。

（2）value：必需，规定要查找的值。

例如，选择所有带 id 属性且属性值以"name"结尾的元素，可使用如下 jQuery 代码：

```
$("[id$=name]")
```

实例36：为带有id属性且属性值以"name"结尾的元素添加背景色

```
<!DOCTYPE html>
<html>
<head>
    <meta charset="UTF-8">
    <title>为带有id属性且属性值以"name"结尾
的元素添加背景色</title>
        <script language="javascript"
src="jquery.min.js"></script>
        <script type="text/javascript">
        $(document).ready(function(){
        $("[id$=name]").css("background-
color","#B2E0FF");
        });
        </script>
</head>
<body>
<h1 id="name">老码识途课堂</h1>
<p id="sname">公众号介绍</p>
<p id="qname">名称:老码识途课堂</p>
<p>发表文章的范围:网站开发、人工智能和网络安
全</p>
<div id="choose">
    课程分类:
    <ul>
        <li>网站开发训练营</li>
        <li>网络安全训练营</li>
        <li>人工智能训练营</li>
    </ul>
</div>
```

```
<div id="books">
    教程分类:
    <ul>
        <li>网站开发教材</li>
        <li>网络安全教材</li>
        <li>人工智能教材</li>
    </ul>
</div>
</body>
</html>
```

运行结果如图 2-38 所示，所有带有 id 属性且属性值以"name"结尾的元素被添加上了背景色。

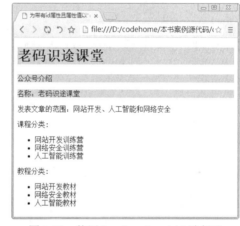

图 2-38　使用 [attribute$=value] 选择器

2.7　新手常见疑难问题

疑问 1：使用选择器时应该注意什么问题？

使用 jQuery 选择器时，应注意以下几个问题。

（1）多使用 ID 选择器。如果不存在 ID 选择器，也可以从父级元素中添加一个 ID 选择器，从而大大缩短节点的访问路径。

（2）尽量少使用 Class 选择器。

（3）通过缓存 jQuery 对象，可以提高系统性能。所以当选出结果不发生变化的情况下，不妨缓存 jQuery 对象。

疑问 2：如何实现鼠标指向后变色的表格？

对于一些清单通常以表格的形式展示，在数据比较多的情况下，很容易看串行。此时，

如果能让鼠标在指向后的行变色，则可以很容易解决上述问题。

用户可以先为表格定义样式，例如以下代码：

```
<style type="text/css">
table{ border:0;border-collapse:collapse;}                    /*设置表格整体样式*/
td{font:normal 12px/17px Arial;padding:2px;width:100px;}      /*设置单元格的样式*/
th{ /*设置表头的样式*/
    font:bold 12px/17px Arial;
    text-align:left;
    padding:4px;
    border-bottom:1px solid #333;
}
.odd{background:#cef;}          /*设置奇数行样式*/
.even{background:#ffc;}         /*设置偶数行样式*/
.light{background:#00A1DA;}     /*设置鼠标移到行的样式*/
</style>
```

定义完样式后，即可定义 jQuery 代码，实现表格的各行换色，并且让鼠标移动到行后变色的效果。代码如下：

```
<script type="text/javascript">
$(document).ready(function(){
  $("tbody tr:even").addClass("odd");        /*为偶数行添加样式*/
  $("tbody tr:odd").addClass("even");        /*为奇数行添加样式*/
  $("tbody tr").hover(                        /*为表格主体每行绑定hover方法*/
      function() {$(this).addClass("light");},
      function() {$(this).removeClass("light");}
  );
});
</script>
```

▌疑问 3： 如何通过选择器实现一个带表头的双色表格？

通过过滤选择器，可以实现一个带表头的双色表格。

首先可以定义样式风格，例如以下代码：

```
<style type="text/css">
    td{
        font-size:12px;                       /*设置单元格的样式*/
        padding:3px;                          /*设置内边距*/
    }
    .th{
        background-color:#B6DF48;             /*设置背景颜色*/
        font-weight:bold;                     /*设置文字加粗显示*/
        text-align:center;                    /*文字居中对齐*/
    }
    .even{
        background-color:#E8F3D1;             /*设置偶数行的背景颜色*/
    }
    .odd{
        background-color:#F9FCEF;             /*设置奇数行的背景颜色*/
    }
</style>
```

定义完样式后，即可定义 jQuery 代码，实现带表头的双色表格效果。代码如下：

```
<script type="text/javascript">
    $(document).ready(function() {
        $("tr:even").addClass("even");      /*设置奇数行所用的CSS类*/
        $("tr:odd").addClass("odd");        /*设置偶数行所用的CSS类*/
        $("tr:first").removeClass("even");  /*移除even类*/
        $("tr:first").addClass("th");       /*添加th类*/
    });
</script>
```

2.8　实战训练营

▌实战 1：使用属性选择器为不同类型的文件添加图标。

　　使用 jQuery 属性选择器根据超链接文件的类型，分别为不同类型的文件添加对应类型的文件图标。运行效果如图 2-39 所示。

图 2-39　使用属性选择器为不同类型的文件添加图标

▌实战 2：自动匹配表单中的元素并实现不同的操作。

　　本实例主要是通过匹配表单中的不同元素，从而实现不同的操作。其中自动选择复选框和单选按钮，设置图片的路径，隐藏文件域，并自动设置密码域的值为 123，自动设置文本框的值，设置普通按钮为不可用，最后显示隐藏域的值。运行结果如图 2-40 所示。

图 2-40　表单选择器的综合应用

第3章 使用jQuery控制页面

📅 **本章导读**

在网页制作的过程中，jQuery 具有强大的功能。从本章开始，将陆续讲解 jQuery 的实用功能。本章主要介绍 jQuery 如何控制页面，对标签的属性、表单元素、元素的 CSS 样式进行操作和获取与编辑 DOM 节点等。

📖 **知识导图**

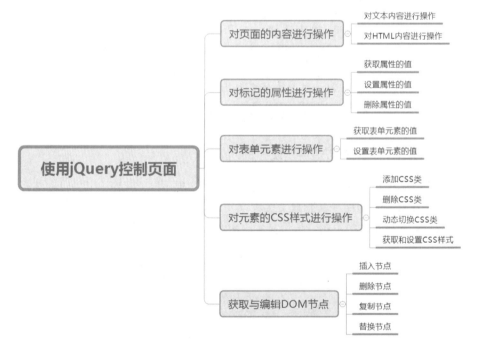

3.1 对页面的内容进行操作

jQuery 提供了对元素内容进行操作的方法，元素的内容是指定义元素的起始标签和结束标签中间的内容，又可以分为文本内容和 HTML 内容。

3.1.1 对文本内容进行操作

jQuery 提供了 text() 和 text（val）两种方法，用于对文本内容进行操作，主要作用是设置或返回所选元素的文本内容。其中 text() 用来获取全部匹配元素的文本内容，text（val）方法用来设置全部匹配元素的文本内容。

1. 获取文本内容

▌实例 1：获取文本内容并显示出来

```html
<!DOCTYPE html>
<html>
<head>
    <meta charset="UTF-8">
    <title>获取文本内容</title>
     <script language="javascript"
src="jquery.min.js"></script>
    <script language="javascript">
        $(document).ready(function(){
        $("#btn1").click(function(){
        alert("文本内容为: " + $("#test").
text());
            });
        });
    </script>
</head>
<body>
<p id="test">鸣筝金粟柱，素手玉房前。欲得周
郎顾，时时误拂弦。</p>
<button id="btn1">获取文本内容</button>
</body>
```

```html
</html>
```

运行程序，单击"获取文本内容"按钮，效果如图 3-1 所示。

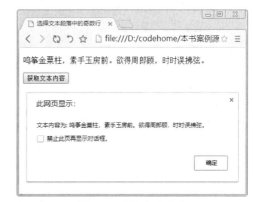

图 3-1 获取文本内容

2. 修改文本内容

下面通过例子来理解如何修改文本的内容。

▌实例 2：修改文本内容

```html
<!DOCTYPE html>
<html>
<head>
    <meta charset="UTF-8">
    <title>修改文本内容</title>
     <script language="javascript"
src="jquery.min.js"></script>
```

```html
    <script language="javascript">
        $(document).ready(function(){
        $("#btn1").click(function(){
        $("#test1").text("商品当前的价格
是2999元");
            });
        });
    </script>
</head>
<body>
```

```
<p id="test1">商品原来的价格是3999元</p>
<button id="btn1">修改文本内容</button>
```

```
</body>
</html>
```

运行程序，效果如图 3-2 所示。单击"修改文本内容"按钮，最终效果如图 3-3 所示。

图 3-2　程序初始结果

图 3-3　修改文本内容

3.1.2　对 HTML 内容进行操作

jQuery 提供的 html() 方法用于设置或返回所选元素的内容，这里包括 HTML 标签。

1. 获取 HTML 内容

下面通过例子来理解如何获取 HTML 的内容。

▎实例 3：获取 HTML 内容

```
<!DOCTYPE html>
<html>
<head>
    <meta charset="UTF-8">
    <title>获取HTML内容</title>
     <script language="javascript"
src="jquery.min.js"></script>
    <script language="javascript">
        $(document).ready(function(){
        $("#btn1").click(function(){
                alert("HTML内容为: " +
$("#test").html());
            });
        });
    </script>
</head>
<body>
<p id="test">今日商品秒杀价格是:<b>
12.88元</b> </p>
```

```
<button id="btn1">获取HTML内容</button>
</body>
</html>
```

运行程序，单击"获取 HTML 内容"按钮，效果如图 3-4 所示。

图 3-4　获取 HTML 内容

2. 修改 HTML 内容

下面通过例子来理解如何修改 HTML 的内容。

▎实例 4：修改 HTML 内容

```
<!DOCTYPE html>
<html>
<head>
    <meta charset="UTF-8">
```

```
    <title>修改HTML内容</title>
     <script language="javascript"
src="jquery.min.js"></script>
    <script language="javascript">
        $(document).ready(function(){
            $("#btn1").click
```

```
(function(){
                $("#test1").html("<b>
莫学武陵人，暂游桃源里。</b>");
            });
        });
    </script>
```

```
</head>
<body>
<p id="test1">归山深浅去，须尽丘壑美。</p>
<button id="btn1">修改HTML内容</button>
</body>
</html>
```

运行程序，效果如图 3-5 所示。单击"修改 HTML 内容"按钮，效果如图 3-6 所示，可见不仅内容发生了变化，而且字体也修改为粗体了。

图 3-5　程序初始结果

图 3-6　修改 HTML 内容

3.2　对标签的属性进行操作

jQuery 提供了对标签的属性进行操作的方法。

3.2.1　获取属性的值

jQuery 提供的 prop() 方法主要用于设置或返回被选元素的属性值。

▌实例 5：获取图片的属性值

```
<!DOCTYPE html>
<html>
<head>
    <meta charset="UTF-8">
    <title>获取图片的属性值</title>
    <script language="javascript"
src="jquery.min.js"></script>
    <script language="javascript">
        $(document).ready(function(){
        $("button").click(function(){
                alert("图像宽度为:" + $
("img").prop("width")+", 高度为:" + $
("img").prop("height"));
            });
        });
    </script>
</head>
<body>
<img src="1.jpg" />
<br />
<button>查看图像的属性</button>
</body>
</html>
```

运行程序，单击"查看图像的属性"按钮，效果如图 3-7 所示。

图 3-7　获取属性的值

3.2.2　设置属性的值

prop() 方法除了可以获取元素属性的值之外，还可以通过它设置属性的值。具体的语法格式如下：

```
prop(name,value);
```

该方法将元素的 name 属性的值设置为 value。

> 提示：attr（name,value）方法也可以设置元素的属性值。读者可以自行测试效果。

▌实例 6：改变图像的宽度

```html
<!DOCTYPE html>
<html>
<head>
    <meta charset="UTF-8">
    <title>改变图像的宽度</title>
     <script language="javascript"
src="jquery.min.js"></script>
    <script language="javascript">
        $(document).ready(function(){
        $("button").click(function(){
        $("img").prop("width","300");
            });
        });
    </script>
</head>
<body>
<img src="2.jpg" />
<br />
<button>修改图像的宽度</button>
</body>
</html>
```

图 3-8　程序初始结果

图 3-9　修改图像的宽度

运行程序，效果如图 3-8 所示。单击"修改图像的宽度"按钮，最终结果如图 3-9 所示。

3.2.3　删除属性的值

jQuery 提供的 removeAttr（name）方法用来删除属性的值。

▌实例 7：删除所有 p 元素的 style 属性

```html
<!DOCTYPE html>
<html>
<head>
    <meta charset="UTF-8">
    <title>删除所有p元素的style属性</title>
     <script language="javascript"
```

```html
src="jquery.min.js"></script>
    <script language="javascript">
        $(document).ready(function(){
        $("button").click(function(){
        $("p").removeAttr("style");
            });
        });
    </script>
```

```
</head>
<body>
<h1>听弹琴</h1>
<p style="font-size:26px;color:
red;font-weight:bold">泠泠七弦上，静听松风
寒。</p>
<p style="font-size:20px;color:
blue;font-weight:bold">古调虽自爱，今人多
不弹。</p>
```

```
<button>删除所有p元素的style属性</button>
</body>
</html>
```

运行程序，效果如图3-10所示。单击"删除所有 P 元素的 style 属性"按钮，最终结果如图 3-11 所示。

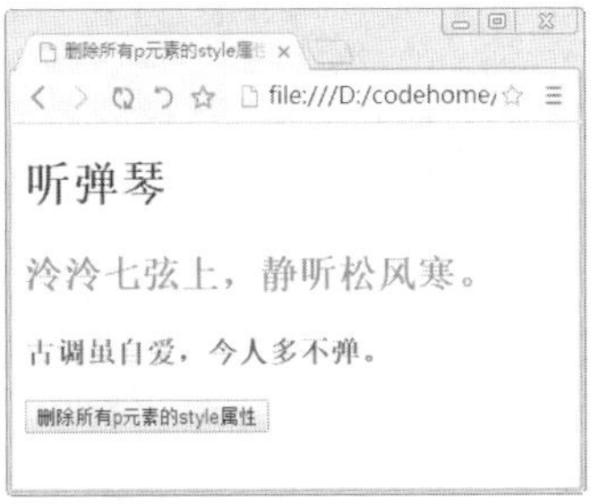

图 3-10　程序初始结果

图 3-11　删除所有 p 元素的 style 属性

3.3　对表单元素进行操作

jQuery 提供了对表单元素进行操作的方法。

3.3.1　获取表单元素的值

val() 方法返回或设置被选元素的值。元素的值是通过 value 属性设置的。该方法大多用于表单元素。如果该方法未设置参数，则返回被选元素的当前值。

▎实例 8：获取表单元素的值并显示出来

```
<!DOCTYPE html>
<html>
<head>
    <meta charset="UTF-8">
    <title>获取表单元素的值</title>
    <script language="javascript"
src="jquery.min.js"></script>
    <script language="javascript">
        $(document).ready(function(){
        $("button").click(function(){
        alert($("input:text").val());
            });
        });
    </script>
</head>
<body>
商品名称: <input type="text" name="name"
value="洗衣机" /><br />
商品价格: <input type="text" name="pirce"
value="6888元" /><br />
```

```
<button>获得第一个文本域的值</button>
</body>
</html>
```

运行程序，单击"获得第一个文本域的值"按钮，结果如图 3-12 所示。

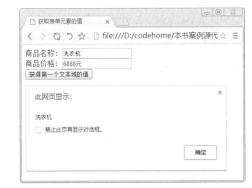

图 3-12　获取表单元素的值

3.3.2　设置表单元素的值

val() 方法也可以设置表单元素的值。具体使用的语法格式如下：

```
$("selector").val(value);
```

▌实例 9：设置表单元素的值

```
<!DOCTYPE html>
<html>
<head>
    <meta charset="UTF-8">
    <title>修改表单元素的值</title>
    <script language="javascript"
src="jquery.min.js"></script>
    <script language="javascript">
        $(document).ready(function(){
        $("button").click(function(){
        $(":text").val("4888元");
            });
        });
    </script>
</head>
<body>
<p>商品的最新价格为：<input type="text"
name="user" value="5999元" /></p>
<button>更新文本域的值</button>
</body>
</html>
```

运行程序，效果如图3-13 所示。单击"更

新文本域的值"按钮，最终结果如图 3-14 所示。

图 3-13　程序初始结果

图 3-14　改变文本域的值

3.4　对元素的 CSS 样式进行操作

通过 jQuery，用户可以很容易地对 CSS 样式进行操作。

3.4.1　添加 CSS 类

addClass() 方法主要是向被选元素添加一个或多个类。下面的例子展示如何向不同的元素添加 class 属性。当然，在添加类时，也可以选取多个元素。

▌实例 10：向不同的元素添加 class 属性

```
<!DOCTYPE html>
<html>
<head>
    <meta charset="UTF-8">
    <title>向不同的元素添加class属性</title>
    <script language="javascript"
src="jquery.min.js"></script>
    <script language="javascript">
        $(document).ready(function(){
```

```
        $("button").click
(function(){
            $("h1,h2,p").addClass
("blue");
            $("div").addClass
("important");
        });
    });
    </script>
    <style type="text/css">
    .important
    {
        font-weight: bold;
```

```
        font-size: xx-large;
        }
        .blue
        {
        color: blue;
        }
    </style>
</head>
<body>
<h1>山中雪后</h1>
<h3>清代:郑燮</h3>
<p>晨起开门雪满山，雪晴云淡日光寒。</p>
<p>檐流未滴梅花冻</p>
<div>一种清孤不等闲</div>
<br />
<button>向元素添加CSS类</button>
</body>
</html>
```

运行程序，效果如图 3-15 所示。单击"向元素添加 CSS 类"按钮，最终结果如图 3-16 所示。

图 3-15　程序初始结果

图 3-16　单击按钮后的结果

addClass()方法也可以同时添加多个CSS类。

实例 11：同时添加多个 CSS 类

```
<!DOCTYPE html>
<html>
<head>
    <meta charset="UTF-8">
```

```
<title>同时添加多个CSS类</title>
    <script language="javascript"
src="jquery.min.js"></script>
    <script language="javascript">
        $(document).ready(function(){
        $("button").click(function(){
        $("#div2").addClass("important
blue");
            });
        });
    </script>
    <style type="text/css">
        .important
        {
            font-weight: bold;
            font-size: xx-large;
        }
        .blue
        {
            color: blue;
        }
    </style>
</head>
<body>
<div id="div1">雨打梨花深闭门，孤负青春，虚
负青春。</div>
<div id="div2">赏心乐事共谁论？花下销魂，月
下销魂。</div>
<button>向div2元素添加多个CSS类</button>
</body>
</html>
```

运行程序，效果如图 3-17 所示。单击"向 div2 元素添加多个 CSS 类"按钮，最终结果如图 3-18 所示。

图 3-17　程序初始结果

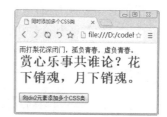

图 3-18　向 div2 元素添加多个 CSS 类

3.4.2　删除 CSS 类

removeClass() 方法主要是从被选元素删除一个或多个类。

▎实例 12：删除 CSS 类

```
<!DOCTYPE html>
<html>
<head>
    <meta charset="UTF-8">
    <title>删除CSS类</title>
     <script language="javascript"
src="jquery.min.js"></script>
    <script language="javascript">
        $(document).ready(function(){
        $("button").click(function(){
        $("h1,h3,p").removeClass("important
blue");
            });
        });
    </script>
    <style type="text/css">
        .important
        {
            font-weight: bold;
            font-size: xx-large;
        }
        .blue
        {
            color: blue;
        }
    </style>
</head>
<body>
<h1 class="blue">春江花月夜</h1>
<h3 class="blue">春江潮水连海平</h3>
<p class="blue">海上明月共潮生</p>
<p class="important ">滟滟随波千万里</p>
<p class="important ">何处春江无月明</p>
<button>从元素上删除CSS类</button>
```

```
</body>
</html>
```

运行程序，效果如图 3-19 所示。单击"从元素上删除 CSS 类"按钮，最终结果如图 3-20 所示。

图 3-19　程序初始结果

图 3-20　单击按钮后的结果

3.4.3　动态切换 CSS 类

jQuery 提供的 toggleClass() 方法主要作用是对设置或移除被选元素的一个或多个 CSS 类进行切换。该方法检查每个元素中指定的类。如果不存在则添加类，如果已设置则删除之。这就是所谓的切换效果。不过，通过使用 switch 参数，我们能够规定只删除或只添加类。使用的语法格式如下：

```
$(selector).toggleClass(class,switch)
```

其中 class 是必需的。规定添加或移除 class 的指定元素。如需规定多个 class，使用空格来分隔类名。switch 是可选的布尔值，确定是否添加或移除 class。

▌实例 13：动态切换 CSS 类

```
<!DOCTYPE html>
<html>
<head>
    <meta charset="UTF-8">
    <title>动态切换CSS类</title>
        <script language="javascript"
src="jquery.min.js"></script>
    <script language="javascript">
        $(document).ready(function(){
        $("button").click(function(){
        $("p").toggleClass("c1");
            });
        });
    </script>
    <style type="text/css">
        .c1
        {
            font-size: 150%;
            color: blue;
        }
    </style>
</head>
<body>
<h1>春江花月夜</h1>
<p>不知江月待何人，但见长江送流水。</p>
<p>白云一片去悠悠，青枫浦上不胜愁。</p>
<button>切换到"c1" 类样式</button>
</body>
</html>
```

运行程序，效果如图 3-21 所示。单击"切换到"c1"类样式"按钮，最终结果如图 3-22 所示。再次单击上面的按钮，则会在两个不同的效果之间切换。

图 3-21　程序初始结果

图 3-22　切换到"c1"类样式

3.4.4　获取和设置 CSS 样式

jQuery 提供 css() 方法，用来获取或设置匹配的元素的一个或多个样式属性。

通过 css（name）来获得某种样式的值。

▌实例 14：获取 CSS 样式

```
<!DOCTYPE html>
<html>
<head>
    <meta charset="UTF-8">
    <title>获取p段落的颜色</title>
        <script language="javascript"
src="jquery.min.js"></script>
    <script language="javascript">
        $(document).ready(function(){
        $("button").click(function(){
        alert($("p").css("color"));
            });
        });
    </script>
</head>
<body>
<p style="color:blue">斜月沉沉藏海雾，碣石
潇湘无限路。</p>
<button type="button">返回段落的颜色</
button>
</body>
</html>
```

运行程序，单击"返回段落的颜色"按钮，结果如图 3-23 所示。

图 3-23　获取 CSS 样式

通过 css（name,value）来设置元素的样式。

实例 15：设置 CSS 样式

```html
<!DOCTYPE html>
<html>
<head>
    <meta charset="UTF-8">
    <title>设置CSS样式</title>
      <script language="javascript"
src="jquery.min.js"></script>
    <script language="javascript">
        $ ( document ) .ready ( function(){
        $ ( "button" ) .click ( function(){
        $ ( "p" ) .css ( "font-size","150%" );
            } );
        } );
    </script>
</head>
<body>
<p>玉户帘中卷不去，捣衣砧上拂还来。</p>
<p>此时相望不相闻，愿逐月华流照君。</p>
<button type="button">改变段落文字的大小</
button>
</body>
</html>
```

运行程序，效果如图 3-24 所示。单击"改变段落文字的大小"按钮，最终结果如图 3-25 所示。

图 3-24　程序初始结果

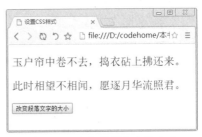

图 3-25　改变段落文字的大小

3.5　获取与编辑 DOM 节点

jQuery 为简化开发人员的工作，为用户提供了对 DOM 节点进行操作的方法，下面详细介绍。

3.5.1　插入节点

在 jQuery 中，插入节点可以分为在元素内部插入和在元素外部插入两种，下面分别进行介绍。

1．在元素内部插入节点

在元素内部插入节点就是向一个元素中添加子元素和内容，表 3-1 所示为在元素内部插入节点的方法。

表 3-1　在元素内部插入节点的方法

方法	功能
append()	在被选元素的结尾插入内容
appendTo()	在被选元素的结尾插入 HTML 元素
prepend()	在被选元素的开头插入内容
prependTo()	在被选元素的开头插入 HTML 元素

下面通过使用 appendTo() 方法的例子来理解。

实例16：使用 appendTo() 方法插入节点

```html
<!DOCTYPE html>
<html>
<head>
    <meta charset="UTF-8">
        <title>使用appendTo()方法插入节点</title>
        <script src="jquery.min.js"></script>
    <script>
        $(document).ready(function(){
        $("button").click(function(){
        $("<span>（春江花月夜）</span>").appendTo("p");
            });
        });
    </script>
</head>
<body>
<p>空里流霜不觉飞</p>
<p>汀上白沙看不见</p>
<p>江天一色无纤尘</p>
<p>皎皎空中孤月轮</p>
<button>插入节点</button>
</body>
</html>
```

运行程序，结果如图 3-26 所示。单击"插入节点"按钮，即可在每个 P 元素结尾插入 span 元素，即"（春江花月夜）"，结果如图 3-27 所示。

图 3-26　程序初始结果　　　图 3-27　在每个 P 元素结尾插入 span 元素

2. 在元素外部插入节点

在元素外部插入就是将要添加的内容添加到元素之前或之后，表 3-2 所示为在元素外部插入节点的方法。

表 3-2　在元素外部插入节点的方法

方法	功能
after()	在被选元素后插入内容
insertAfter()	在被选元素后插入 HTML 元素
before()	在被选元素前插入内容
insertBefore()	在被选元素前插入 HTML 元素

实例17：使用 after() 方法

```html
<!DOCTYPE html>
<html>
<head>
    <meta charset="UTF-8">
    <title>在被选元素后插入内容</title>
    <script src="jquery.min.js">
    </script>
    <script>
        $(document).ready(function(){
        $("button").click(function(){
        $("p").after("<p>春江花月夜</p>");
```

```html
            });
        });
    </script>
</head>
<body>
<p>玉户帘中卷不去，捣衣砧上拂还来。</p>
<p>此时相望不相闻，愿逐月华流照君。</p>
<p>鸿雁长飞光不度，鱼龙潜跃水成文。</p>
<p>昨夜闲潭梦落花，可怜春半不还家。</p>
<button>插入节点</button>
</body>
</html>
```

运行程序，结果如图 3-28 所示。单击"插入节点"按钮，即可在每个 P 元素后插入内容，即"春江花月夜"，结果如图 3-29 所示。

图 3-28　程序初始结果

图 3-29　在每个 P 元素后插入"春江花月夜"

3.5.2　删除节点

jQuery 为用户提供了两种删除节点的方法，如表 3-3 所示。

表 3-3　删除节点的方法

方法	功能
remove()	移除被选元素（不保留数据和事件）
detach()	移除被选元素（保留数据和事件）
empty()	从被选元素移除所有子节点和内容

▌实例 18：使用 remove() 方法移除元素

```
<!DOCTYPE html>
<html>
<head>
    <meta charset="UTF-8">
    <title>使用remove()方法移除元素</title>
    <script language="javascript" src="jquery.min.js"></script>
    <script language="javascript">
        $(document).ready(function(){
        $("button").click(function(){
        $("p").remove();
            });
        });
    </script>
</head>
<body>
<h1>春江花月夜</h1>
<h3>春江潮水连海平，海上明月共潮生。</h3>
<p>滟滟随波千万里，何处春江无月明! </p>
<p>江流宛转绕芳甸，月照花林皆似霰。</p>
<p>空里流霜不觉飞，汀上白沙看不见。</p>
<button>移除所有P元素</button>
</body>
</html>
```

运行程序，结果如图 3-30 所示。单击"移

除所有 P 元素"按钮，即可移除所有的 <p> 元素内容，如图 3-31 所示。

在 jQuery 中，使用 empty() 方法可以直接删除元素的所有子元素。

图 3-30　程序初始结果

图 3-31　移除所有的 <p> 元素内容

实例 19：使用 empty() 方法删除元素的所有子元素

```
<!DOCTYPE html>
<html>
<head>
    <meta charset="UTF-8">
    <title>删除元素的所有子元素</title>
    <script src="jquery.min.js">
    </script>
    <script>
        $(document).ready(function(){
        $("button").click(function(){
        $("div").empty();
            });
        });
    </script>
</head>
<body>
<div style="height:100px;background-
color:bisque">
    江天一色无纤尘，皎皎空中孤月轮。
    <p> 江畔何人初见月？江月何年初照人？ </p>
</div>
<p>不知江月待何人，但见长江送流水。 </p>
<button>删除div块中的内容</button>
</body>
</html>
```

运行程序，结果如图 3-32 所示。单击"删

除 div 块中的内容"按钮，即可删除 div 块中的所有内容，结果如图 3-33 所示。

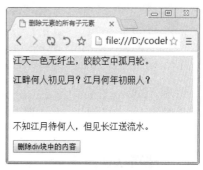

图 3-32　程序初始结果

图 3-33　删除 div 块中的所有内容

3.5.3　复制节点

jQuery 提供的 clone() 方法，可以轻松完成复制节点操作。

实例 20：使用 clone() 方法复制节点

```
<!DOCTYPE html>
<html>
<head>
    <meta charset="UTF-8">
    <title>复制节点</title>
    <script src="jquery.min.js">
    </script>
    <script>
        $(document).ready(function(){
        $("button").click(function(){
        $("p").clone().appendTo("body");
            });
        });
    </script>
</head>
<body>
<p>晨起开门雪满山，雪晴云淡日光寒。</p>
<p>檐流未滴梅花冻，一种清孤不等闲</p>
<button>复制</button>
</body>
</html>
```

运行程序，结果如图 3-34 所示。单击"复制"按钮，即可复制所有 P 元素，并在 body 元素中插入它们，结果如图 3-35 所示。

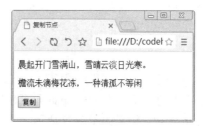

图 3-34　程序初始结果

图 3-35　复制所有 P 元素

3.5.4　替换节点

jQuery 为用户提供了两种替换节点的方法，如表 3-4 所示。两种方法的功能相关，只是两者的表达形式不一样。

表 3-4　替换节点的方法

方法	功能
replaceAll()	把被选元素替换为新的 HTML 元素
replaceWith()	把被选元素替换为新的内容

▌实例 21：使用 replaceAll() 方法替换节点

```
<!DOCTYPE html>
<html>
<head>
    <meta charset="UTF-8">
    <title>使用replaceAll()方法替换节点</title>
    <script src="jquery.min.js">
    </script>
    <script>
        $(document).ready(function(){
        $("button").click(function(){
        $("<span><b>有约不来过夜半，闲敲棋子落灯花。</b></span>").replaceAll
("p:last");
            });
        });
    </script>
</head>
<body>
<p>黄梅时节家家雨，青草池塘处处蛙。</p>
<p>黄梅时节家家雨，青草池塘处处蛙。</p>
<button>替换节点</button><br>
</body>
</html>
```

运行程序，结果如图 3-36 所示。单击"替换节点"按钮，即可用一个 span 元素替换最后一个 p 元素，结果如图 3-37 所示。

图 3-36　程序初始结果

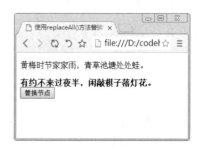

图 3-37　用 span 元素替换最后一个 p 元素

▌实例 22：使用 replaceWith() 方法替换节点

```
<!DOCTYPE html>
<html>
<head>
<title>replaceWith()方法应用示例</title>
<script src="jquery.min.js">
```

```
</script>
<script>
    $(document).ready(function(){
    $("button").click(function(){
    $("p:first").replaceWith("Hello
world!");
    });
});
</script>
</head>
<body>
<p>孤帆远影碧空尽,</p>
<p>唯见长江天际流。</p>
<button>替换(replaceWith()方法)</
button>
</body>
</html>
```

图 3-38　程序初始结果

运行程序,结果如图 3-38 所示。单击"替换节点"按钮,即可使用新文本替换第一个 P 元素,结果如图 3-39 所示。

图 3-39　使用新文本替换第一个 P 元素

3.6　新手常见疑难问题

疑问 1:如何向指定内容前插入内容?

before() 方法在被选元素前插入指定的内容。下面举例说明。

实例 23:使用 before() 方法插入内容

```
<!DOCTYPE html>
<html>
<head>
    <meta charset="UTF-8">
    <title>使用before()方法插入内容</
title>
    <script src="jquery.min.js"></
script>
    <script>
        $(document).ready(function(){
        $(".btn1").click(function(){
        $("p").before("<p>圆魄上寒空,皆
言四海同。</p>");
            });
        });
    </script>
</head>
<body>
<p>安知千里外,不有雨兼风? </p>
<button class="btn1">在段落前面插入新的内
容</button>
</body>
</html>
```

运行程序,效果如图 3-40 所示。单击"在段落前面插入新的内容"按钮,最终结果如图 3-41 所示。

图 3-40　程序初始结果

图 3-41　向指定内容前插入内容

疑问 2：如何检查段落中是否添加了指定的 CSS 类？

hasClass() 方法用来检查被选元素是否包含指定的 CSS 类。下面举例说明。

实例 24：检查被选元素是否包含指定的 CSS 类

```
<!DOCTYPE html>
<html>
<head>
    <meta charset="UTF-8">
    <title>检查被选元素是否包含指定的CSS类</title>
    <script src="jquery.min.js"></script>
    <script>
        $(document).ready(function(){
        $("button").click(function(){
        alert($("p:first").hasClass("main"));
            });
        });
    </script>
    <style type="text/css">
        .main
        {
            font-size: 150%;
            color: red;
        }
    </style>
</style>
```

```
</head>
<body>
<p class="main">孤月当楼满，寒江动夜扉。</p>
<p>委波金不定，照席绮逾依。</p>
<button>检查第一个段落是否拥有类 "main"</button>
</body>
</html>
```

运行程序，单击"检查第一个段落是否拥有类 main"按钮，结果如图 3-42 所示。

图 3-42　检查被选元素是否包含指定的 CSS 类

3.7　实战训练营

实战 1：制作奇偶变色的表格。

在网站制作中，经常需要制作奇偶变色的表格。本案例要求通过 jQuery 可实现该效果，将鼠标放在单元格上，整行将变成红色底纹效果，程序运行结果如图 3-43 所示。

图 3-43　奇偶变色的表格

▌实战 2：制作多级菜单。

　　多级菜单是有多个 <li><ul> 相互嵌套实现的，例如一个菜单下面还有一级菜单，那么这个 <li> 里面就会嵌套一个 <ul>。所以 jQuery 选择器可以通过 <li> 找到那些包含 <ul> 的项目。本实例将制作一个多级菜单效果，运行结果如图 3-44 所示。单击"孕产用品"链接，即可展开多级菜单，如图 3-45 所示。

图 3-44　程序初始结果　　　　　　　　　　图 3-45　展开多级菜单

第4章 事件处理

📋 本章导读

　　JavaScript 以事件驱动实现页面交互，从而使页面具有了动态性和响应性，如果没有事件，将很难完成页面与用户之间的交互。事件驱动的核心：以消息为基础，以事件为驱动。jQuery 扩展了基本的事件处理机制，大大增强了事件处理的能力。本章将重点学习事件处理的方法和技巧。

📖 知识导图

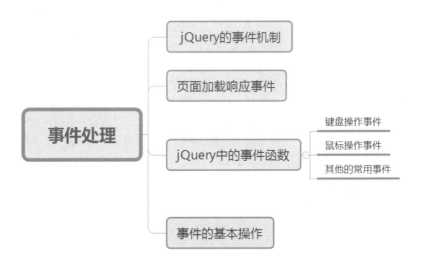

4.1 jQuery 的事件机制

jQuery 有效地简化了 JavaScript 的编程。jQuery 的事件机制是事件方法会触发匹配元素的事件，或将函数绑定到所有匹配元素的某个事件。

1. 什么是 jQuery 的事件机制

jQuery 的事件处理机制在 jQuery 框架中起着重要的作用，jQuery 的事件处理方法是 jQuery 中的核心函数。通过 jQuery 的事件处理机制，可以创造自定义的行为，比如说改变样式、效果显示、提交等，使网页效果更加丰富。

使用 jQuery 事件处理机制比直接使用 JavaScript 本身内置的一些事件响应方式更加灵活，且不容易暴露在外，并且有更加优雅的语法，大大减少了编写代码的工作量。

jQuery 的事件处理机制包括页面加载、事件绑定、事件委派、事件切换四种机制。

2. 切换事件

切换事件是指在一个元素上绑定了两个以上的事件，在各个事件之间进行的切换动作。例如，当鼠标放在图片上时触发一个事件，当鼠标单击后又触发一个事件，可以用切换事件来实现。

在 jQuery 中，hover() 方法用于事件的切换。当需要设置在鼠标悬停和鼠标移出的事件中进行切换时，使用 hover() 方法。下面的例子中，当鼠标悬停在文字上时，显示一段文字的效果。

▌实例 1：切换事件

```
<!DOCTYPE html>
<html>
<head>
    <meta charset="UTF-8">
    <title>hover()切换事件</title>
    <script type="text/javascript"
src="jquery.min.js"></script>
    <script type="text/javascript">
                $(document).ready
(function(){
                $(".clsContent").hide();
        });
        $(function(){
                $(".clsTitle").hover
(function(){
                $(".clsContent").show();
                },
                function(){
                $(".clsContent").hide();
                })
        })
    </script>
</head>
<body>
<div class="clsTitle"><h1>老码识途课堂</
```

```
h1></div>
<div class="clsContent">网络安全训练营</
div>
<div class="clsContent">网站前端训练营</
div>
<div class="clsContent">PHP网站训练营</
div>
<div class="clsContent">人工智能训练营</
div>
</body>
</html>
```

运行程序，效果如图 4-1 所示。将鼠标放在"老码识途课堂"文字上，最终结果如图 4-2 所示。

图 4-1　程序初始结果

图 4-2　鼠标悬停后的结果

3. 事件冒泡

在一个对象上触发某类事件（比如单击 onclick 事件），如果此对象定义了此事件的处理程序，那么此事件就会调用这个处理程序，如果没有定义此事件处理程序或者事件返回 true，那么这个事件会向这个对象的父级对象传播，从里到外，直至它被处理（父级对象的所有同类事件都将被激活），或者它到达了对象层次的最顶层，即 document 对象（有些浏览器是 window 对象）。

例如，在地方法院要上诉一件案子，如果地方没有处理此类案件的法院，地方相关部门会继续往上级法院上诉，比如从市级到省级，直至到中央法院，最终使案件得到处理。

▎实例 2：事件冒泡

```
<!DOCTYPE html>
<html>
<head>
    <meta charset="UTF-8">
    <title>事件冒泡</title>
     <script type="text/javascript"
src="jquery.min.js"></script>
    <script type="text/javascript">
        function add(Text){
                var Div = document.
getElementById("display");
            Div.innerHTML += Text;
//输出点击顺序
            }
    </script>
</head>
```

```
<body onclick="add('第三层事件<br
/>');">
<div onclick="add('第二层事件<br
/>');">
        <p onclick="add('第一层事件<br
/>');">事件冒泡</p>
</div>
<div id="display"></div>
</body>
</html>
```

运行程序，效果如图 4-3 所示。单击"事件冒泡"文字，最终结果如图 4-4 所示。代码为 p、div、body 都添加了 onclick() 函数，当单击 p 的文字时，触发事件，并且触发顺序是由最底层依次向上触发。

图 4-3　程序初始结果　　　　图 4-4　单击"事件冒泡"文字后

4.2 页面加载响应事件

jQuery 中的 $（doucument）.ready() 事件是页面加载响应事件，ready() 是 jQuery 事件模块中最重要的一个函数。这个方法可以看作是对 window.onload 注册事件的替代方法，通过使用这个方法，可以在 DOM 载入就绪时立刻调用所绑定的函数，而几乎所有的 JavaScript 函数都是需要在那一刻执行。ready() 函数仅能用于当前文档，因此无须选择器。

ready() 函数的语法格式有如下 3 种。

（1）格式 1：$（document）.ready（function）。

（2）格式 2：$().ready（function）。

（3）格式 3：$（function）。

其中参数 function 是必选项，规定当文档加载后要运行的函数。

▎实例 3：使用 ready() 函数

```
<!DOCTYPE html>
<html>
<head>
    <meta charset="UTF-8">
    <title>使用ready()函数</title>
     <script language="javascript"
src="jquery.min.js"></script>
    <script language="javascript">
        $（document）.ready（function(){
        $（".btn1"）.click（function(){
        $（"p"）.slideToggle();
            }）;
        }）;
    </script>
</head>
<body>
<p>客从远方来，遗我一端绮。</p>
<p>相去万余里，故人心尚尔。</p>
<p>文采双鸳鸯，裁为合欢被。</p>
<p>著以长相思，缘以结不解。</p>
<p>以胶投漆中，谁能别离此？</p>
<button class="btn1">隐藏文字</button>
</body>
</html>
```

运行程序，效果如图 4-5 所示。单击"隐藏文字"按钮，最终结果如图 4-6 所示。可

见在文档加载后激活了函数。

图 4-5　程序初始结果

图 4-6　隐藏文字

4.3　jQuery 中的事件函数

在网站开发过程中，经常使用的事件函数包括键盘操作、鼠标操作、表单提交、焦点触发等事件。

4.3.1　键盘操作事件

日常开发中常见的键盘操作包括 keydown()、keypress() 和 keyup()，如表 4-1 所示。

表 4-1　键盘操作事件

方　法	含　义
keydown()	触发或将函数绑定到指定元素的 key down 事件（按下键盘上某个按键时触发）
keypress()	触发或将函数绑定到指定元素的 key press 事件（按下某个按键并产生字符时触发）
keyup()	触发或将函数绑定到指定元素的 key up 事件（释放某个按键时触发）

　　完整的按键过程应该分为两步，按键被按下，然后按键被松开并复位。这里就触发了 keydown() 和 keyup() 事件函数。

　　下面通过例子来讲解 keydown() 和 keyup() 事件函数的使用方法。

实例 4：使用 keydown() 和 keyup() 事件函数

```
<!DOCTYPE html>
<html>
<head>
    <meta charset="UTF-8">
    <title>使用keydown()和keyup()事件函数
</title>
    <script language="javascript"
src="jquery.min.js"></script>
    <script language="javascript">
        $(document).ready(function(){
        $("input").keydown(function(){
        $("input").css("background-
color","yellow");
            });
        $("input").keyup(function(){
        $("input").css("background-
color","red");
            });
        });
    </script>
</head>
<body>
请输入商品名称: <input type="text" />
<p>当发生 keydown 和 keyup 事件时，输入域
会改变颜色。</p>
</body>
</html>
```

　　运行程序，当按下键盘时，输入域的背景色为黄色，效果如图 4-7 所示。当松开键盘时，输入域的背景色为红色，效果如图 4-8 所示。

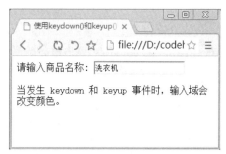

图 4-7　按下键盘时输入域的背景色

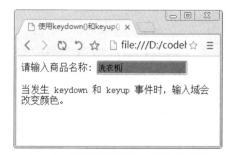

图 4-8　松开键盘时输入域的背景色

　　keypress 事件与 keydown 事件类似。当按键被按下时，会触发该事件。它发生在当前获得焦点的元素上。不过，与 keydown 事件不同，每插入一个字符，就会发生 keypress 事件。keypress() 方法触发 keypress 事件，或规定当发生 keypress 事件时运行的函数。

　　下面通过例子来讲解 keypress() 事件函数的使用方法。

实例 5：使用 keypress() 事件函数

```
<!DOCTYPE html>
<html>
<head>
```

```
<meta charset="UTF-8">
    <title>使用keypress()事件函数</title>
    <script language="javascript"
src="jquery.min.js"></script>
    <script language="javascript">
```

```
        i = 0;
    $(document).ready(function(){
    $("input").keypress(function(){
    $("span").text(i+=1);
        });
    });
    </script>
</head>
<body>
请输入商品名称: <input type="text" />
<p>按键次数:<span>0</span></p>
</body>
</html>
```

图 4-9　输入 4 个字母的效果

运行程序，按下键盘输入内容时，即可看到显示的按键次数，效果如图 4-9 所示。继续输入内容，则按下键盘数发生相应的变化，效果如图 4-10 所示。

图 4-10　输入 10 个字母的效果

4.3.2　鼠标操作事件

与键盘操作事件相比，鼠标操作事件比较多，常见的鼠标操作的含义如表 4-2 所示。

表 4-2　鼠标操作事件

方　法	含　义
mousedown()	触发或将函数绑定到指定元素的 mouse down 事件（鼠标的按键被按下）
mouseenter()	触发或将函数绑定到指定元素的 mouse enter 事件（当鼠标指针进入（穿过）目标时）
mouseleave()	触发或将函数绑定到指定元素的 mouse leave 事件（当鼠标指针离开目标时）
mousemove()	触发或将函数绑定到指定元素的 mouse move 事件（鼠标在目标的上方移动）
mouseout()	触发或将函数绑定到指定元素的 mouse out 事件（鼠标移出目标的上方）
mouseover()	触发或将函数绑定到指定元素的 mouse over 事件（鼠标移到目标的上方）
mouseup()	触发或将函数绑定到指定元素的 mouse up 事件（鼠标的按键被释放弹起）
click()	触发或将函数绑定到指定元素的 click 事件（单击鼠标的按键）
dblclick()	触发或将函数绑定到指定元素的 double click 事件（双击鼠标的按键）

下面通过使用 mousemove 事件函数实现鼠标定位的效果。

实例 6：使用 mousemove 事件函数

```
<!DOCTYPE html>
<html>
<head>
    <meta charset="UTF-8">
    <title>使用mousemove事件函数</title>
    <script language="javascript"
src="jquery.min.js"></script>
    <script language="javascript">
        $(document).ready(function(){
        $(document).mousemove(function(e){
        $("span").text(e.pageX + ", "
+ e.pageY);
        });
    });
    </script>
```

```
</head>
<body>
<p>当前鼠标的坐标:<span></span>.</p>
</body>
</html>
```

运行程序，效果如图4-11所示。随着鼠标的移动，将动态显示鼠标的坐标。

图4-11　使用mousemove事件函数

下面通过例子来讲解鼠标mouseover和mouseout事件函数的使用方法。

实例7：使用mouseover和mouseout事件函数

```
<!DOCTYPE html>
<html>
<head>
    <meta charset="UTF-8">
    <title>使用mouseover和mouseout事件函数</title>
    <script language="javascript" src="jquery.min.js"></script>
    <script language="javascript">
        $(document).ready(function(){
        $("p").mouseover(function(){
        $("p").css("background-color","yellow");
            });
        $("p").mouseout(function(){
        $("p").css("background-color","#E9E9E4");
            });
            });
        </script>
</head>
<body>
<h2>醉桃源·元日</h2>
<p>五更枥马静无声。邻鸡犹怕惊。日华平晓弄春明。暮寒愁翳生。</p>
<p>新岁梦，去年情。残宵半酒醒。春风无定落梅轻。断鸿长短亭。</p>
</body>
</html>
```

运行程序，效果如图4-12所示。将鼠标放在段落上的效果如图4-13所示。该案例实现了当鼠标从元素上移入移出时，改变元素的背景色。

图4-12　初始效果

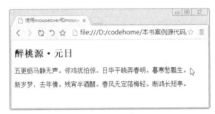

图4-13　鼠标放在段落上的效果

下面通过例子来讲解鼠标click和dblclick事件函数的使用方法。

实例8：使用click和dblclick事件函数

```
<!DOCTYPE html>
<html>
<head>
    <meta charset="UTF-8">
    <title>使用click和dblclick事件函数</title>
    <script language="javascript" src="jquery.min.js"></script>
    <script language="javascript">
        $(document).ready(function(){
        $("#btn1").click(function(){
        $("#id1").slideToggle();
            });
        $("#btn2").dblclick(function(){
        $("#id2").slideToggle();
            });
            });
        </script>
</head>
<body>
<div id="id1">垂緌饮清露，流响出疏桐。</div></p>
<button id="btn1">单击隐藏</button></p>
<div id="id2">居高声自远，非是藉秋风。</div></p>
<button id="btn2">双击隐藏</button></p>
</body>
</html>
```

运行程序，效果如图 4-14 所示。单击"单击隐藏"按钮，效果如图 4-15 所示。双击"双击隐藏"按钮，效果如图 4-16 所示。

图 4-14　初始效果

图 4-15　单击鼠标的效果

图 4-16　双击鼠标的效果

4.3.3　其他的常用事件

除了上面讲述的常用事件外，还有一些如表单提交、焦点触发等事件，如表 4-3 所示。

表 4-3　其他常用的事件

方　法	描　述
blur()	触发或将函数绑定到指定元素的 blur 事件（有元素或者窗口失去焦点时触发事件）
change()	触发或将函数绑定到指定元素的 change 事件（文本框内容改变时触发事件）
error()	触发或将函数绑定到指定元素的 error 事件（脚本或者图片加载错误、失败后触发事件）
resize()	触发或将函数绑定到指定元素的 resize 事件
scroll()	触发或将函数绑定到指定元素的 scroll 事件
focus()	触发或将函数绑定到指定元素的 focus 事件（有元素或者窗口获取焦点时触发事件）
select()	触发或将函数绑定到指定元素的 select 事件（文本框中的字符被选择之后触发事件）
submit()	触发或将函数绑定到指定元素的 submit 事件（表单"提交"之后触发事件）
load()	触发或将函数绑定到指定元素的 load 事件（页面加载完成后在 window 上触发，图片加载完在自身触发）
unload()	触发或将函数绑定到指定元素的 unload 事件（与 load 相反，即卸载完成后触发）

下面挑选几个事件来讲解使用方法。

blur() 函数触发 blur 事件，如果设置了 function 参数，该函数也可规定当发生 blur 事件时执行的代码。

实例 9：使用 blur() 函数

```html
<!DOCTYPE html>
<html>
<head>
    <meta charset="UTF-8">
    <title>使用blur()函数</title>
        <script language="javascript"
src="jquery.min.js"></script>
    <script language="javascript">
        $(document).ready(function(){
        $("input").focus(function(){
        $("input").css("background-
color","#FFFFCC");
            });
        $("input").blur(function(){
        $("input").css("background-
color","#D6D6FF");
            });
        });
    </script>
</head>
<body>
请输入商品的名称: <input type="text" />
<p>请在上面的输入域中点击，使其获得焦点，然后
在输入域外面点击，使其失去焦点。</p>
</body>
</html>
```

运行程序，在输入框中输入"电冰箱"文字，效果如图 4-17 所示。当鼠标单击文本框以外的空白处时，效果如图 4-18 所示。

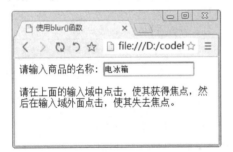

图 4-17　获得焦点后的效果

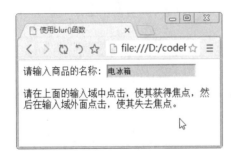

图 4-18　失去焦点后的效果

当元素的值发生改变时，可以使用 change 事件。该事件仅适用于文本域，以及 textarea 和 select 元素。change() 函数触发 change 事件，或规定当发生 change 事件时运行的函数。

实例 10：使用 change() 函数

```html
<!DOCTYPE html>
<html>
<head>
    <meta charset="UTF-8">
    <title>使用change()函数</title>
        <script language="javascript"
src="jquery.min.js"></script>
    <script language="javascript">
        $(document).ready(function(){
        $(".field").change(function()
{
        $(this).css("background-
color","#FFFFCC");
            });
        });
    </script>
</head><body>
<p>在某个域被使用或改变时，它会改变颜色。</p>
请输入姓名: <input class="field"
type="text" />
<p>选修科目:
    <select class="field" name="cars">
        <option value="volvo">C语言</option>
        <option value="saab">Java语言</option>
        <option value="fiat">Python语言</option>
        <option value="audi">网络安全</option>
    </select></p>
</body>
</html>
```

运行程序效果如图 4-19 所示。输入姓名和选择选修科目后，即可看到文本框的底纹发生了变化，效果如图 4-20 所示。

图 4-19　初始效果

图 4-20　修改元素值后的效果

4.4　事件的基本操作

1. 绑定事件

在 jQuery 中，可以用 bind() 函数给 DOM 对象绑定一个事件。bind() 函数为被选元素添加一个或多个事件处理程序，并规定事件发生时运行的函数。

规定向被选元素添加的一个或多个事件处理程序，以及当事件发生时运行的函数时，使用的语法格式如下：

```
$(selector).bind(event,data,function)
```

其中 event 为必需项，时规定添加到元素的一个或多个事件，由空格分隔多个事件，必须是有效的事件。data 可选，规定传递到函数的额外数据。function 为必需项，规定当事件发生时运行的函数。

▌ 实例 11：用 bind() 函数绑定事件

```html
<!DOCTYPE html>
<html>
<head>
    <meta charset="UTF-8">
    <title>用bind()函数绑定事件</title>
    <script language="javascript"
src="jquery.min.js"></script>
    <script language="javascript">
        $(document).ready(function(){
        $("button").bind("click",function(){
        $("p").slideToggle();
            });
```

```html
        });
    </script>
</head>
<body>
<h2>春游湖</h2>
<p>双飞燕子几时回？夹岸桃花蘸水开。</p>
<p>春雨断桥人不渡，小舟撑出柳阴来。</p>
<button>隐藏文字</button>
</body>
</html>
```

运行程序，初始效果如图 4-21 所示。单击"隐藏文字"按钮，效果如图 4-22 所示。

图 4-21　初始效果　　　　图 4-22　隐藏文字后的效果

2. 触发事件

事件绑定后，可用 trigger 方法进行触发操作。trigger 方法规定被选元素要触发的事件。trigger() 函数的语法如下：

```
$(selector).trigger(event,[param1,param2,...])
```

其中 event 为触发事件的动作，例如 click、dblclick。

▌实例 12：使用 trigger() 函数来触发事件

```html
<!DOCTYPE html>
<html>
<head>
    <meta charset="UTF-8">
        <title>使用trigger()函数来触发事件</title>
        <script language="javascript" src="jquery.min.js"></script>
        <script language="javascript">
            $(document).ready(function(){
            $("input").select(function(){
            $("input").after("文本被选中! ");
                });
            $("button").click(function(){
            $("input").trigger("select");
                });
            });
        </script>
</head>
<body>
<input type="text" name="FirstName" size="35" value="正是霜风飘断处，寒鸥惊起一双双。" />
<br />
<button>激活事件</button>
</body>
</html>
```

运行程序，效果如图 4-23 所示。选择文本框中的文字或者单击"激活事件"按钮，效果如图 4-24 所示。

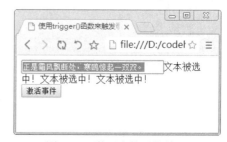

图 4-23　初始效果　　　　　　　图 4-24　激活事件后的效果

3. 移除事件

unbind() 方法移除被选元素的事件处理程序。该方法能够移除所有的或被选的事件处理程序，或者当事件发生时终止指定函数的运行。unbind() 适用于任何通过 jQuery 附加的事件处理程序。

unbind() 方法使用的语法格式如下：

```
$(selector).unbind(event,function)
```

其中 event 是可选参数。规定删除元素的一个或多个事件，由空格分隔多个事件值。function 是可选参数，规定从元素的指定事件取消绑定的函数名。如果没规定参数，unbind() 方法会删除指定元素的所有事件处理程序。

实例 13：使用 unbind() 方法

```html
<!DOCTYPE html>
<html>
<head>
    <meta charset="UTF-8">
    <title>使用unbind()方法</title>
      <script language="javascript"
src="jquery.min.js"></script>
    <script language="javascript">
        $(document).ready(function(){
        $("p").click(function(){
        $(this).slideToggle();
            });
        $("button").click(function(){
        $("p").unbind();
            });
        });
</script>
</head>
<body>
<p>今古河山无定据。画角声中，牧马频来去。</p>
<p>满目荒凉谁可语？西风吹老丹枫树。</p>
<p>从前幽怨应无数。铁马金戈，青冢黄昏路。</p>
<p>一往情深深几许？深山夕照深秋雨。</p>
<button>删除 p 元素的事件处理器</button>
</body>
</html>
```

运行程序，效果如图 4-25 所示。单击任意段落即可让其消失，如图 4-26 所示。单击"删除 p 元素的事件处理器"按钮后，再次单击任意段落，则不会出现消失的效果。可见此时已经移除了事件。

图 4-25　初始效果　　　图 4-26　激活事件后的效果

4.5　新手常见疑难问题

疑问 1：如何屏蔽鼠标的右键？

有些网站为了提高网页的安全性，屏蔽了鼠标右键。使用鼠标事件函数即可轻松地实现此功能。具体的功能代码如下：

```javascript
<script language="javascript">
function block(Event){
    if(window.event)
        Event = window.event;
    if(Event.button == 2)
        alert("右键被屏蔽");
}
document.onmousedown = block;
</script>
```

疑问 2：mouseover 和 mouseenter 的区别是什么？

jQuery 中，mouseover() 和 mouseenter 都在鼠标进入元素时触发，但是它们有所不同：

（1）如果元素内置有子元素，不论鼠标指针穿过被选元素还是其子元素，都会触发 mouseover 事件。而只有在鼠标指针穿过被选元素时，才会触发 mouseenter 事件，mouseenter

子元素不会反复触发事件，否则在 IE 中经常有闪烁情况发生。

（2）在没有子元素时，mouseover() 和 mouseenter() 事件结果一致。

4.6　实战训练营

实战 1：设计淡入淡出的下拉菜单。

本案例要求设计淡入淡出的下拉菜单，程序运行结果如图 4-27 所示。单击"热销课程"，即可弹出淡入淡出的下拉菜单，效果如图 4-28 所示。

图 4-27　初始效果　　　　　　　　　图 4-28　淡入淡出的下拉菜单效果

实战 2：设计绚丽的多级动画菜单。

本案例要求设计绚丽的多级动画菜单效果。鼠标经过菜单区域时动画式展开大幅的下拉菜单，具有动态效果，显得更加生动活泼。程序运行效果如图 4-29 所示。将鼠标放在"淘宝特色服务"链接文字上，动态显示多级菜单，效果如图 4-30 所示。

图 4-29　程序运行初始效果　　　　　　　图 4-30　展开菜单的效果

实战 3：设计一个外卖配送页面。

根据学习的 jQuery 对页面控制的相关知识，本案例要求设计一个外卖配送页面。程序运行效果如图 4-31 所示。在页面中选中需要的食品和数量，即可在下方显示合计金额，效果如图 4-32 所示。

图 4-31　程序运行初始效果

图 4-32　显示合计金额

第5章 设计网页中动画特效

本章导读

　　jQuery 能在页面上实现绚丽的动画效果，jQuery 本身对页面动态效果提供了一些有限的支持，如动态显示和隐藏页面的元素、淡入淡出动画效果、滑动动画效果等。本章介绍如何使用 jQuery 制作动画特效。

知识导图

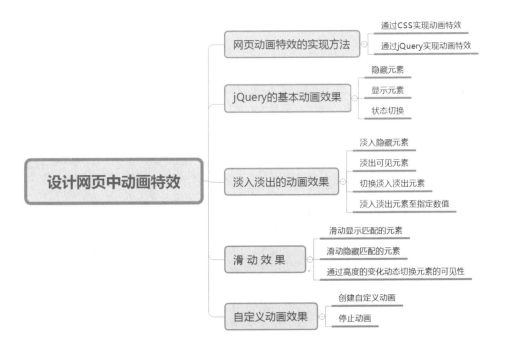

5.1 网页动画特效的实现方法

动画是使元素从一种样式逐渐变化为另一种样式的效果，在动画变化的过程中，用户可以改变任意多的样式或任意多的次数，从而制作出多种多样的网页动画与特效。设计网页动画特效常用的方法有两种，包括通过 CSS3 实现动画特效和通过 jQuery 实现动画特效。

5.1.1 通过 CSS 实现动画特效

通过 CSS，用户能够创建动画，实现网页特效，进而可以在许多网页中取代动画图片、Flash 动画以及 JavaScript 代码，CSS 中的动画须用百分比来规定变化发生的时间，或用关键词 from 和 to，这等同于 0% 和 100%，0% 是动画的开始，100% 是动画的完成。为了得到最佳的浏览器支持，用户需要始终定义 0% 和 100% 选择器。

下面通过 CSS 来实现 2D 动画变换效果。这里要使用 rotate() 方法，可以将一个网页元素按指定的角度添加旋转效果，如果指定的角度是正值，则网页元素按顺时针方向旋转；如果指定的角度为负值，则网页元素按逆时针方向旋转。

例如，将网页元素顺时针旋转 60 度，代码如下：

```
rotate(60 deg)
```

▌实例1：通过 CSS 实现动画特效

```
<!DOCTYPE html>
<html>
<head>
    <meta charset="UTF-8">
    <title>2D旋转效果</title>
    <style type="text/css">
        div{
            margin:100px auto;
            width:200px;
            height:50px;
            background-color:#FFB5B5;
            border-radius:12px;
        }
        div:hover
        {
            -webkit-transform:rotate
(-90deg);
            -moz-transform:rotate
(-90deg); /* IE 9 */
            -o-transform:rotate
(-90deg);
            transform:rotate(-90deg);
        }
    </style>
</head>
<body>
<div></div>
```

```
</body>
</html>
```

运行程序，效果如图 5-1 所示。将鼠标放到图像上，可以看出变换前和变换后的不同效果，如果 5-2 所示。

图 5-1　默认状态

图 5-2　鼠标经过时被变换

5.1.2 通过 jQuery 实现动画特效

基本的动画效果指的是元素的隐藏和显示。在 jQuery 中提供了两种控制元素隐藏和显示的方法：①分别隐藏和显示匹配元素；②切换元素的可见状态。也就是如果元素是可见的，切换为隐藏；如果元素是隐藏的，切换为可见的。

▌实例 2：设计金币抽奖动画特效

```html
<!DOCTYPE html>
<html>
<head>
    <meta charset="UTF-8">
    <title>金币抽奖动画特效</title>
        <link href="css/animator.css"
rel="stylesheet" />
    <style type="text/css">
        .main {
            width: 200px;
            margin: 0 auto;
        }
        .item1 {
            height: 150px;
            position: relative;
            padding: 30px;
            text-align: center;
                -webkit-transition: top
1.2s linear;
                transition: top 1.2s
linear;
        }
        .item1 .kodai {
            position: absolute;
            bottom: 0;
            cursor: pointer;
        }
        .item1 .kodai .full {
            display: block;
        }
        .item1 .kodai .empty {
            display: none;
        }
        .item1 .clipped-box {
            display: none;
            position: absolute;
            bottom: 40px;
            left: 80px;
            height: 540px;
```

```html
            width: 980px;
        }
        .item1 .clipped-box img {
            position: absolute;
            top: auto;
            left: 0;
            bottom: 0;
            -webkit-transition:
-webkit-transform 1.4s ease-in,
 background 0.3s
ease-in;
                transition: transform 1.4s
ease-in;
        }
    </style>

</head>
<body style="padding:100px 0 0; ">

<div class="main">
    <div class="item1">
        <div class="kodai">
                <img src="images/kd2.png"
class="full" />
                <img src="images/kd1.png"
class="empty" />
        </div>
        <div class="clipped-box"></div>
    </div>
    <p id="html"></p>
</div>
<script type="text/javascript"
src="jquery.min.js"></script>
<script type="text/javascript" src="js/
script.js"></script>
</div>
</body>
</html>
```

运行程序，效果如图 5-3 所示。单击图像，可以看到金币散落的抽奖效果，如图 5-4 所示。

图 5-3　默认状态

图 5-4　金币散落的抽奖效果

5.2 jQuery 的基本动画效果

显示与隐藏是 jQuery 实现的基本动画效果。在 jQuery 中，提供了两种显示与隐藏元素的方法：①分别显示和隐藏网页元素；②切换显示与隐藏元素。

5.2.1 隐藏元素

在 jQuery 中，使用 hide() 方法来隐藏匹配元素，hide() 方法相当于将元素的 CSS 样式属性 display 的值设置为 none。

1. 简单隐藏

在使用 hide() 方法隐藏匹配元素的过程中，当 hide() 方法不带有任何参数时，就实现了元素的简单隐藏，其语法格式如下：

```
hide()
```

例如，想要隐藏页面当中的所有文本元素，就可以使用如下 jQuery 代码：

```
$("p").hide()
```

实例3：设计简单隐藏特效

```
<!DOCTYPE html>
<html>
<head>
    <meta charset="UTF-8">
    <title>设计简单隐藏特效</title>
    <script type="text/javascript"
src="jquery.min.js"></script>
    <script type="text/javascript">
        $(document).ready(function(){
        $("p").click(function(){
        $(this).hide();
            });
        });
```

```
    </script>
</head>
<body>
<h1>寒菊 </h1>
<p>花开不并百花丛</p>
<p>独立疏篱趣未穷</p>
<p>宁可枝头抱香死</p>
<p>何曾吹落北风中</p>
</body>
</html>
```

运行结果如图 5-5 所示，单击页面中的文本段，该文本段就会隐藏，如图 5-6 所示，这就实现了元素的简单隐藏动画效果。

图 5-5　默认状态　　　　　图 5-6　网页元素的简单隐藏

2. 部分隐藏

使用 hide() 方法，除了可以对网页当中的内容一次性全部进行隐藏外，还可以对网页内容进行部分隐藏。

实例 4：网页元素的部分隐藏

```
<!DOCTYPE html>
<html>
<head>
    <meta charset="UTF-8">
    <title>网页元素的部分隐藏</title>
    <script type="text/javascript"
src="jquery.min.js"></script>
    <script type="text/javascript">
        $(document).ready(function(){
        $(".ex .hide").click(function(){
        $(this).parents(".ex").hide();
            });
        });
    </script>
    <style type="text/css">
        div .ex
        {
            background-color: #e5eecc;
            padding: 7px;
            border: solid 1px #c3c3c3;
        }
    </style>
</head>
<body>
<h3>苹果</h3>
<div class="ex">
    <button class="hide" type="button">
隐藏</button>
    <p>产品名称:苹果<br />
        价格:58元一箱<br />
        库存:5600箱</p>
</div>

<h3>香蕉</h3>
<div class="ex">
    <button class="hide" type="button">
隐藏</button>
```

```
    <p>产品名称:香蕉<br />
        价格:69元一箱<br />
        库存:1900箱</p>
</div>
</body>
</html>
```

运行结果如图 5-7 所示，单击页面中的"隐藏"按钮，即可将隐藏部分网页信息，如图 5-8 所示。

图 5-7　默认状态

图 5-8　网页元素的部分隐藏

3. 设置隐藏参数

带有参数的 hide() 隐藏方式，可以实现不同方式的隐藏效果，具体的语法格式如下：

```
$(selector).hide(speed,callback);
```

参数含义说明如下。

（1）speed：可选的参数，规定隐藏的速度，可以取 slow、fast 或毫秒等参数。

（2）callback：可选的参数，规定隐藏完成后所执行的函数名称。

实例 5：设置网页元素的隐藏参数

```
<!DOCTYPE html>
<html>
<head>
```

```
    <meta charset="UTF-8">
    <title>设置网页元素的隐藏参数</title>
    <script type="text/javascript"
src="jquery.min.js"></script>
    <script type="text/javascript">
```

```
        $(document).ready(function(){
        $(".ex .hide").click(function(){
        $(this).parents(".ex").hide
("slow");
            });
        });
    </script>
    <style type="text/css">
        div .ex
        {
            background-color: #e5eecc;
            padding: 7px;
            border: solid 1px #c3c3c3;
        }
    </style>
</head>
<body>
<h3>洗衣机</h3>
<div class="ex">
    <button class="hide" type="button">
隐藏</button>
    <p>产地:北京<br />
        价格:5800元<br />
        库存:5000台</p>
</div>

<h3>冰箱</h3>
<div class="ex">
    <button class="hide" type="button">
隐藏</button>
    <p>产地:上海<br />
        价格:8900<br />
        库存:1900</p>
</div>
</body>
```

```
</html>
```

运行结果如图 5-9 所示，单击页面中的"隐藏"按钮，即可将下方的商品信息慢慢地隐藏起来，结果如图 5-10 所示。

图 5-9　默认状态

图 5-10　设置网页元素的隐藏参数

5.2.2　显示元素

使用 show() 方法可以显示匹配的网页元素，show() 方法有两种语法格式，一种是不带有参数的形式，一种是带有参数的形式。

1. 不带有参数的格式

不带有参数的格式，用以实现不带有任何效果的显示匹配元素，其语法格式为：

```
show()
```

例如，想要显示页面中的所有文本元素，就可以使用如下 jQuery 代码：

```
$("p").show()
```

实例6：显示或隐藏网页中的元素

```html
<!DOCTYPE html>
<html>
<head>
    <meta charset="UTF-8">
    <title>显示或隐藏网页中的元素</title>
     <script type="text/javascript"
src="jquery.min.js"></script>
    <script type="text/javascript">
        $(document).ready(function(){
                $("#hide").click
(function(){
                $("p").hide();
            });
                $("#show").click
(function(){
                $("p").show();
            });
        });
    </script>
</head>
<body>
<p id="p1">高阁客竟去，小园花乱飞。</p>
<p id="p2">参差连曲陌，迢递送斜晖。</p>
<button id="hide" type="button">隐藏</
button>
<button id="show" type="button">显示</
button>
</body>
</html>
```

运行结果如图5-11所示，单击页面中"隐藏"按钮，就会将网页中的文字隐藏起来，结果如图5-12所示。单击"显示"按钮，可以将隐藏起来的文字再次显示。

图 5-11　显示网页中的元素

图 5-12　隐藏网页中的元素

2. 带有参数的格式

带有参数的格式用来实现以优雅的动画方式显示网页中的元素，并在隐藏完成后可选择地触发一个回调函数，其语法格式如下：

```
$(selector).show(speed,callback);
```

参数含义说明如下。

（1）speed：可选的参数，规定显示的速度，可以取 slow、fast 或毫秒等参数。

（2）callback：可选的参数，规定显示完成后所执行的函数名称。

例如，想要在 300 毫秒内显示网页中的 p 元素，就可以使用如下 jQuery 代码：

```
$("p").show(300);
```

实例7：在6000毫秒内显示或隐藏网页中的元素

```html
<!DOCTYPE html>
<html>
<head>
    <meta charset="UTF-8">
    <title>显示或隐藏网页中的元素</title>
     <script type="text/javascript"
src="jquery.min.js"></script>
    <script type="text/javascript">
    $(document).ready(function(){
    $("#hide").click(function(){
    $("p").hide("6000");
        });
    $("#show").click(function(){
    $("p").show("6000");
        });
    });
    </script>
</head>
```

```
<body>
<p id="p1">肠断未忍扫，眼穿仍欲归。</p>
<p id="p2">芳心向春尽，所得是沾衣。</p>
<button id="hide" type="button">隐藏</button>
<button id="show" type="button">显示</button>
</body>
</html>
```

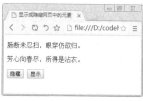

图 5-13　显示网页中的元素

运行结果如图 5-13 所示，单击页面中"隐藏"按钮，就会将网页中的文字在 6000 毫秒内慢慢隐藏起来，单击"显示"按钮，又可以将隐藏起来的文字在 6000 毫秒内慢慢地显示出来，结果如图 5-14 所示。

图 5-14　在 6000 毫秒内隐藏网页中的元素

5.2.3　状态切换

使用 toggle() 方法可以切换元素的可见（显示与隐藏）状态。简单地说，就是当元素为显示状态时，使用 toggle() 方法可以将其隐藏起来；反之，可以将其显示出来。

toggle() 方法的语法格式为：

```
$（selector）.toggle（speed,callback）;
```

参数含义说明如下。

（1）speed：可选的参数，规定隐藏 / 显示的速度，可以取 slow、fast 或毫秒等参数。

（2）callback：可选的参数，是 toggle() 方法完成后所执行的函数名称。

实例 8：切换网页中的元素

```
<!DOCTYPE html>
<html>
<head>
    <meta charset="UTF-8">
    <title>切换网页中的元素</title>
    <script type="text/javascript"
src="jquery.min.js"></script>
    <script type="text/javascript">
        $（document）.ready（function(){
        $（"button"）.click（function(){
        $（"p"）.toggle();
            });
        });
    </script>
</head>
<body>
<h2>暮江吟</h2>
<p>一道残阳铺水中，半江瑟瑟半江红。</p>
```

```
<p>可怜九月初三夜，露似真珠月似弓。</p>
<button type="button">切换</button>
</body>
</html>
```

运行结果如图 5-15 所示，单击页面中"切换"按钮，可以实现网页文字段落的显示与隐藏的切换效果。

图 5-15　切换（隐藏 / 显示）网页中的元素

5.3 淡入淡出的动画效果

通过 jQuery 可以实现元素的淡入淡出动画效果，实现淡入淡出效果的方法主要有 fadeIn()、fadeOut()、fadeToggle()、fadeTo()。

5.3.1 淡入隐藏元素

fadeIn() 是通过增大不透明度来实现匹配元素淡入效果的方法，该方法的语法格式如下：

```
$(selector).fadeIn(speed,callback);
```

参数说明如下。

（1）speed：可选的参数，规定淡入效果的时长，可以取 slow、fast 或毫秒等参数。

（2）callback：可选的参数，是 fadeIn() 方法完成后所执行的函数名称。

实例 9：以不同效果淡入网页中的矩形

```html
<!DOCTYPE html>
<html>
<head>
    <meta charset="UTF-8">
    <title>淡入隐藏元素</title>
    <script type="text/javascript"
src="jquery.min.js"></script>
    <script type="text/javascript">
        $(document).ready(function(){
        $("button").click(function(){
        $("#div1").fadeIn();
        $("#div2").fadeIn("slow");
        $("#div3").fadeIn(3000);
            });
        });
    </script>
</head>
<body>
<h3>以不同参数方式淡入网页元素</h3>
<button>单击按钮，使矩形以不同的方式淡入</
button><br><br>
<div id="div1"
    style="width:80px;height:80px;
display:none;background-color:red;">
</div><br>
<div id="div2"
    style="width:80px;height:80px;
display:none;background-color:green;">
</div><br>
<div id="div3"
    style="width:80px;height:80px;
display:none;background-color:blue;">
</div>
</body>
</html>
```

运行结果如图 5-16 所示，单击页面中的按钮，网页中的矩形会以不同的方式淡入显示，结果如图 5-17 所示。

图 5-16　默认状态

图 5-17　以不同效果淡入网页中的矩形

5.3.2 淡出可见元素

fadeOut() 是通过减小不透明度来实现匹配元素淡出效果的方法，fadeOut() 方法的语法格式如下：

```
$(selector).fadeOut(speed,callback);
```

参数说明如下。

（1）speed：可选的参数，规定淡出效果的时长，可以取 slow、fast 或毫秒等参数。

（2）callback：可选的参数，是 fadeOut() 方法完成后所执行的函数名称。

▌ 实例 10：以不同效果淡出网页中的矩形

```
<!DOCTYPE html>
<html>
<head>
    <meta charset="UTF-8">
    <title>淡出可见元素</title>
      <script type="text/javascript"
src="jquery.min.js"></script>
    <script type="text/javascript">
        $(document).ready(function(){
        $("button").click(function(){
        $("#div1").fadeOut();
        $("#div2").fadeOut("slow");
        $("#div3").fadeOut(3000);
            });
        });
    </script>
</head>
<body>
<h3>以不同参数方式淡出网页元素</h3>
<div id="div1" style="width:80px;height:
80px;background-color:red;"></div>
<br>
<div id="div2" style="width:80px;height:
80px;background-color:green;">
</div><br>
<div id="div3" style="width:80px;height:80px;
background-color:blue;"></div><br />
<button>淡出矩形</button>
</body>
</html>
```

运行结果如图 5-18 所示，单击页面中的

按钮，网页中的矩形就会以不同的方式淡出，结果如图 5-19 所示。

图 5-18 默认状态

图 5-19 以不同效果淡出网页中的矩形

5.3.3 切换淡入淡出元素

fadeToggle() 方法可以在 fadeIn() 与 fadeOut() 方法之间进行切换。也就是说，如果元素已淡出，则 fadeToggle() 会向元素添加淡入效果；如果元素已淡入，则 fadeToggle() 会向元素添加淡出效果。

fadeToggle() 方法的语法格式如下：

```
$(selector).fadeToggle(speed,callback);
```

参数说明如下。

（1）speed：可选的参数，规定淡入淡出效果的时长，可以取 slow、fast 或毫秒等参数。

（2）callback：可选的参数，是 fadeToggle() 方法完成后所执行的函数名称。

▌实例 11：实现网页元素的淡入淡出效果

```
<!DOCTYPE html>
<html>
<head>
    <meta charset="UTF-8">
    <title>切换淡入淡出元素</title>
        <script type="text/javascript"
src="jquery.min.js"></script>
        <script type="text/javascript">
            $(document).ready(function(){
            $("button").click(function(){
            $("#div1").fadeToggle();
            $("#div2").fadeToggle("slow");
            $("#div3").fadeToggle(3000);
                });
            });
        </script>
</head>
<body>
<p>以不同参数方式淡入淡出网页元素</p>
<button>淡入淡出矩形</button><br /><br />
<div id="div1" style="width:80px;height:
80px;background-color:red;">
</div><br />
<div id="div2" style="width:80px;height:
80px;background-color:green;">
</div><br />
<div id="div3" style="width:80px;height:
```

```
80px;background-color:blue;">
</div>
</body>
</body>
</html>
```

运行结果如图 5-20 所示，单击按钮，网页中的矩形就会以不同的方式淡入淡出。

图 5-20　切换淡入淡出效果

5.3.4　淡入淡出元素至指定数值

使用 fadeTo() 方法可以将网页元素淡入 / 淡出至指定不透明度，不透明度的值在 0 ～ 1 之间。fadeTo() 方法的语法格式为：

```
$(selector).fadeTo(speed,opacity,callback);
```

参数说明如下。

（1）speed：可选的参数，规定淡入淡出效果的时长，可以取 slow、fast 或毫秒等参数。

（2）opacity：必需的参数，参数将淡入淡出效果设置为给定的不透明度（0 ～ 1 之间）。

（3）callback：可选的参数，是该函数完成后所执行的函数名称。

▌实例 12：实现网页元素的淡出至指定数值

```
<!DOCTYPE html>
```

```
<html>
<head>
    <meta charset="UTF-8">
```

```
<title>淡入淡出元素至指定数值</title>
    <script type="text/javascript"
src="jquery.min.js"></script>
    <script type="text/javascript">
    $(document).ready(function(){
    $("button").click(function(){
    $("#div1").fadeTo("slow",0.6);
    $("#div2").fadeTo("slow",0.4);
    $("#div3").fadeTo("slow",0.7);
        });
    });
    </script>
</head>
<body>
<p>以不同参数方式淡出网页元素</p>
<button>单击按钮，使矩形以不同的方式淡出至指
定参数</button>
<br ><br />
<div id="div1" style="width:80px;height
:80px;background-color:red;"></div>
<br>
<div id="div2" style="width:80px;height
:80px;background-color:green;"></div>
<br>
```

```
<div id="div3" style="width:80px;height
:80px;background-color:blue;"></div>
</body>
</html>
```

运行结果如图 5-21 所示，单击页面中的按钮，网页中的矩形就会以不同的方式淡出至指定参数值。

图 5-21　淡出至指定数值

5.4　滑动效果

通过 jQuery，可以在元素上创建滑动效果。jQuery 中用于创建滑动效果的方法有 slideDown()、slideUp()、slideToggle()。

5.4.1　滑动显示匹配的元素

使用 slideDown() 方法可以向下增加元素高度，动态显示匹配的元素。slideDown() 方法会逐渐向下增加匹配的隐藏元素的高度，直到元素完全显示为止。

slideDown() 方法的语法格式如下：

```
$(selector).slideDown(speed,callback);
```

参数说明如下。

（1）speed：可选的参数，规定效果的时长，可以取 slow、fast 或毫秒等参数。

（2）callback：可选的参数，是滑动完成后所执行的函数名称。

▎实例 13：滑动显示网页元素

```
<!DOCTYPE html>
<html>
<head>
    <meta charset="UTF-8">
    <title>滑动显示网页元素</title>
    <script type="text/javascript"
src="jquery.min.js"></script>
    <script type="text/javascript">
        $(document).ready(function(){
```

```
$(".flip").click(function(){
$(".panel").slideDown("slow");
    });
});
</script>
<style type="text/css">
    div.panel,p.flip
    {
        margin: 0px;
        padding: 5px;
        text-align: center;
```

```
            background: #e5eecc;
            border: solid 1px #c3c3c3;
        }
        div.panel
        {
            height: 200px;
            display: none;
        }
    </style>
</head>
<body>
<div class="panel">
    <h3>春日</h3>
    <p>一春略无十日晴，处处浮云将雨行。</p>
    <p> 野田春水碧于镜，人影渡傍鸥不惊。</p>
    <p> 桃花嫣然出篱笑，似开未开最有情。</p>
    <p> 茅茨烟暝客衣湿，破梦午鸡啼一声。</p>
</div>
<p class="flip">显示古诗内容</p>
</body>
</html>
```

图 5-22　默认状态

图 5-23　滑动显示网页元素

运行结果如图 5-22 所示，单击页面中的"显示古诗内容"，网页中隐藏的元素就会以滑动的方式显示出来，结果如图 5-23 所示。

5.4.2　滑动隐藏匹配的元素

使用 slideUp() 方法可以向上减少元素高度，动态隐藏匹配的元素。slideUp() 方法会逐渐向上减少匹配的显示元素的高度，直到元素完全隐藏。slideUp() 方法的语法格式如下：

```
$(selector).slideUp(speed,callback);
```

参数说明如下。

（1）speed：可选的参数，规定效果的时长，可以取 slow、fast 或毫秒等参数。

（2）callback：可选的参数，是滑动完成后所执行的函数名称。

实例 14：滑动隐藏网页元素

```
<!DOCTYPE html>
<html>
<head>
    <meta charset="UTF-8">
    <title>滑动隐藏网页元素</title>
    <script src="jquery.min.js"></script>
    <script type="text/javascript">
        $(document).ready(function(){
        $(".flip").click(function(){
        $(".panel").slideUp("slow");
```

```
        });
    });
</script>
<style type="text/css">
    div.panel,p.flip
    {
        margin: 0px;
        padding: 5px;
        text-align: center;
        background: #e5eecc;
        border: solid 1px #c3c3c3;
    }
    div.panel
```

```
        {
            height: 200px;
        }
    </style>
</head>
<body>
<div class="panel">
    <h3>金陵怀古</h3>
    <p>潮满冶城渚，日斜征虏亭。</p>
    <p>蔡洲新草绿，幕府旧烟青。</p>
    <p>兴废由人事，山川空地形。</p>
    <p>后庭花一曲，幽怨不堪听。</p>
</div>
<p class="flip">隐藏古诗内容</p>
</body>
</html>
```

图 5-24　默认状态

运行结果如图 5-24 所示，单击页面中的 "隐藏古诗内容"，网页中显示的元素就会以滑动的方式隐藏起来，结果如图 5-25 所示。

图 5-25　滑动隐藏网页元素

5.4.3　通过高度的变化动态切换元素的可见性

通过 slideToggle() 方法可以实现通过高度的变化动态切换元素的可见性。也就是说，如果元素是可见的，就通过减少高度使元素全部隐藏；如果元素是隐藏的，就可以通过增加高度使元素最终全部可见。

slideToggle() 方法的语法格式如下：

```
$(selector).slideToggle(speed,callback);
```

参数说明如下。

（1）speed：可选的参数，规定效果的时长，可以取 slow、fast 或毫秒等参数。

（2）callback：可选的参数，是滑动完成后所执行的函数名称。

实例 15：通过高度的变化动态切换网页元素的可见性

```
<!DOCTYPE html>
<html>
<head>
    <meta charset="UTF-8">
    <title>显示与隐藏的切换</title>
    <script type="text/javascript"
src="jquery.min.js"></script>
    <script type="text/javascript">
        $(document).ready(function(){
        $(".flip").click(function(){
        $(".panel"). slideToggle
("slow");
            });
        });
    </script>
    <style type="text/css">
        div.panel,p.flip
        {
            margin: 0px;
            padding: 5px;
            text-align: center;
            background: #e5eecc;
            border: solid 1px #c3c3c3;
        }
        div.panel
```

```
        {
            height: 200px;
            display: none;
        }
    </style>
</head>
<body>
<div class="panel">
    <h3>苏武庙</h3>
    <p>苏武魂销汉使前，古祠高树两茫然。</p>
    <p>云边雁断胡天月，陇上羊归塞草烟。</p>
    <p>回日楼台非甲帐，去时冠剑是丁年。</p>
    <p>茂陵不见封侯印，空向秋波哭逝川。/p>
</div>
<p class="flip">显示与隐藏的切换</p>
</body>
</html>
```

图 5-26　默认状态

运行结果如图 5-26 所示，单击页面中的
"显示与隐藏的切换"，网页中显示的元素
就可以在显示与隐藏之间进行切换，结果如
图 5-27 所示。

图 5-27　通过高度的变化动态切换网页
元素的可见性

5.5　自定义动画效果

有时程序预设的动画效果并不能满足用户的需求，这时就需要采取高级的自定义动画来
解决这个问题。在 jQuery 中，要实现自定义动画效果，主要使用 animate() 方法创建自定义动画，
使用 stop() 方法停止动画。

5.5.1　创建自定义动画

使用 animate() 方法创建自定义动画的方法更加自由，可以随意控制元素，实现更为绚
丽的动画效果，animate() 方法的基本语法格式如下：

```
$(selector).animate({params},speed,callback);
```

参数说明如下。

（1）params：必需的参数，定义形成动画的 CSS 属性。

（2）speed：可选的参数，规定效果的时长，可以取 slow、fast 或毫秒等参数。

（3）callback：可选的参数，是动画完成后所执行的函数名称。

> **提示**：默认情况下，所有 HTML 元素都有一个静态位置，且无法移动。如需对位置进行
> 操作，要记得首先把元素的 CSS position 属性设置为 relative、fixed 或 absolute。

▎实例 16：创建自定义动画效果

```
<!DOCTYPE html>
<html>
<head>
```

```
<meta charset="UTF-8">
<title>自定义动画效果</title>
    <script type="text/javascript"
src="jquery.min.js"></script>
    <script type="text/javascript">
```

```
            $(document).ready(function(){
                    $("button").click
(function(){
                    var div = $("div");
                            div.animate
({left:'100px'},"slow");
                            div.animate
({fontSize:'4em'},"slow");
                    });
            });
        </script>
</head>
<body>
<button>开始动画</button>
<div style="background:#F2861D;height:8
0px;width:300px;position:absolute;">滕王
阁序</div>
</body>
</html>
```

图 5-28　默认状态

运行结果如图 5-28 所示，单击页面中的
"开始动画"按钮，网页中显示的元素就会
以设定的动画效果运行，结果如图 5-29 所示。

图 5-29　创建自定义动画效果

5.5.2　停止动画

stop() 方法用于停止动画或效果。stop() 方法适用于所有 jQuery 效果函数，包括滑动、
淡入淡出和自定义动画。默认地，stop() 会清除在被选元素上指定的当前动画。

stop() 方法的语法格式如下：

```
$(selector).stop(stopAll,goToEnd);
```

（1）stopAll：可选的参数，规定是否应该清除动画队列。默认是 false，即仅停止活动
的动画，允许任何排入队列的动画向后执行。

（2）goToEnd：可选的参数，规定是否立即完成当前动画。默认是 false。

▌实例 17：停止动画效果

```
<!DOCTYPE html>
<html>
<head>
    <meta charset="UTF-8">
    <title>停止动画效果</title>
    <script type="text/javascript"
src="jquery.min.js"></script>
    <script type="text/javascript">
        $(document).ready(function(){
        $("#flip").click(function(){
        $("#panel").slideDown(5000);
            });
        $("#stop").click(function(){
        $("#panel").stop();
            });
        });
    </script>
```

```
    <style type="text/css">
        #panel,#flip
        {
            padding: 5px;
            text-align: center;
            background-color: #e5eecc;
            border: solid 1px #c3c3c3;
        }
        #panel
        {
            padding: 60px;
            display: none;
        }
    </style>
</head>
<body>
<button id="stop">停止滑动</button>
<div id="flip">显示古诗内容</div>
<div id="panel">
```

```
        <h3>姑苏怀古</h3>
        <p>夜暗归云绕枪牙，江涵星影鹭眠沙。</p>
        <p>行人怅望苏台柳，曾与吴王扫落花。</p>
</div>
</body>
</html>
```

图 5-30　停止动画效果

运行结果如图 5-30 所示，单击页面中的"显示古诗内容"，下面的网页元素开始慢慢滑动以显示隐藏的元素，在滑动的过程中，如果想要停止滑动，可以单击"停止滑动"按钮，从而停止滑动。

5.6　新手常见疑难问题

▌疑问 1：淡入淡出的工作原理是什么？

让元素在页面不可见，常用的办法就是通过设置样式的 display：none。除此之外还有一些类似的办法可以达到这个目的，设置元素透明度为 0，可以让元素不可见，透明度的参数是 0 ~ 1 之间的值，通过改变这个值可以让元素有一个透明度的效果。本章中讲述的淡入淡出动画 fadeIn() 和 fadeOut() 方法正是这样的原理。

▌疑问 2：通过 CSS 如何实现隐藏元素的效果？

hide() 方法是隐藏元素的最简单方法。如果没有参数，匹配的元素将被立即隐藏，没有动画。这大致相当于调用 .css（'display', 'none'）。其中 display 属性值保存在 jQuery 的数据缓存中，所以 display 可以方便以后可以恢复到其初始值。如果一个元素的 display 属性值为 inline，那么隐藏再显示时，这个元素将再次显示 inline。

5.7　实战训练营

▌实战 1：设计滑动显示商品详细信息的动画特效。

本案例要求设计滑动商品详情的动画特效，程序运行结果如图 5-31 所示。将鼠标放在商品图片上，即可滑动显示商品的详细信息，效果如图 5-32 所示。

图 5-31　初始效果

图 5-32　滑动显示商品的详细信息

▌实战 2：设计电商网站的左侧分类菜单。

本案例要求设计电商网站的左侧分类菜单，程序运行结果如图 5-33 所示。将鼠标放在任何一个左侧的商品分类上，即可自动弹出商品细分类别的菜单，图 5-34 所示。

图 5-33　初始效果

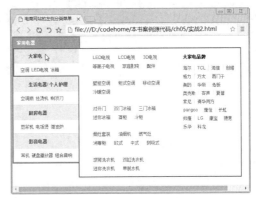

图 5-34　商品细分类别的菜单

第6章 jQuery的功能函数

📖 本章导读

jQuery 提供了很多功能函数，熟悉和使用这些功能函数，不仅能够帮助开发人员快速完成各种功能，还会让代码非常简洁，从而提高项目开发的效率。本章重点学习功能函数的概念，常用功能函数的使用方法，如何调用外部代码的方法等。

📘 知识导图

6.1 功能函数概述

jQuery 将常用功能的函数进行了总结和封装，这样用户在使用时，直接调用即可，不仅方便了开发者使用，而且大大提高了开发者的效率。jQuery 提供的这些实现常用功能的函数，被称作功能函数。

例如，开发人员经常需要对数组和对象进行操作，jQuery 就提供了对元素进行遍历、筛选和合并等操作的函数。

▌ 实例 1：对数组进行合并操作

```html
<!DOCTYPE html>
<html>
<head>
    <meta charset="UTF-8">
    <title>合并数组 </title>
    <script type="text/javascript"
src="jquery.min.js"></script>
    <script type="text/javascript">
        $(function(){
            var first = ['苹果','香蕉',
'橘子'];
            var second = ['葡萄','柚子',
'橙子'];
        $("p:eq(0)").text("数组a:" +
first.join());
        $("p:eq(1)").text("数组b:" +
second.join());
        $("p:eq(2)").text("合并数组:"
```

```html
+ ($.merge($.merge([],first),
second)).join());
        });
    </script>
</head>
<body>
<p></p><p></p><p></p>
</body>
<html>
```

运行程序，效果如图 6-1 所示。

图 6-1　对数组进行合并操作

6.2 常用的功能函数

了解功能函数的概念后，下面讲述常用功能函数的使用方法。

6.2.1 操作数组和对象

上一节中，讲述了数组的合并操作方法。对于数组和对象的操作，主要包括元素的遍历、筛选和合并等。

（1）jQuery 提供的 each() 方法用于为每个匹配元素规定运行的函数。可以使用 each() 方法来遍历数组和对象。语法格式如下：

```
$.each(object,fn);
```

其中，object 是需要遍历的对象，fn 是一个函数，这个函数是所遍历的对象都需要执行的，它可以接受两个参数：①数组对象的属性或者元素的序号；②属性或者元素的值。这里需要注意的是：jQuery 还提供 $.each()，可以获取一些不熟悉对象的属性值。例如，不清楚一个对象包含什么属性，就可以使用 $.each() 进行遍历。

实例 2：使用 each() 方法遍历数组

```html
<!DOCTYPE html>
<html>
<head>
    <meta charset="UTF-8">
    <title>使用each()方法遍历数组</title>
     <script type="text/javascript"
src="jquery.min.js"></script>
    <script type="text/javascript">
        $(document).ready(function(){
        $("button").click(function(){
        $("li").each(function(){
        alert($(this).text())
                });
            });
        });
    </script>
</head>
<body>
<button>按顺序输出古诗的内容</button>
<ul>
    <li>少年易老学难成</li>
    <li>一寸光阴不可轻</li>
    <li>未觉池塘春草梦</li>
</ul>
</body>
</html>
```

运行程序，单击"按顺序输出古诗的内容"按钮，弹出每个列表中的值，依次单击"确定"按钮，即可显示每个列表项的值，效果如图 6-2 所示。

图 6-2　显示每个列表项的值

（2）jQuery 提供的 grep() 方法用于数组元素过滤筛选。使用的语法格式如下：

```
grep(array,fn,invert)
```

其中，array 指待过滤数组；fn 是过滤函数，对于数组中的对象，如果返回值是 true，就保留，返回值是 false 就去除；invert 是可选项，当设置为 true 时 fn 函数取反，即满足条件的被剔除出去。

实例 3：使用 grep() 方法筛选数组中的奇数

```html
<!DOCTYPE html>
<html>
<head>
    <meta charset="UTF-8">
     <title>使用grep()方法过滤数组中的奇数</title>
     <script type="text/javascript"
src="jquery.min.js"></script>
    <script type="text/javascript">
        var Array = [10,11,12,13,14,15,16,17,18];
        var Result = $.grep(Array,function(value){
            return (value % 2);
        });
        document.write("原数组： " +
Array.join() + "<br />");
        document.write("过滤数组中的奇数：
" + Result.join());
    </script>
</head>
<body>
</body>
</html>
```

运行程序，效果如图 6-3 所示。

图 6-3　筛选数组中的奇数

（3）jQuery 提供的 map() 方法用于把每个元素通过函数传递到当前匹配集合中，生成包含返回值的新的 jQuery 对象。通过使用 map() 方法，可以统一转换数组中的每一个元素值。使用的语法格式如下：

```
$.map(array,fn)
```

其中，array 是需要转化的目标数组，fn 显然就是转化函数，fn 的作用就是对数组中的每一项都执行转化操作，它接受两个可选参数，一个是元素的值，另一个是元素的序号。

▌实例 4：使用 map() 方法

本案例将使用 map() 方法筛选并修改数组中值，如果数组中元素的值大于 10，则将该元素值加上 10，否则将被删除掉。

```html
<!DOCTYPE html>
<html>
<head>
    <meta charset="UTF-8">
    <title>使用map()方法筛选并修改数组的值
</title>
        <script type="text/javascript"
src="jquery.min.js"></script>
    <script type="text/javascript">
        $(function(){
            var arr1 = [7,9,10,
15,12,19,5,4,18,26,88];
                arr2 = $.map(arr1,function
(n){
                return n > 10 ? n + 10 :
null;    //原数组中大于10的元素加10，否则
删除
            });
                $("p:eq(0)").text("原数
组值:" + arr1.join());
                $("p:eq(1)").text("筛选
并修改数组的值:" + arr2.join());
        });
    </script>
</head>
<body>
<p></p><p></p>
</body>
</html>
```

运行程序，效果如图 6-4 所示。

图 6-4　使用 map() 方法

（4）jQuery 提供的 $.inArray() 函数很好地实现了数组元素的搜索功能。语法格式如下：

```
$.inArray(value,array)
```

其中，value 是需要查找的对象，而 array 是数组本身，如果找到目标元素，就返回第一个元素所在位置，否则返回 -1。

▌实例 5：使用 inArray() 函数搜索数组元素

```html
<!DOCTYPE html>
<html>
<head>
    <meta charset="UTF-8">
    <title>使用inArray()函数搜索数组元素</
title>
        <script type="text/javascript"
src="jquery.min.js"></script>
    <script type="text/javascript">
        $(function(){
            var arr = ["苹果", "香蕉",
"橘子", "葡萄"];
                var add1 = $.inArray
("香蕉",arr);
                var add2 = $.inArray
("葡萄",arr);
                var add3 = $.inArray
("西瓜",arr);
                $("p:eq(0)").text
("数组:" + arr.join());
                $("p:eq(1)").text
(""香蕉"的位置:" + add1);
                $("p:eq(2)").text
(""葡萄"的位置:" + add2);
                $("p:eq(3)").text
(""西瓜"的位置:" + add3);
```

```
        });
    </script>
</head>
<body>
<p></p><p></p><p></p><p></p>
</body>
</html>
```

运行程序，效果如图 6-5 所示。

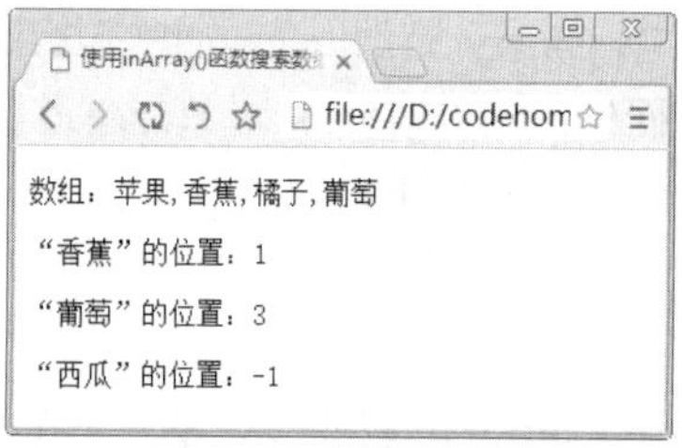

图 6-5　使用 inArray() 函数搜索数组元素

6.2.2　操作字符串

常用的字符串操作包括去除空格、替换和字符串的截取等操作。

（1）使用 trim() 方法可以去掉字符串起始和结尾的空格。

▌实例 6：使用 trim() 方法

```
<!DOCTYPE html>
<html>
<head>
    <meta charset="UTF-8">
    <title>使用trim()方法</title>
    <script type="text/javascript"
src="jquery.min.js"></script>
</head>
<body>
<pre id="original"></pre>
<pre id="trimmed"></pre>
```

```
<script>
    var str = "          檐流未滴梅花冻，一
种清孤不等闲。          ";
    $("#original").html("原始字符串:
/" + str + "/");
    $("#trimmed").html("去掉首尾空格:
/" + $.trim(str) + "/");
</script>
</body>
</html>
```

运行程序，效果如图 6-6 所示。

图 6-6　使用 trim() 方法

（2）使用 substr() 方法可在字符串中抽取指定下标的字符串片段。

▌实例 7：使用 substr() 方法

```
<!DOCTYPE html>
<html>
<head>
    <meta charset="UTF-8">
    <title>使用substr()方法</title>
    <script type="text/javascript"
src="jquery.min.js"></script>
    <script type="text/javascript">
        var str = "晨起开门雪满山，雪晴云
淡日光寒。";
        document.write("原始内容:" +
str);
        document.write("截取内容:" +
str.substr(0,10));
```

```
    </script>
</head>
<body>
</body>
</html>
```

运行程序，效果如图 6-7 所示。

图 6-7　使用 substr() 方法

（3）使用 replace() 方法在字符串中用一些字符替换另一些字符，或替换一个与正则表达式匹配的子串，结果返回一个字符串。使用的语法格式如下：

```
replace(m,n):
```

其中，m 是要替换的目标，n 是替换后的新值。

实例 8：使用 replace() 方法

```
<!DOCTYPE html>
<html>
<head>
    <meta charset="UTF-8">
    <title>使用replace()方法</title>
    <script type="text/javascript"
src="jquery.min.js"></script>
    <script type="text/javascript">
        var str = "本次采购的商品是:风云牌
洗衣机和风云牌电视机";
        document.write(str);
        document.write(str.replace(/风
云/g,"墨韵"));
    </script>
</head>
<body>
</body>
</html>
```

运行程序，效果如图 6-8 所示。

图 6-8　使用 replace() 方法

6.2.3　序列化操作

jQuery 提供的 param（object）方法用于将表单元素数组或者对象序列化，返回值是 string。其中，数组或者 jQuery 对象会按照 name、value 进行序列化，普通对象会按照 key、value 进行序列化。

实例 9：使用 param（object）方法

```
<!DOCTYPE html>
<html>
<head>
    <meta charset="UTF-8">
    <title>序列化操作</title>
    <script type="text/javascript"
src="jquery.min.js"></script>
    <script type="text/javascript">
        $(document).ready(function(){
            personObj = new Object();
            personObj.name = "Television";
            personObj.price = "7600";
            personObj.num = 12;
            personObj.eyecolor = "red";
                $("button").click
(function(){
                    $("div").text($.param
(personObj));
                });
            });
    </script>
</head>
<body>
<button>序列化对象</button>
<div></div>
</body>
</html>
```

运行程序，单击"序列化对象"按钮，效果如图 6-9 所示。

图 6-9　使用 param（object）方法

6.3　新手常见疑难问题

▍疑问 1：如何加载外部文本文件的内容？

在 jQuery 中，load() 方法简单而强大。用户可以使用 load() 方法从服务器加载数据，并把返回的数据放入被选元素中。使用的语法格式如下：

```
$(selector).load(URL,data,callback);
```

其中，URL 是必需的参数，表示希望加载的文件路径，data 参数是可选的，规定与请求一同发送的查询字符串键值对集合。callback 也是可选的参数，是 load() 方法完成后所执行的函数名称。

例如，用户想加载 test.txt 文件的内容到指定的 <div> 元素中，使用的代码如下：

```
$("#div1").load("test.txt");
```

▍疑问 2：jQuery 中的测试函数有哪些？

在 JavaScript 中，有自带的测试操作函数 isNaN() 和 isFinite()。其中，isNaN() 函数用于判断函数是否是非数值，如果是数值就返回 false；isFinite() 函数是检查其参数是否是无穷大，如果参数是 NaN（非数值），或者是正、负无穷大的数值时，就返回 false，否则返回 true。而在 jQuery 发展中，测试工具函数主要有下面两种，用于判断对象是否是某一种类型，返回值都是 boolean 值。

（1）$.isArray（object）：返回一个布尔值，指明对象是否是一个 JavaScript 数组（而不是类似数组的对象，如一个 jQuery 对象）。

（2）$.isFunction（object）：用于测试是否为函数的对象。

6.4　实战训练营

▍实战 1：综合应用 each() 方法。

本案例要求使用 each() 方法实现以下三个功能。

（1）输出数组 [" 苹果 "，" 香蕉 "，" 橘子 "，" 香梨 "] 的每一个元素。

（2）输出二维数组 [[100，110，120]，[200，210，220]，[300，310，320]] 中每一个一维数组里的第一个值，输出结果为：100，200 和 300。

（3）输出 { one: 1000，two: 2000，three: 3000，four: 4000} 中每个元素的属性值，输出结果为：1000，2000，3000 和 4000。

程序运行结果如图 6-10 所示。

图 6-10　综合应用 each() 方法

▎实战 2：综合应用 grep() 方法。

　　本案例要求使用 grep() 方法实现过滤数组的功能。输出为两次过滤的结果。过滤的原始数组为：[1，2，3，4，6，8，10，20，30，88，35，86，88，99，88]。

　　（1）第一次过滤出原始数组中值不为 10，并且索引值大于 5 的元素。

　　（2）第二次过滤是在第一次过滤的基础上再次过滤掉值为 88 的元素。

　　程序运行结果如图 6-11 所示。

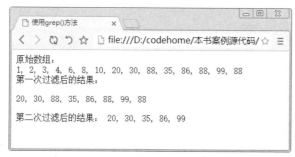

图 6-11　综合应用 grep() 方法

第7章 jQuery插件的应用与开发

本章导读

虽然 jQuery 库提供的功能满足了大部分的应用需求，但是对于一些特定的需求，需要开发人员使用或创建 jQuery 插件来扩充 jQuery 的功能。使用插件可以提高项目的开发效率，解决人力成本问题。本章将重点学习 jQuery 插件的应用与开发方法。

知识导图

```
                                          ┌─ 理解插件
                                          │
                                          │                    ┌─ jQueryUI插件
                                          │                    │
                                          │                    ├─ Form插件
jQuery插件的应用与开发 ───────────────────┼─ 流行的jQuery插件 ─┤
                                          │                    ├─ 提示信息插件
                                          │                    │
                                          │                    └─ jcarousel插件
                                          │
                                          │                    ┌─ 插件的工作原理
                                          └─ 定义自己的插件 ────┤
                                                               └─ 自定义一个简单的插件
```

7.1　理解插件

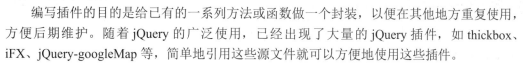

在学习插件之前，用户需要了解插件的基本概念。

1. 什么是插件

编写插件的目的是给已有的一系列方法或函数做一个封装，以便在其他地方重复使用，方便后期维护。随着 jQuery 的广泛使用，已经出现了大量的 jQuery 插件，如 thickbox、iFX、jQuery-googleMap 等，简单地引用这些源文件就可以方便地使用这些插件。

jQuery 除了提供一个简单、有效的方式来管理元素以及脚本外，还提供了添加方法和额外功能到核心模块的机制。通过这种机制，jQuery 允许用户自己创建属于自己的插件，提高开发效率。

2. 从哪里获取插件

jQuery 官方网站中有很多现成的插件，在官方主页中单击 Plugins 超链接，即可在打开的页面中查看和下载 jQuery 提供的插件，如图 7-1 所示。

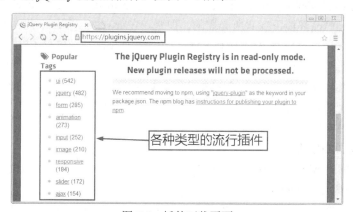

图 7-1　插件下载页面

3. 如何使用插件

由于 jQuery 插件其实就是 JS 包，所以使用方法比较简单，基本步骤如下。

（1）将下载的插件或者自定义的插件放在主 jQuery 源文件下，然后在 <head> 标签中引用插件的 JS 文件和 jQuery 库文件。

（2）包含一个自定义的 JavaScript 文件，并在其中使用插件创建的方法。

下面以常用的 jQuery Form 的插件为例，简单介绍如何使用插件。操作步骤如下。

（1）从 jQuery 官方网站下载 jquery.form.js 文件，然后放在网站目录下。

（2）在页面中创建一个普通的 Form，代码如下所示：

```
<form id="myForm" action="comment.aspx" method="post">
    用户名: <input type="text" name="name" />
    评论: <textarea name="comment"></textarea>
```

```
      <input type="submit" value="Submit Comment" />
</form>
```

上述代码的 Form 和普通的页面里面的 Form 没有任何区别，也没有用到任何特殊的元素。

（3）在 Head 部分引入 jQuery 库和 Form 插件库文件，然后在合适的 JavaScript 区域使用插件提供的功能即可。

7.2　流行的 jQuery 插件

本节介绍几个流行的 jQuery 插件，包括 jQueryUI 插件、Form 插件、提示信息插件和 jcarousel 插件。

7.2.1　jQueryUI 插件

jQueryUI 是一个基于 jQuery 的用户界面开发库，主要由 UI 小部件和 CSS 样式表集合而成，它们被打包到一起，以完成常用的任务。

jQuery UI 插件的下载地址为：http://jqueryui.com/download/。在下载 jQueryUI 包时，还需要注意其他一些文件。development-bundle 目录下包含了 demonstrations 和 documentation，它们虽然有用，但不是产品环境下部署所必需的。但是，在 css 和 js 目录下的文件，必须部署到 Web 应用程序中。js 目录包含 jQuery 和 jQueryUI 库；而 css 目录包括 CSS 文件和所有生成小部件和样式表所需的图片。

UI 插件主要用于实现鼠标互动，包括拖曳、排序、选择和缩放等效果，另外还有折叠菜单、日历、对话框、滑动条、表格排序、页签、放大镜效果和阴影效果等。

下面介绍两种常用的 jQuery UI 插件。

1. 鼠标拖曳页面板块

jQueryUI 提供的 API 极大地简化了拖曳功能的开发。只需要分别在拖曳源（source）和目标（target）上调用 draggable 函数即可。

draggable() 函数可以接受很多参数，以完成不同的页面需求，如表 7-1 所示。

表 7-1　draggable() 参数表

参数	描述
helper	默认，即运行的是 draggable() 方法本身，当设置为 clone 时，以复制形式进行拖曳
handle	拖曳的对象是块中子元素
start	拖曳启动时的回调函数
stop	拖曳结束时的回调函数
drag	在拖曳过程中的执行函数
axis	拖曳的控制方向（例如，以 x,y 轴为方向）
containment	限制拖曳的区域
grid	限制对象移动的步长，如 grid[80,60]，表示每次横向移动 80 像素，纵向每次移动 60 像素
opacity	对象在拖曳过程中的透明度设置
revert	拖曳后自动回到原处，则设置为 true，否则为 false
dragPrevention	子元素不触发拖曳的元素

实例 1：鼠标拖曳页面板块

```html
<!DOCTYPE html>
<html>
<head>
    <title>实现拖曳功能</title>
    <style type="text/css">
        <!--
        .block{
            border:2px solid #760022;
            background-color:#ffb5bb;
            width:80px; height:25px;
            margin:5px; float:left;
            padding:20px; text-align:center;
            font-size:14px;

        }
        -->
    </style>
    <script language="javascript"
src="jquery.js"></script>
    <script language="javascript"
src="ui.base.min.js"></script>
    <script language="javascript"
src="ui.draggable.min.js"></script>
    <script language="javascript">
        $(function(){
            for(var i=0;i<3;i++){  //
添加4个<div>块
                $(document.body).
append($("<div class='block'>拖
块"+i.toString()+"</div>").css
("opacity",0.6));
            }
            $(".block").draggable();
        });
    </script>
</head>
<body>
</body>
</html>
```

运行程序，效果如图7-2所示，按住拖块，即可拖拽到指定的位置，效果如图7-3所示。

图 7-2　初始状态

图 7-3　实现了拖曳功能

2. 实现拖入购物车功能

jQueryUI 插件除了提供了 draggable() 来实现鼠标的拖曳功能，还提供了一个 droppable() 方法实现接收容器。

droppable() 函数可以接受很多参数，以完成不同的页面需求，如表 7-2 所示。

表 7-2　droppable() 参数表

参数	描述
accept	如果是函数，对页面中所有的 droppable() 对象执行，返回 true 值的允许接收；如果是字符串，允许接收 jQuery 选择器
activeClass	对象被拖曳时的容器 CSS 样式
hoverClass	对象进入容器时，容器的 CSS 样式
tolerance	设置进入容器的状态（有 fit、intersect、pointer、touch）
active	对象开始被拖曳时调用的函数
deactive	当可接收对象不再被拖曳时调用的函数
over	当对象被拖曳出容器时用的函数
out	当对象被拖曳出容器时调用的函数
drop	当可以接收对象被拖曳进入容器时调用的函数

实例 2：创建拖拽购物车效果

```html
<!DOCTYPE html>
<html>
<head>
    <title>拖拽购物车效果</title>
    <style type="text/css">
        <!--
        .draggable{
            width:70px; height:40px;
            border:2px solid;
            padding:10px; margin:5px;
            text-align:center;
        }
        .green{
            background-color:#73d216;
            border-color:#4e9a06;
        }
        .red{
            background-color:#ef2929;
            border-color:#cc0000;
        }
        .droppable {
            position:absolute;
            right:20px; top:20px;
            width:300px; height:300px;
            background-color:#b3a233;
            border:3px double #c17d11;
            padding:5px;
            text-align:center;
        }
        -->
    </style>
    <script language="javascript"
src="jquery.js"></script>
    <script language="javascript"
src="ui.base.min.js"></script>
    <script language="javascript"
src="ui.draggable.min.js"></script>
    <script language="javascript"
src="ui.droppable.min.js"></script>
    <script language="javascript">
        $(function(){
            $(".draggable").draggable
({helper:"clone"});
                $("#droppable-accept").
```

```html
droppable({
                accept: function(draggable){
                return $(draggable).hasClass
("green");
                },
                drop: function(){
                    $(this).append($
("<div></div>").html("成功添加到购物
车!"));
                }
            });
        });
    </script>
</head>
<body>
<div class="draggable red">冰箱</div>
<div class="draggable green">空调</div>
<div id="droppable-accept" class=
"droppable">购物车<br></div>
</body>
</html>
```

　　运行程序，选择需要拖曳的拖块，按下鼠标左键，将其拖曳到右侧的购物车区域，即可显示"成功添加到购物车！"的信息，效果如图 7-4 所示。

图 7-4　创建拖拽购物车效果

7.2.2　Form 插件

　　jQuery Form 插件是一个优秀的 Ajax 表单插件，可以非常容易地使 HTML 表单支持 Ajax。jQuery Form 有两个核心方法：ajaxForm() 和 ajaxSubmit()，它们集合了从控制表单元素到决定如何管理提交进程的功能。另外，插件还包括其他的一些方法，如 formToArray()、formSerialize()、fieldSerialize()、fieldValue()、clearForm()、clearFields() 和 resetForm() 等。

1. ajaxForm()

　　ajaxForm() 方法适用于以提交表单方式处理数据。需要在表单中标明表单的 action、id、method 属性，最好在表单中提供 submit 按钮。此方式大大简化了使用 Ajax 提交表单时的数据传递问题，不需要逐个地以 JavaScript 的方式获取每个表单属性的值，并且也不需要通过 url 重写的方式传递数据。ajaxForm() 会自动收集当前表单中每个属性的值，然后以表单提交的方式提交到目标 url。这种方式提交数据较安全，并且使用简单，不需要冗余的 JavaScript 代码。

使用时，需要在 document 的 ready 函数中使用 ajaxForm() 来为 Ajax 提交表单进行准备。ajaxForm() 接受 0 个或 1 个参数。单个的参数既可以是一个回调函数，也可以是一个 Options 对象。代码如下：

```javascript
<script language="javascript">
    $(document).ready(function() {
        // 给myFormId绑定一个回调函数
        $('#myFormId').ajaxForm(function() {
            alert("成功提交!");
        });
    });
</script>
```

2. ajaxSubmit()

ajaxSubmit() 方法适用于以事件机制提交表单，如通过超链接、图片的 click 事件等提交表单。此方法的作用与 ajaxForm() 类似，但更为灵活，因为它依赖于事件机制，只要有事件存在就能使用该方法。使用时只需要指定表单的 action 属性即可，不需提供 submit 按钮。

在使用 jQuery 的 Form 插件时，多数情况下调用 ajaxSubmit() 来对用户提交表单进行响应。ajaxSubmit() 接受 0 个或 1 个参数。单个的参数既可以是一个回调函数，也可以是一个 options 对象。举例如下：

```javascript
<script language="javascript">
    $(document).ready(function(){
        $('#btn').click(function(){
            $('#registerForm').ajaxSubmit(function(data){
                alert(data);
            });
            return false;
        });
    });
</script>
```

上述代码通过表单中 id 为 btn 的按钮的 click 事件触发，并通过 ajaxSubmit() 方法以异步 Ajax 方式提交表单到表单的 action 所指路径。

简单地说，通过 Form 插件的这两个核心方法，都可以在不修改表单的 HTML 代码结构的情况下，轻易地将表单的提交方式升级为 Ajax 提交方式。当然，Form 插件还拥有很多方法，这些方法可以帮助用户很容易地管理表单数据和表单提交。

7.2.3　提示信息插件

在网站开发过程中，有时想要实现对于一篇文章的关键词部分的提示，也就是当鼠标移动到这个关键词时，弹出相关的一段文字或图片的介绍。这就需要使用到 jQuery 的 clueTip 插件来实现。

clueTip 是一个 jQuery 工具提示插件，可以方便地为链接或其他元素添加 Tooltip 功能。

当链接包括 title 属性时，它的内容将变成 clueTip 的标题。clueTip 中显示的内容可以通过 Ajax 获取，也可以从当前页面的元素中获取。

使用的具体操作步骤如下。

（1）引入 jQuery 库和 clueTip 插件的 js 文件。插件的下载地址为：

http://plugins.learningjquery.com/cluetip/demo/

引用插件的 .js 文件如下：

```
<link rel="stylesheet" href="jquery.cluetip.css" type="text/css" />
<script src="jquery.min.js" type="text/javascript"></script>
<script src="jquery.cluetip.js" type="text/javascript"></script>
```

（2）建立 HTML 结构，格式如下：

```
<!-- use ajax/ahah to pull content from fragment.html: -->
<p>
<a class="tips" href="fragment.html"
  rel="fragment.html">show me the cluetip!</a>
</p>
<!-- use title attribute for clueTip contents, but don't include anything in the
clueTip's heading -->
<p>
<a id="houdini" href="houdini.html"
  title="|Houdini was an escape artist.
  |He was also adept at prestidigitation.">Houdini</a>
</p>
```

（3）初始化插件，代码如下：

```
$(document).ready(function() {
$('a.tips').cluetip();
$('#houdini').cluetip({
    //使用调用元素的title属性来填充clueTip，在有"|"的地方将内容分裂成独立的div
splitTitle: '|',
showTitle: false      //隐藏clueTip的标题
});
});
```

7.2.4　jcarousel 插件

jcarousel 是一款 jQuery 插件，用来控制水平或垂直排列的列表项。例如，如图 7-5 所示的滚动切换效果。单击左右两侧的箭头，可以向左或者向右查看图片。当到达第一张图片时，左边的箭头变为不可用状态，当到达最后一张图片时，右边的箭头变为不可用状态。

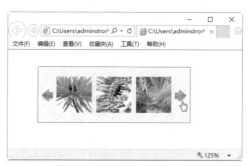

图 7-5　图片滚动切换效果

使用的相关代码如下：

```
<script type="text/javascript" src="../lib/jquery.pack.js"></script>
<script type="text/javascript"
  src="../lib/jquery.jcarousel.pack.js"></script>
<link rel="stylesheet" type="text/css"
  href="../lib/jquery.jcarousel.css" />
<link rel="stylesheet" type="text/css" href="../skins/tango/skin.css" />
<script type="text/javascript">
jQuery(document).ready(function() {
jQuery('#mycarousel').jcarousel();
});
```

7.3 自定义插件

除了可以使用现成的插件以外，用户还可以自定义插件。

7.3.1 插件的工作原理

jQuery 插件的机制很简单，就是利用 jQuery 提供的 jQuery.fn.extend() 和 jQuery.extend() 方法扩展 jQuery 的功能。知道了插件的机制之后，编写插件就容易了，只要按照插件的机制和功能要求编写代码，就可以自定义插件。

而要按照机制编写插件，还需要了解插件的种类，插件一般分为三类：封装对象方法插件、封装全局函数插件和选择器插件。

1）封装对象方法插件

这种插件是将对象方法封装起来，用于对通过选择器获取的 jQuery 对象进行操作，是最常见的一种插件。此类插件可以发挥出 jQuery 选择器的强大优势，有相当一部分的 jQuery 的方法都是在 jQuery 脚本库内部通过这种形式"插"在内核上的，如 parent() 方法、appendTo() 方法等。

2）封装全局函数插件

可以将独立的函数加到 jQuery 命名空间下。添加一个全局函数，只需做如下定义：

```
jQuery.foo = function() {
    alert('这是函数的具体内容.');
};
```

当然用户也可以添加多个全局函数：

```
jQuery.foo = function() {
    alert('这是函数的具体内容.');
};
jQuery.bar = function(param){
    alert('这是另外一个函数的具体内容".');
};
```

调用时与函数是一样的：jQuery.foo()、jQuery.bar() 或者 $.foo()、$.bar（'bar'）。

例如，常用的 jQuery.ajax() 方法、去首尾空格的 jQuery.trim() 方法都是 jQuery 内部作为全局函数的插件附加到内核上去的。

3）选择器插件

虽然 jQuery 的选择器十分强大，但在少数情况下，还是会需要用到选择器插件来扩充一些自己喜欢的选择器。

　　jQuery.fn.extend() 多用于扩展上面提到的三种类型中的第一种，jQuery.extend() 用于扩展后两种插件。这两个方法都接受一个类型为 Object 的参数。Object 对象的"名 / 值对"分别代表"函数或方法名 / 函数主体"。

7.3.2　自定义一个简单的插件

　　下面通过一个例子来讲解如何自定义一个插件。定义的插件功能是：在列表元素中，当鼠标在列表项上移动时，其背景颜色会根据设定的颜色而改变。

▌实例 3：鼠标拖曳页面板块

　　首先创建一个插件文件 7.3.js，代码如下：

```
/// <reference path="jquery.min.js"/>
/*------------------------------------------------------------*/
功能:设置列表中表项获取鼠标焦点时的背景色
参数:li_col【可选】 鼠标所在表项行的背景色
返回:原调用对象
示例:$("ul").focusColor("red");
/*------------------------------------------------------------*/
; (function($){
    $.fn.extend({
        "focusColor": function(li_col){
            var def_col = "#ccc"; //默认获取焦点的色值
            var lst_col = "#fff"; //默认丢失焦点的色值
            //如果设置的颜色不为空，使用设置的颜色，否则为默认色
            li_col = (li_col == undefined)? def_col : li_col;
            $(this).find("li").each(function() { //遍历表项<li>中的全部元素
                $(this).mouseover(function() { //获取鼠标焦点事件
                    $(this).css("background-color", li_col); //使用设置的颜色
                }).mouseout(function() { //鼠标焦点移出事件
                    $(this).css("background-color", "#fff"); //恢复原来的颜色
                })
            })
            return $(this); //返回jQuery对象，保持链式操作
        }
    });
})(jQuery);
```

　　不考虑实际的处理逻辑时，该插件的框架如下：

```
; (function($){
    $.fn.extend({
        "focusColor": function(li_col){
            //各种默认属性和参数的设置
            $(this).find("li").each(function() { //遍历表项<li>中的全部元素
            //插件的具体实现逻辑
            })
            return $(this); //返回jQuery对象，保持链式操作
        }
    });
})(jQuery);
```

　　各种默认属性和参数设置的处理中，创建颜色参数以允许用户设定自己的颜色值；并根据参数是否为空来设定不同的颜色值。代码如下所示：

```
var def_col = "#ccc"; //默认获取焦点的色值
var lst_col = "#fff"; //默认丢失焦点的色值
//如果设置的颜色不为空，使用设置的颜色，否则为默认色
li_col = (li_col == undefined) ? def_col : li_col;
```

　　在遍历列表项时，针对鼠标移入事件 mouseover() 设定对象的背景色，并且在鼠标移出事件 mouseout() 中还原原来的背景色。代码如下：

```
$(this).mouseover(function() { //获取鼠标焦点事件
    $(this).css("background-color", li_col); //使用设置的颜色
}).mouseout(function() { //鼠标焦点移出事件
    $(this).css("background-color", "#fff"); //恢复原来的颜色
})
```

　　当调用此插件时，需要先引入插件的 .js 文件，然后调用该插件中的方法。
　　调用上述插件的文件为 7.3.html，代码如下：

```
<!DOCTYPE html>
<html>
<head>
    <title>自定义插件</title>
    <script type="text/javascript"  src="jquery.min.js"></script>
    <script type="text/javascript" src="7.3.js"></script>
    <style type="text/css">
        body{font-size:12px}
        .divFrame{width:260px;border:solid 1px #666}
        .divFrame .divTitle{
            padding:5px;background-color:#eee;font-weight:bold}
        .divFrame .divContent{padding:8px;line-height:1.6em}
        .divFrame .divContent ul{padding:0px;margin:0px;
            list-style-type:none}
        .divFrame .divContent ul li span{margin-right:20px}
    </style>
    <script type="text/javascript">
        $(function() {
            $("#u1").focusColor("red"); //调用自定义的插件
        })
    </script>
</head>
<body>
<div class="divFrame">
    <div class="divTitle">产品销售情况</div>
    <div class="divContent">
        <ul id="u1">
            <li><span>洗衣机</span><span>1500台</span></li>
            <li><span>冰箱</span><span>5600台</span></li>
            <li><span>空调</span><span>4800台</span></li>
        </ul>
    </div>
</dv>
</body>
</html>
```

运行程序，效果如图 7-6 所示。

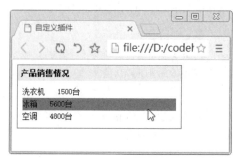

图 7-6　使用自定义插件

7.4　新手常见疑难问题

▌疑问 1：编写 jQuery 插件时需要注意什么？

（1）插件的推荐命名方法为 jquery.[插件名].js。

（2）所有的对象方法都应当附加到 jQuery.fn 对象上面，而所有的全局函数都应当附加到 jQuery 对象本身上。

（3）在插件内部，this 指向的是当前通过选择器获取的 jQuery 对象，而不像一般方法那样，内部的 this 指向的是 DOM 元素。

（4）可以通过 this.each 来遍历所有的元素。

（5）所有方法或函数插件，都应当以分号结尾，否则压缩的时候可能会出现问题。为了更加保险些，可以在插件头部添加一个分号（;），以免不规范代码给插件带来影响。

（6）插件应该返回一个 jQuery 对象，以便保证插件的可链式操作。

（7）避免在插件内部使用 $ 作为 jQuery 对象的别名，而应当使用完整的 jQuery 来表示，这样可以避免冲突。

▌疑问 2：如何避免插件函数或变量名冲突？

虽然在 jQuery 命名空间中禁止使用了大量的 JavaScript 函数名和变量名，但是仍然不可避免某些函数或变量名将与其他 jQuery 插件冲突，因此需要将一些方法封装到另一个自定义的命名空间。

例如下面的使用空间的例子：

```
jQuery.myPlugin = {
    foo:function() {
        alert('This is a test. This is only a test.');
    },
    bar:function(param){
        alert('This function takes a parameter, which is "' + param + '".');
    }
};
```

采用命名空间的函数仍然是全局函数，调用时采用的代码如下：

```
$.myPlugin.foo();
$.myPlugin.bar('baz');
```

7.5 实战训练营

▌实战 1：自定义扩展插件。

本案例要求自定义一个小插件，实现在容器中插入列表 <ul>，并给每个 <li> 赋值。程序运行结果如图 7-7 所示。

图 7-7　自定义扩展插件

▌实战 2：通过插件实现表格变色效果。

本案例要求通过插件实现表格变色效果。运行程序，单击"设置样式"按钮，将鼠标放在哪一行，则该行底纹将变色，效果如图 7-8 所示。单击"去除样式"按钮，则失去变色效果，效果如图 7-9 所示。

图 7-8　表格变色效果

图 7-9　去除样式效果

第8章 jQuery与Ajax技术的应用

本章导读

　　Ajax 是 Asynchronous JavaScript and XML 的缩写，意思是异步的 JavaScript 和 XML。Ajax 不是新的编程语言，而是一种使用现有标准的新方法。它最大的优点是在不重新加载整个页面的情况下，可以与服务器交换数据并更新部分网页内容，从而减少了用户的等待时间。本章介绍 Ajax 技术的应用，主要内容包括 Ajax 相关概述、Ajax 技术的组成、XML Http Request 对象、jQuery 中的 Ajax 等内容。

知识导图

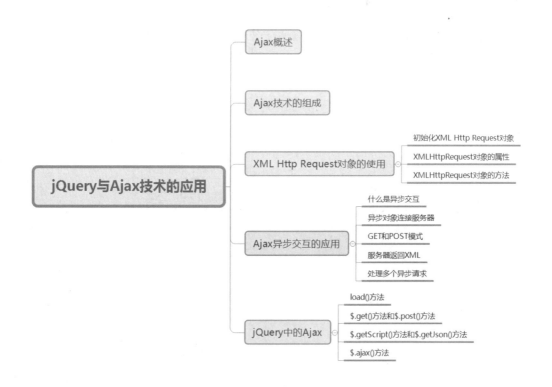

8.1 Ajax 概述

Ajax 是一项很有生命力的技术，它的出现引发了 Web 应用的新革命。目前，网络上的许多站点都使用了 Ajax 技术。可以说，Ajax 是"增强的 JavaScript"，是一种可以调用后台服务器获取数据的客户端 JavaScript 技术，支持更新部分页面的内容而不重新加载整个页面。

1. 什么是 Ajax

Ajax 是一种用于创建快速动态网页的技术，通过在后台与服务器进行少量数据交换，可以使网页实现异步更新。目前有很多使用 Ajax 的应用程序案例，例如新浪微博、Google 地图、开心网等。下面通过几个 Ajax 应用的成功案例，加深大家对 Ajax 的理解。

1）Google Maps

对于地图应用来说，地图页面刷新速度的快慢非常重要。为了解决这个问题，谷歌在对 Google Map（http://maps.google.com）进行第二次开发时就选择了采用基于 Ajax 技术的应用模型，彻底解决了每次更新地图部分区域地图主页面都需要重载的问题。如图 8-1 所示。

在 Google Maps 中，用户可以向任意方向随意拖动地图，并可以任意对地图进行缩放。与传统 Web 页面相比，当客户端用户在地图上进行操作时，只会对操作的区域进行刷新，而不会对整个地图进行刷新，从而大大提升了用户体验。

2）Gmail

作为谷歌公司提供的免费网络邮件服务，Gmail（http://www.gmail.com）具有的优点可以说是数不胜数，它和 Google Maps 一样都成功地运用了 Ajax。Gmail 最大的优点就是 Ajax 带来的高可用性，也就是它的界面简单，客户端用户和服务器之间的交互非常顺畅、自然。Gmail 的用户界面如图 8-2 所示。

图 8-1　Google Maps

图 8-2　Gmail

在 Gmail 中可以发现，选择各种操作，就会马上看到页面显示更改结果而几乎不需要等待，这就是 Ajax 带来的好处。

3）百度搜索提示

在百度首页的搜索文本框中输入要搜索的关键字时，下方会自动给出相关提示。如果给出的提示有符合要求的内容，可以直接选择，这样方便了用户，这也是 Ajax 技术带来的好处，如图 8-3 所示。

图 8-3　百度搜索文本框

2. Ajax 工作原理

Ajax 的工作原理相当于在用户和服务器之间加了一个中间层，改变了同步交互的过程，也就是说并不是所有的用户请求都提交给服务器，比如一些表单数据验证和表单数据处理等都交给 Ajax 引擎来做，当需要从服务器读取新数据时会由 Ajax 引擎向服务器提交请求，从而使用户操作与服务器响应异步化。图 8-4 所示为 Ajax 工作原理。

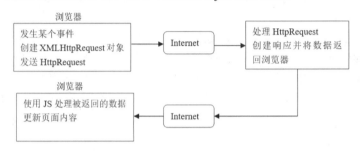

图 8-4　Ajax 工作原理

3. Ajax 的优缺点

与传统的 Web 应用不同，Ajax 在用户与服务器之间引入了一个中间媒介，这就是 Ajax 引擎，从而消除了网络交互过程中的处理与等待上的时间消耗，从而大大改善了网站的视觉效果。

下面就来介绍为什么要在 Web 应用上使用 Ajax，它都有哪些优点。

（1）减轻服务器负担，提高了 web 性能。Ajax 使用异步方式与服务器通信，客户端数据是按照用户的需求向服务端提交获取的，而不是靠全页面刷新来重新获取整个页面数据，即按需发送获取数据，减轻了服务器负担，能在不刷新整个页面的前提下更新数据，大大提升了用户体验。

（2）不需要插件支持。Ajax 目前可以被绝大多数主流浏览器所支持，用户不需要下载插件或小程序，只需要允许 JavaScript 脚本在浏览器上执行。

（3）调用外部数据方便，容易达到页面与数据的分离。Ajax 使 Web 中数据与呈现分离，有利于技术人员和美工人员分工合作，减少了对页面修改造成的 Web 应用程序错误，提高了开发效率。

同其他事物一样，Ajax 有优点也有缺点，具体表现在以下几个方面。

（1）大量的 JavaScript 代码，不易维护。

（2）可视化设计上比较困难。

（3）会给搜索引擎带来困难。

8.2　Ajax 技术的组成

Ajax 不是单一的技术，而是 4 种技术的集合，要灵活地运用 Ajax 必须深入了解这些不同的技术，以及它们在 Ajax 中的作用。

1. XMLHttpRequest 对象

Ajax 技术的核心是 JavaScript 对象 XmlHttpRequest。该对象在 Internet Explorer 5 中首次引入，它是一种支持异步请求的技术。简而言之，XmlHttpRequest 使用户可以使用 JavaScript 向服务器提出请求并处理响应，而不阻塞用户。

XMLHttpRequest 对象允许 Web 程序员从 Web 服务器以后台活动的方式获取数据，数据格式通常是 XML，但是也可以很好地支持任何基于文本的数据格式。关于 XmlHttpRequest 对象的使用将在后面进行详细介绍。

2. XML 语言

XML 是一种标准化的文本格式，可以在 Web 上表示结构化信息，利用它可以存储有复杂结构的数据信息。XML 格式的数据适用于不同应用程序间的数据交换，而且这种交换不以预先定义的一组数据结构为前提，增强了可扩展性。XMLHttpRequest 对象与服务器交换的数据，通常采用 XML 格式。

一个完整的 XML 文档由声明、元素、注释、字符引用和处理指令组成。在文档中，所有这些 XML 文档的组成部分都是通过元素标签来指明的。可以将 XML 文档分为声明、主体与注释 3 个部分。

1）声明

XML 声明必须作为 XML 文档的第一行，前面不能有空格、注释或其他的处理指令。完整的声明格式如下：

```
<?xml version="1.0" encoding="编码" standalone="yes/no" ?>
```

其中 version 属性不能省略，且必须在属性列表中排在第一位，指明所采用的 XML 的版本号，值为 1.0。该属性用来保证对 XML 未来版本的支持。encoding 属性是可选属性。该属性指定了文档采用的编码方式，即规定了采用哪种字符集对 XML 文档进行字符编码，常用的编码方式为：UTF-8 和 GB2312。如果没有使用 encoding 属性，那么该属性的默认值是 UTF-8，如果 encoding 属性值设置为 GB2312，则文档必须使用 ANSI 编码保存，文档的标签以及标签内容只可以使用 ASCII 字符和中文。

使用 GB2312 编码的 XML 声明如下：

```
<?xml version="1.0" encoding="GB2312" ?>
```

2）主体

XML 文档主体必须有根元素。所有的 XML 必须包含可定义根元素的单一标签对。所有其他的元素都必须处于这个根元素内部。所有的元素均可拥有子元素。子元素必须被正确地嵌套于它们的父元素内部。根标签以及根标签内容共同构成 XML 文档主体。没有文档主体的 XML 文档将不会被浏览器或其他 XML 处理程序所识别。

3）注释

注释可以提高文档的阅读性，尽管 XML 解析器通常会忽略文档中的注释，但位置适当且有意义的注释可以大大提高文档的可读性。所以 XML 文档中不用于描述数据的内容都可以包含在注释中，注释以 <!-- 开始，以 --> 结束，在起始符和结束符之间为注释内容，注释内容可以输入符合注释规则的任何字符串。

实例1：以 XML 格式创建文件

创建一个表单并在表单中包含表单元素。代码如下：

```
<?xml version="1.0" encoding=
"gb2312"?>
<!--这是一个优秀学生名单-->
<学生名单>
<学生>
    <姓名>刘五</姓名>
    <学号>21</学号>
    <性别>男</性别>
</学生>
<学生>
```

```
    <姓名>张三</姓名>
    <学号>22</学号>
    <性别>女</性别>
</学生>
</学生名单>
```

上面代码中，第一句代码是一个 XML 声明。< 学生 > 标签是 < 学生名单 > 标签的子元素，而 < 姓名 > 标签和 < 学号 > 标签是 < 学生 > 的子元素。<!----> 是一个注释。

在浏览器中浏览效果如图 8-5 所示，可以看到页面显示了一个树状结构，并且数据层次感非常好。

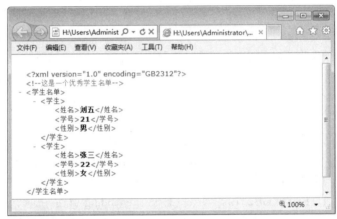

图 8-5　XML 文档组成

3. JavaScript 语言

JavaScript 是通用的脚本语言，用来嵌入在某种应用之中。Web 浏览器中嵌入的 JavaScript 解释器允许通过程序与浏览器的很多内建功能进行交互，Ajax 应用程序是使用 JavaScript 编写的。

4. CSS 技术

CSS 在 Ajax 中主要用于美化网页，是 Ajax 的美术师。无论 Ajax 的核心技术采用什么形式，任何时候显示在用户面前的都是一个页面，是页面就需要美化，就需要 CSS 对显示在用户浏览器上的界面进行美化。在 Ajax 应用中，用户界面的样式可以通过 CSS 独立修改。

5. DOM 技术

DOM 以一组可以使用 JavaScript 操作的可编程对象展现出 Web 页面的结构。通过使用脚本修改 DOM，Ajax 应用程序可以在运行时改变用户界面，或者高效地重绘页面中的某个部分。也就是说，在 Ajax 应用中，通过 JavaScript 操作 DOM，可以达到在不刷新页面的情况下实时修改用户界面的目的。

8.3　XMLHttpRequest 对象的使用

XMLHttpRequest 对象是当今所有 Ajax 和 Web 2.0 应用程序的技术基础。它是一个具有应用程序接口的 JavaScript 对象，能够使用超文本框传输协议 HTTP 链接一个服务器。

8.3.1　初始化 XMLHttpRequest 对象

Ajax 利用一个构建到所有现代浏览器内部的对象 XMLHttpRequest 来实现发送和接收 HTTP 请求与响应信息。不过，在使用 XMLHttpRequest 对象发送请求和处理响应之前，首先需要初始化该对象。

初始化 XMLHttpRequest 对象需要考虑两种情况，一种是 IE 浏览器，一种是非 IE 浏览器，下面分别进行介绍。

IE 浏览器把 XMLHttpRequest 实例化一个 ActiveX 对象，具体方法为：

```
var xmlhttp=new ActiveXObject("Microsoft.XMLHTTP");
```

或者是

```
var xmlhttp=new ActiveXObject("Msxml2.XMLHTTP");
```

这两种方法的不同之处在于 Microsoft 与 Msxml2，这是针对 IE 浏览器中的不同版本而进行设置的。

非 IE 浏览器把 XMLHttpRequest 对象实例化为一个本地 JavaScript 对象，具体方法为：

```
var xmlhttp=new XMLHttpRequest();
```

不过为了提高程序的兼容性，可以创建一个跨浏览器的 XMLHttpRequest 对象，操作非常简单，只需要判断不同浏览器的实现方式，具体代码如下：

```
var xmlhttp;
    if (window.XMLHttpRequest)
    {
        //  Firefox, Chrome, Opera, Safari浏览器执行代码
        xmlhttp=new XMLHttpRequest();
    }
    else
    {
        // IE浏览器执行代码
        xmlhttp=new ActiveXObject("Microsoft.XMLHTTP");
    }
```

8.3.2　XMLHttpRequest 对象的属性

XMLHttpRequest 对象提供了一些常用属性，通过这些属性可以获取服务器的响应状态及响应内容等。

1）readyState 属性

readyState 属性为获取请求状态的属性。当 XMLHttpRequest 对象把一个 HTTP 请求发送到服务器时将经历若干种状态，一直等待直到请求被处理；然后它才接收一个响应。这样一来，脚本才正确响应各种状态，XMLHttpRequest 对象返回描述对象的当前状态是 readyState 属性，如表 8-1 所示。

表 8-1　ReadyState 属性值列表

属性值	描述
0	描述一种"未初始化"状态；此时，已经创建一个 XMLHttpRequest 对象，但是还没有初始化
1	描述一种"正在加载"状态；open() 方法和 XMLHttpRequest 已经准备好把一个请求发送到服务器
2	描述一种"已加载"状态；此时，已经通过 send() 方法把一个请求发送到服务器端，但是还没有收到一个响应
3	描述一种"交互中"状态；此时，已经接收到 HTTP 响应头部信息，但是消息体部分还没有完全接收结束
4	描述一种"完成"状态；此时，响应已经被完全接收

在实际应用中，该属性经常用于判断请求状态，当请求状态等于 4，也就是完成时，再判断请求是否成功，如果成功，则开始处理返回结果。

2）onreadystatechange 事件

onreadystatechange 事件为指定状态改变时所触发的事件处理器的属性。无论 readyState 值何时发生改变，XMLHttpRequest 对象都会激发一个 readystatechange 事件。其中，onreadystatechange 事件接收一个 EventListener 值，该值向该方法指示无论 readyState 值何时发生改变，该对象都将激活。

3）responseText 属性

responseText 属性为获取服务器的字符串响应的属性。这个 responseText 属性包含客户端接收到的 HTTP 响应的文本内容。当 readyState 值为 0、1 或 2 时，responseText 包含一个空字符串。当 readyState 值为 3（正在接收）时，响应中包含客户端还未完成的响应信息。当 readyState 为 4（已加载）时，该 responseText 包含完整的响应信息。

4）responseXML 属性

responseXML 属性为获取服务器的 XML 响应的属性。用于当接收到完整的 HTTP 响应时描述 XML 响应；此时，Content-Type 头部指定 MIME（媒体）类型为 text/xml，application/xml 或以 +xml 结尾。如果 Content-Type 头部并不包含这些媒体类型之一，那么 responseXML 的值为 null。无论何时，只要 readyState 值不为 4，那么该 responseXML 的值也为 null。

其实，这个 responseXML 属性值是一个文档接口类型的对象，用来描述被分析的文档。如果文档不能被分析（例如，如果文档不是良构的或不支持文档相应的字符编码），那么 responseXML 的值将为 null。

5）status 属性

status 属性返回服务器的 HTTP 状态码，其类型为 short。而且，仅当 readyState 值为 3

（交互中）或 4（完成）时，这个 status 属性才可用。当 readyState 的值小于 3 时，试图存取 status 的值将引发一个异常。常用的 status 属性状态码如表 8-2 所示。

表 8-2   status 属性的状态码

值	说明
100	继续发送请求
200	请求已成功
202	请求被接受，但尚未成功
400	错误的请求
404	文件未找到
408	请求超时
500	内部服务器错误
501	服务器不支持当前请求所需要的某个功能

6）statusText 属性

statusText 属性描述了 HTTP 状态代码文本；并且仅当 readyState 值为 3 或 4 才可用。当 readyState 为其他值时，试图存取 statusText 属性将引发一个异常。

8.3.3   XMLHttpRequest 对象的方法

XMLHttpRequest 对象提供了各种方法用于初始化和处理 HTTP 请求，下面介绍 XMLHttpRequest 对象的方法。

1. 创建新请求的 open() 方法

open() 方法用于设置进行异步请求目标的 URL、请求方法以及其他参数信息，具体语法如下：

```
xmlhttp.open("method","URL"[,asyncFlag["userName"["password"]]]);
```

open() 方法的参数说明如表 8-3 所示。

表 8-3   open() 方法的参数说明

参数	说明
method	用于指定请求的类型，一般为 GET 或 POST
URL	用于指定请求地址，可以使用绝对地址或者相对地址，并且可以传递查询字符串
asyncFlag	可选参数，用于指定请求方法，异步请求为 true，同步请求为 false，默认情况下为 true
userName	可选参数，用于指定请求用户名，没有时可省略
password	可选参数，用于指定请求密码，没有时可省略

当需要把数据发送到服务器时，应使用 POST 方法；当需要从服务器端检索数据时，应该使用 GET 方法。例如，设置异步请求目标为 shoping.html，请求方法为 GET，请求方式为异步的代码如下：

```
xmlhttp.open("GET","shoping.html",true);
```

2. 停止或放弃当前异步请求的 abort() 方法

abort() 方法可以停止或放弃当前异步请求。其语法格式如下：

```
abort()
```

当使用 abort() 方法暂停与 XMLHttpRequest 对象相联系的 HTTP 请求后，可以把该对象复位到未初始化状态。

3. 向服务器发送请求的 send() 方法

send() 方法用于向服务器发送请求，如果请求声明为异步，该方法将立即返回，否则将等到接受到响应为止。语法格式如下：

```
send(content)
```

参数 content 用于指定发送的数据，可以是 DOM 对象的实例、输入流或字符串。如果没有参数需要传递可以设置为 null。例如，向服务器发送一个不包含任何参数的请求，可以使用下面的代码：

```
Http_request.send(content)
```

4. setRequestHeader() 方法

setRequestHeader() 方法用来设置请求的头部信息。具体语法格式如下：

```
setRequestHeader("header","value")
```

参数说明如下：

- header：用于指定 HTTP 头。
- value：用于为指定的 HTTP 头设置值。

> **注意**：setRequestHeader() 方法必须在调用 open() 方法之后才能调用；否则，将得到一个异常。

5. getResponseHeader() 方法

getResponseHeader() 方法用于以字符串形式返回指定的 HTTP 头信息，语法格式如下：

```
getResponseHeader("Headerlabel")
```

参数 Headerlabel 用于指定 HTTP 头，包括 Server、Content_Type 和 Date 等。getResponseHeader() 方法必须在调用 send() 方法之后才能调用；否则，该方法返回一个空字符串。

6. getAllResponseHeaders() 方法

getAllResponseHeaders() 方法用于以字符串形式返回完整的 HTTP 头信息，语法格式如下：

```
getAllResponseHeaders()
```

getAllResponseHeaders() 方法必须在调用 send() 方法之后才能调用，否则，则该方法返回 null。

8.4　Ajax 异步交互的应用

Ajax 与传统 Web 应用最大的不同就是它的异步交互机制，这也是它最核心最重要的特点。本节将对 Ajax 的异步交互进行简单的讲解，帮助大家更深入地了解 Ajax。

8.4.1 什么是异步交互

对 Ajax 来说，异步交互就是客户端和服务器进行交互时，如果只更新客户端的一部分数据，那么只有这部分数据与服务器进行交互，交互完成后把更新后的数据发送到客户端，而其他不需要更新的客户端数据就需要与服务器进行交互。

异步交互对于用户体验来说带来的最大好处就是实现了页面的无刷新，用户在提交表单后，只有表单数据被发送给了服务器并需要等待接收服务器的反馈，但是页面中表单以外的内容没有变化。所以与传统 Web 应用相比，用户在等待表单提交完成的过程中不会看到整个页面出现白屏，并且在这个过程中还可以浏览页面中表单以外的内容。

8.4.2 异步对象连接服务器

在 Web 中，与服务器进行异步通信的是 XMLHttpRequest 对象。它是在 IE5 中首先引入的，目前几乎所有的浏览器都支持该异步对象，并且该对象可以接受任何形式的文档。在使用该异步对象之前必须先创建该对象，创建的代码如下：

```
var xmlhttp;
function createXMLHttpRequest(){
    if(window.ActiveXObject)
        xmlhttp= new ActiveXObject("Microsoft.XMLHTTP");
    else if (window.XMLHttpRequest)
        xmlhttp= new XMLHttpRequest();
}
```

创建完异步对象，利用该异步对象连接服务器时需要用到 XMLHttpRequest 对象的一些属性和方法。例如，在创建了异步对象后，需要使用 Open() 方法初始化异步对象，即创建一个新的 HTTP 请求，并指定此请求的方法、URL 以及验证信息，这里创建异步对象 xmlhttp，然后建立一个到服务器的新请求。代码如下：

```
xmlhttp.open("GET","a.aspx",true);
```

代码中指定了请求的类型为 GET，即在发送请求时将参数直接加到 url 地址中发送，请求地址为相对地址 a.aspx，请求方式为异步。

在初始化了异步对象后，需要调用 onreadystatechange 属性来指定发生状态改变时的事件处理句柄。代码如下：

```
xmlhttp.onreadystatechange = HandleStateChange();
```

在 HandleStateChange() 函数中需要根据请求的状态，有时还需要根据服务器返回的响应状态来指定处理函数，所以需要调用 readyState 属性和 status 属性。比如当数据接收成功时要执行某些操作，代码如下：

```
function HandleStateChange(){
    if(xmlhttp.readyState == 4 && xmlhttp.status ==200){
        //do something
    }
}
```

在建立了请求并编写了请求状态发生变化时的处理函数之后，需要使用 send() 方法将请求发送给服务器。语法如下：

```
send(body);
```

参数 body 表示通过此请求要向服务器发送的数据，该参数为必选参数，如果不发送数据，则代码如下：

```
xmlhttp.send(null);
```

需要注意的是，如果在 open() 中指定了请求的方法是 POST，则在请求发送之前必须设置 HTTP 的头部，代码如下：

```
xmlhttp.setRequestHeader("Content-Type","application/x-www-form-urlencoded");
```

客户端将请求发送给服务器后，服务器需要返回相应的结果。至此，整个异步连接服务器的过程就完成了，为了测试连接是否成功，必须在页面中添加一个按钮。

下面给出一个示例，来测试异步连接服务器是否成功。

▍实例 2：测试异步连接服务器

在文件夹 ch08 下创建 8.2.html 文件，来测试异步连接服务器。代码如下：

```
<!DOCTYPE html>
<html>
<head>
<meta charset="UTF-8">
<title>异步连接服务器</title>
<script type="text/javascript">
var xmlhttp;
function createXMLHttpRequest(){
    if(window.ActiveXObject)
            xmlhttp= new ActiveXObject
("Microsoft.XMLHTTP");
    else if (window.XMLHttpRequest)
        xmlhttp= new XMLHttpRequest();
}
function HandleStateChange(){
    if(xmlhttp.readyState == 4 &&
xmlhttp.status ==200){
        alert("服务器返回的结果为:" +
xmlhttp.responseText);
    }
}
function test(){
    createXMLHttpRequest();
    xmlhttp.open("GET","8.2.aspx",
true);
    HandleStateChange();
    xmlhttp.onreadystatechange =
HandleStateChange();
    xmlhttp.send(null);

}
```

```
</script>
</head>
<body>
<input type="button" value="测试是否连接
成功" onClick="test()" />
</body>
</html>
```

服务器端代码采用 ASP.NET 来完成，代码如下：

异步连接服务器示例服务器端代码（8.2.aspx）。

```
<%@ Page Language="C#" ContentType=
"text/html" ResponseEncoding="gb2312" %>
<%@Import Namespace="System.Data"%>
<%
    Response.write("连接成功");
%>
```

双击 ch08 文件夹中的 8.2.html 文件，即可在浏览器中显示运行结果，如图 8-6 所示。

图 8-6　XML 文档组成

单击"测试是否连接成功"按钮，即可弹出一个信息提示框，提示用户连接成功，如图 8-7 所示。

图 8-7   XML 文档组成

8.4.3   GET 和 POST 模式

客户端在向服务器发送请求时需要指定请求发送数据的方式，在 HTML 中通常有 GET 和 POST 两种方式。

其中，GET 方式一般用来传送简单数据，大小一般限制在 1KB 以下，请求数据被转化成查询字符串并追加到请求的 url 之后发送；POST 方式可以传送的数据量比较大，可以达到 2MB，它是将数据放在 send() 方法中发送，在数据发送之前必须先设置 HTTP 请求的头部。

为了让大家更直观地看到 GET 和 POST 两种方式的区别，下面给出一个实例，在页面中设置一个文本框用来输入用户名，设置两个按钮分别用 GET 和 POST 来发送请求。

▌实例 3：GET 和 POST 模式应用示例

在文件夹 ch08 下创建 8.3.html 文件，进而区分 GET 和 POST 模式的不同。代码如下：

```html
<!DOCTYPE html>
<head>
<meta charset="UTF-8">
<title>GET和POST模式</title>
<script type="text/javascript">
var xmlhttp;
var username=document.getElement
ById("username").value;
function createXMLHttpRequest(){
   if(window.ActiveXObject)
        xmlhttp=new ActiveXObject
("Microsoft.XMLHTTP");
   else if (window.XMLHttpRequest)
        xmlhttp= new XMLHttp
Request();
   if(window.XMLHttpRequest){
        //code for IE7+, Firefox,
Chrome, Opera, Safari
        xmlhttp = new XMLHttp
Request();
      }else{
        //code for IE5, IE6
        xmlhttp = new ActiveXObject
("Microsoft.XMLHTTP");
      }
```

```javascript
}
//使用GET方式发送数据
function doRequest_GET(){
   createXMLHttpRequest();
     username = document.getElementById
("username").value;
   var url = " Chap24.2.aspx?username="
+encodeURIComponent(username);

     xmlhttp.onreadystatechange =
function(){
        if(xmlhttp.readyState == 4 &&
xmlhttp.status ==200){
        alert("服务器返回的结果为:"
+ decodeURIComponent(xmlhttp.
responseText));
     }
   }

   xmlhttp.open("GET",url);
   xmlhttp.send(null);
}
//使用POST方式发送数据
function doRequest_POST(){
   createXMLHttpRequest();
     username = document.getElementById
("username").value;
   var url=" Chap24.2.aspx?";
     var queryString = encodeURI
("username="+encodeURIComponent
(username));
```

```
    xmlhttp.open("POST",url,true);
    xmlhttp.onreadystatechange =
function(){
        if(xmlhttp.readyState == 4 &&
xmlhttp.status ==200){
            alert("服务器返回的结果为:"
+ decodeURIComponent(xmlhttp.
responseText));
        }
    }
    xmlhttp.setRequestHeader("Content-
Type","application/x-www-form-
urlencoded");
    xmlhttp.send(queryString);
}
</script>
</head>
<body>
<form>
用户名:
<input type="text" id="username"
name="username" />
<input type="button" id="btn_GET"
value="GET发送" onclick="doRequest_
GET();" />
<input type="button" id="btn_POST"
value="POST发送" onclick="doRequest_
POST();" />
</form>
</body>
</html>
```

服务器端代码我们仍然采用 ASP.NET 来
完成，GET 和 POST 模式示例服务器端代码
（8.3.aspx）如下：

```
<%@ Page Language="C#" ContentType=
"text/html" ResponseEncoding="gb2312"
%>
<%
  if(Request.HttpMethod=="GET")
        Response.Write("GET:"+
Request["username"]);
  else if(Request.HttpMethod=="POST")
        Response.Write("POST:"+
Request["username"]);
%>
```

双击 8.3.html 文件，即可在浏览器中显
示运行结果，如图 8-8 所示。在用户名中输
入"超人"字样。

单击"GET 发送"按钮，即可弹出一个
信息提示框，在其中显示了 GET 模式运行的
结果，如图 8-9 所示。

单击"POST 发送"按钮，即可弹出一
个信息提示框，在其中显示了 POST 模式运
行的结果，如图 8-10 所示。

图 8-8　输入用户名

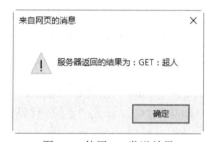

图 8-9　使用 get 发送效果

图 8-10　使用 POST 发送效果

8.4.4　服务器返回 XML

在 Ajax 中，服务器返回的可以是 DOC、TXT、HTML 或者 XML 文档等，下面我们主
要讲解如果返回的是 XML 文档。在 Ajax 中，可通过异步对象的 ResponseXML 属性来获取
XML 文档。如 Ajax 服务器返回了如实例 8.3 所示的 XML 文档。

实例 4：GET 和 POST 模式应用示例

在文件夹 ch08 下创建 8.4.html 文件，获取服务器返回的 XML 文档。代码如下：

```html
<!DOCTYPE html>
<html>
<head>
<meta charset="UTF-8">
<title>服务器返回XML</title>
<script type="text/javascript">
var xmlhttp;
function createXMLHttpRequest(){
    if(window.XMLHttpRequest){
        //code for IE7+, Firefox,
Chrome, Opera, Safari
        xmlhttp = new XMLHttp
Request();
    }else{
        //code for IE5, IE6
        xmlhttp = new ActiveXObject
("Microsoft.XMLHTTP");
    }
}

function getXML(xmlUrl){
    var url=xmlUrl+"?timestamp=" + new
Data();
    createXMLHttpRequest();
    xmlhttp.onreadystatechange =
HandleStateChange;
    xmlhttp.open("GET",url);
    xmlhttp.send(null);
}

function HandleStateChange(){
    if(xmlhttp.readyState == 4 &&
xmlhttp.status ==200){
        DrawTable(xmlhttp.responseXML);
    }
}

function DrawTable(myXML){
    var objStudents = myXML.
getElementsByTagName(student);
    var objStudent = "",stuID="",stuName
="",stuChinese="",stuMaths="",stuEnglish="";
    for(var i=0;i<objStudents.
length;i++){
        objStudent=objStudent[i];
        stuID=objStudent.
getElementsByTagName("id")[0].
firstChild.nodeValue;
        stuName=objStudent.
getElementsByTagName("name")[0].
firstChild.nodeValue;
        stuChinese=objStudent.
getElementsByTagName("Chinese")[0].
firstChild.nodeValue;
        stuMaths=objStudent.
getElementsByTagName("Maths")[0].
firstChild.nodeValue;
        stuEnglish=objStudent.
getElementsByTagName("English")[0].
firstChild.nodeValue;
        addRow(stuID,stuName,StuChinese,
stuMaths,stuEnglish);
    }
}

function addRow(stuID,stuName,stuChinese,
stuMaths,stuEnglish){
    var objTable = document.
getElementById("score");
    var objRow = objTable.insertRow
(objTable.rows.length);
    var stuInfo =  new Array();
    stuInfo[0] = document.createTextNode
(stuID);
    stuInfo[1] = document.createTextNode
(stuName);
    stuInfo[2] = document.createTextNode
(stuChinese);
    stuInfo[3] = document.createTextNode
(stuMaths);
    stuInfo[4] = document.createTextNode
(stuEnglish);
    for(var i=0; i< stuInfo.length;i++){
        var objColumn = objRow.
insertCell(i);
        objColumn.appendChild
(stuInfo[i]);
    }
}
</script>
</head>
<body>
    <form>
<p>
<input type="button" id="btn"
value="获取XML文档"  onclick="getXML
(8.4.xml);"/>
</p>
<p>
<table id="score">
    <tr>
    <th>学号</th>
    <th>姓名</th>
    <th>语文</th>
    <th>数学</th>
    <th>英语</th>
    </tr>
    </table>
</p>
</form>
</body>
```

```
</html>
```

服务器端 XML 文档（8.4.xml）

```xml
<?xml version="1.0" encoding="gb2312"?>
<list>
    <caption>Score List</caption>
    <student>
        <id>001</id>
        <name>张三</name>
        <Chinese>80</Chinese>
        <Maths>85</Maths>
        <English>92</English>
    </student>
    <student>
        <id>002</id>
        <name>李四</name>
        <Chinese>86</Chinese>
        <Maths>91</Maths>
        <English>80</English>
    </student>
    <student>
        <id>003</id>
        <name>王五</name>
        <Chinese>77</Chinese>
        <Maths>89</Maths>
        <English>79</English>
    </student>
    <student>
        <id>004</id>
        <name>赵六</name>
        <Chinese>95</Chinese>
        <Maths>81</Maths>
        <English>88</English>
```

```xml
    </student>
</list>
```

双击 8.4.html 文件，即可在浏览器中显示运行结果，如图 8-11 所示。单击"获取 XML 文档"按钮，即可获取服务器返回的 XML 文档运行结果，如图 8-12 所示。

图 8-11　程序运行结果

图 8-12　返回 XML 文档结果

8.4.5　处理多个异步请求

之前示例，都是通过一个全局变量的 xmlhttp 对象对所有异步请求进行处理的，这样做会存在一些问题，比如：当第一个异步请求尚未结束，很可能就已经被第二个异步请求所覆盖。解决的办法通常是将 xmlhttp 对象作为局部变量来处理，并且在收到服务器端的返回值后手动将其删除，多个异步请求的示例如下：

实例 5：实现多个异步请求

在文件夹 ch08 下创建 8.5.html 文件，实现多个异步请求。代码如下：

```html
<!DOCTYPE html>
<html>
<head>
<meta charset="UTF-8">
<title>多个异步对象请求示例</title>
<script type="text/javascript">
function createQueryString(oText){
    var sInput = document.getElementById
(oText).value;
    var queryString = "oText=" +
sInput;
    return queryString;
}
function getData(oServer, oText,
oSpan){
    var xmlhttp;    //处理为局部变量
    if(window.XMLHttpRequest){
        //code for IE7+, Firefox,
Chrome, Opera, Safari
        xmlhttp = new XMLHttp
```

```
Request();
    }else{
        //code for IE5, IE6
        xmlhttp = new Active
XObject("Microsoft.XMLHTTP");
    }

    var queryString = oServer + "?";
    queryString += create
QueryString(oText)+ "&timestamp=" +
new Date().getTime();
    xmlhttp.onreadystatechange =
function(){
        if(xmlhttp.readyState == 4 &&
xmlhttp.status == 200){
            var responseSpan =
document.getElementById(oSpan);
            responseSpan.innerHTML =
xmlhttp.responseText;
            delete xmlhttp;   //收到返回
结果后手动删除
            xmlhttp = null;
        }
    }
    xmlhttp.open("GET",query
String);
    xmlhttp.send(null);
}
function test(){
    //同时发送两个不同的异步请求
    getData('8.5.aspx','first','firstS
pan');
    getData('8.5.aspx','second','secon
dSpan');
}
</script>
</head>
<body>
<form>
    first: <input type="text"
id="first">
    <span id="firstSpan"></span>
<br>
    second: <input type="text"
id="second">
    <span id="secondSpan"></span>
```

```
<br>
    <input type="button" value="发送"
onclick="test()">
</form>
</body>
</html>
```

多个异步请求的示例服务器端代码（8.5.aspx）

```
<%@ Page Language="C#" ContentType
="text/html" ResponseEncoding="gb2312"
%>
<%@ Import Namespace="System.Data" %>
<%
    Response.Write(Request
["oText"]);
%>
```

双击 ch08 文件夹中的 8.5.html 文件，即可在浏览器中显示运行结果，如图 8-13 所示。单击"发送并请求服务器端内容"按钮，即可返回服务器端的内容，运行结果如图 8-14 所示。

图 8-13　程序运行结果

图 8-14　返回服务端内容

提示：由于函数中的局部变量是每次调用时单独创建的，函数执行完便自动销毁，此时测试多个异步请求便不会发生冲突。

8.5　jQuery 中的 Ajax

jQuery 提供多个与 Ajax 有关的方法。通过这些方法，用户可以通过 HTTP 的 Post 或 Get 方式从远程服务器上请求文本、HTML 或 XML 数据，然后把这些数据直接载入网页的被选元素上。

8.5.1　load() 方法

jQuery 提供了一个简单但强大的方法 load()，主要功能是从服务器加载数据，并把返回的数据放入被选元素中。

load() 方法的语法格式如下：

```
$(selector).load(URL,data,callback);
```

其中参数 URL 用于规定需要加载数据的 URL；参数 data 为可选参数，规定与请求一同发送的数据；参数 callback 为可选参数，规定参数是 load() 方法完成后所执行的函数名称。

▌实例 6：使用 load() 方法获取文本内容

```html
<!DOCTYPE html>
<html>
<head>
    <meta charset="utf-8">
    <title>使用load()方法</title>
     <script type="text/javascript"
src="jquery.min.js"></script>
    $(document).ready(function(){
        $("button").click(function(){
            $("#div1").load("test.
txt");
        });
    });
    </script>
</head>
<body>
<div id="div1"><h2>使用load()方法获取文本
的内容</h2></div>
<button>更新页面</button>
</body>
```

```html
</html>
```

其中加载文件 test.txt 文件的内容如图 8-15 所示。

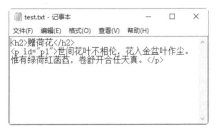

图 8-15　加载文件的内容

使用 Firefox 浏览器查看服务器上的文件：http://localhost/code/ch08/8.6.html，效果如图 8-16 所示。单击"更新页面"按钮，即可加载文件的内容，如图 8-17 所示。

图 8-16　查看文件效果

图 8-17　加载文件后的效果

读者还可以把 jQuery 选择器添加到 URL 参数。下面的例子把 test.txt 文件中 id="p1" 的元素内容，加载到指定的 <div> 元素中。

▌实例 7：加载元素到指定的 <div> 元素中

```html
<!DOCTYPE html>
<html>
<head>
<meta charset="utf-8">
```

```html
<title>加载元素到指定的<div>元素中</title>
<script type="text/javascript"
src="jquery.min.js"></script>
<script>
$(document).ready(function(){
    $("button").click(function(){
```

```
        $("#div1").load("test.txt
#p1");
    });
});
</script>
</head>
<body>
```

```
<div id="div1"><h2>使用load()方法获取文本
的内容</h2></div>
<button>更新页面</button>


</body>
</html>
```

使用 Firefox 浏览器查看服务器上的文件：http://localhost/code/ch08/8.7.html，效果如图 8-18 所示。单击"更新页面"按钮，即可加载文件的内容，如图 8-19 所示。

图 8-18　查看文件效果

图 8-19　加载文件后的效果

load() 方法的可选参数 callback 规定 load() 方法完成后调用的函数，该调用函数可以设置的参数如下。

（1）responseTxt：包含调用成功时的结果内容。

（2）statusTXT：包含调用的状态。

（3）xhr：包含 XMLHttpRequest 对象。

下面的案例将在 load() 方法完成后显示一个提示框。如果 load() 方法已成功，则显示"加载内容已经成功了"，而如果失败，则显示错误消息。

▍实例 8：显示加载提示框

```
<!DOCTYPE html>
<html>
<head>
<meta charset="utf-8">
<title>显示加载提示框</title>
<script type="text/javascript"
src="jquery.min.js"></script>
<script>
$(document).ready(function(){
  $("button").click(function(){
    $("#div1").load("test.txt",function
(responseTxt,statusTxt,xhr){
      if(statusTxt=="success")
        alert("加载内容已经成功了!");
      if(statusTxt=="error")
        alert("Error: "+xhr.status+":
"+xhr.statusText);
    });
  });
```

```
});
</script>
</head>
<body>

<div id="div1"><h2>检验load()方法是否执行
成功</h2></div>
<button>更新页面</button>


</body>
</html>
```

使用 Firefox 53.0 浏览器查看服务器上的文件：http://localhost/code/ch08/8.8.html，效果如图 8-20 所示。单击"更新页面"按钮，即可加载文件的内容，同时打开信息提示对话框，如图 8-21 所示。

图 8-20　查看文件效果

图 8-21　信息提示对话框

8.5.2　$.get() 方法和 $.post() 方法

jQuery 的 $.get() 和 $.post() 方法用于通过 HTTP GET 或 POST 方式从服务器获取数据。

1. $.get() 方法

$.get() 方法通过 HTTP GET 方式从服务器上获取数据。$.get() 方法的语法格式如下：

```
$.get(URL,callback);
```

其中参数 URL 用于规定需要加载数据的 URL；参数 callback 为可选参数，规定参数是 $.get() 方法完成后所执行的函数名称。

▌实例 9：使用 $.get() 方法获取数据

```
<!DOCTYPE html>
<html>
<head>
<meta charset="utf-8">
<title>使用$.get()方法</title>
<script type="text/javascript"
src="jquery.min.js"></script>
<script>
$(document).ready(function(){
    $("button").click(function(){
      $.get("test.txt",function
(data,status){
          alert("数据: " + data + "\n状
态: " + status);
      });
    });
});
</script>
</head>
<body>

<button>通过$.get()方法请求并获取结果</
button>

</body>
</html>
```

使用 Firefox 浏览器查看服务器上的文件：http://localhost/code/ch08/8.9.html，效 果 如

图 8-22 所示。单击"通过 $.get() 方法请求并获取结果"按钮，即可打开信息提示对话框，如图 8-23 所示。

图 8-22　查看文件效果

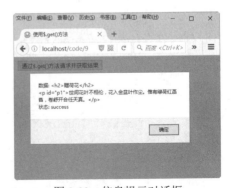

图 8-23　信息提示对话框

2. $.post() 方法

$.post() 方法通过 HTTP POST 方式从服务器上获取数据。$.post() 方法的语法格式如下：

```
$.post(URL,data,callback);
```

其中参数 URL 用于规定需要加载数据的 URL；参数 data 为可选参数，规定与请求一同发送的数据；参数 callback 为可选参数，规定参数是 $.post() 方法完成后所执行的函数名称。

实例 10：使用 $.post() 方法获取服务器上的数据

```html
<!DOCTYPE html>
<html>
<head>
<meta charset="utf-8">
<title>使用$.post()方法获取服务器上的数据</title>
<script type="text/javascript" src="jquery.min.js"></script>
<script>
$(document).ready(function(){
    $("button").click(function(){
        $.post("mytest.php",{
            name:"zhangxiaoming",
            age:"26"
        },
        function(data,status){
            alert("数据：\n" + data + "\n状态：" + status);
        });
    });
});
```

```html
</script>
</head>
<body>

<button>通过$.post()方法发生请求并获取结果</button>

</body>
</html>
```

上述代码中，$.post() 的第一个参数是 URL（"mytest.php"），然后连同请求（name 和 age）一起发送数据。其中加载文件 mytest.php 的内容如图 8-24 所示。

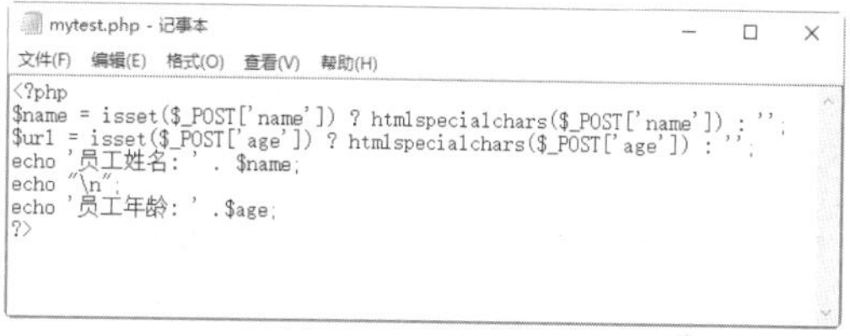

```
mytest.php - 记事本                        —    □    ×
文件(F)  编辑(E)  格式(O)  查看(V)  帮助(H)
<?php
$name = isset($_POST['name']) ? htmlspecialchars($_POST['name']) : '';
$url = isset($_POST['age']) ? htmlspecialchars($_POST['age']) : '';
echo '员工姓名：' . $name;
echo "\n";
echo '员工年龄：' . $age;
?>
```

图 8-24　加载文件的内容

使用 Firefox 53.0 浏览器查看服务器上的文件：http://localhost/code/ch08/8.10.html，效果如图 8-25 所示。单击"通过 $.post() 方法请求并获取结果"按钮，即可打开信息提示对话框，如图 8-26 所示。

图 8-25　查看文件效果

图 8-26　信息提示对话框

8.5.3　$.getScript() 方法和 $.getJson() 方法

下面将分别来介绍如何使用 $.getScript() 方法和 $.getJson() 方法。

1. $.getScript()方法

$.getScript()方法通过 HTTP GET 的方式载入并执行 JavaScript 文件。语法格式如下：

```
$.getScript(URL,success(response,status))
```

其中参数 URL 用于规定需要加载数据的 URL；如果请求成功，则返回结果 response 和求助状态 status。

实例 11：使用 $.getScript() 方法加载 JavaScript 文件

```
<!DOCTYPE html>
<html>
<head>
<meta charset="utf-8">
<title>使用$.getScript()方法加载
JavaScript 文件</title>
<script type="text/javascript"
src="jquery.min.js"></script>
<script type="text/javascript">
  $(document).ready(function(){
    $("button").click(function(){
      $.getScript("myscript.js");
    });
  });
</script>
</head>
<body>
<button>通过$.getScript()方法请求并执行一
```

```
个JavaScript文件</button>
</body>
</html>
```

其中加载的 JavaScript 文件的内容如图 8-27 所示。

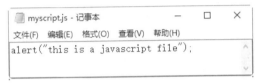

图 8-27　加载文件的内容

使用 Firefox 53.0 浏览器查看服务器上的文件：http://localhost/code/ch08/8.11.html，效果如图 8-28 所示。单击"通过 $.getScript()方法请求并执行一个 JavaScript 文件"按钮，即可打开信息提示对话框，如图 8-29 所示。

图 8-28　查看文件效果

图 8-29　信息提示对话框

2. $.getJson()方法

$.getJson()方法主要是通过 HTTP GET 方式获取 JSON 数据。语法格式如下：

```
$.getJSON(URL,data,success(data,status,xhr))
```

其中参数 URL 用于规定需要加载数据的 URL。

实例 12：使用 $.getJson() 方法加载 JavaScript 文件

```
<!DOCTYPE html>
<html>
<head>
```

```
<meta charset="utf-8">
<title>使用$.getJson()方法加载JavaScript
文件</title>
<script type="text/javascript"
src="jquery.min.js"></script>
<script type="text/javascript">
```

```
$(document).ready(function(){
    $("button").click(function(){
        $.getJSON("myjson.js",function
(result){
            $.each(result, function(i,
field){
            $("p").append(field + " ");
            });
        });
    });
});
</script>
</head>
<body>
<button>获取JSON数据</button>
```

```
</body>
</html>
```

其中加载的 JSON 数据文件的内容如图 8-30 所示。

图 8-30　加载文件的内容

使用 Firefox 浏览器查看服务器上的文件：http://localhost/code/ch08/8.12.html，效果如图 8-31 所示。单击"获取 JSON 数据"按钮，即可加载 JSON 数据，如图 8-32 所示。

图 8-31　查看文件效果

图 8-32　加载 JSON 数据

8.5.4　$.ajax() 方法

$.ajax() 方法用于执行异步 HTTP 请求。所有的 jQuery Ajax 方法都使用 ajax() 方法。该方法通常用于其他方法不能完成的请求。

```
$.ajax({name:value, name:value, ... })
```

该参数规定 Ajax 请求的一个或多个名称。

实例 13：使用 $.ajax() 加载 JavaScript 文件

```
<!DOCTYPE html>
<html>
<head>
    <meta charset="utf-8">
    <title>使用$.ajax()加载JavaScript文件
</title>
    <script type="text/javascript"
src="jquery.min.js"></script>
    <script type="text/javascript">
        $(document).ready(function(){
            $("button").click
```

```
(function(){
            $.ajax({url:"myscript.
js",dataType:"script"});
            });
        });
    </script>
</head>
<body>
<div id="div1"><h2>使用$.ajax()方法获取文本的内容</h2></div>
<button>更新部分页面内容</button>
</body>
</html>
```

使用 Firefox 浏览器查看服务器上的文件：http://localhost/code/ch08/8.13.html，效果如图 8-33 所示。单击"开始执行"按钮，弹出信息提示对话框，如图 8-34 所示。

图 8-33　查看文件效果

图 8-34　执行 JavaScript 文件

8.6　新手常见疑难问题

▍疑问 1：jQuery 对 Ajax 技术有什么好处？

编写常规的 Ajax 代码比较困难，因为不同的浏览器对 Ajax 的实现并不相同。这样就必须编写额外的代码对浏览器进行测试。jQuery 为大家解决了这一难题，只需要引用 jQuery 库函数，就可以实现 Ajax 功能，更可以实现浏览器的兼容问题。

▍疑问 2：使用 load() 方法加载中文内容时出现乱码怎么办？

如果用 jQuery 的 load() 方法加载的文档中包含中文字符，可能会引起乱码问题。要解决这个问题，需要注意以下两点。

（1）在源文件中的 head 中加入编码方式如下：

```
<meta charset="utf-8">
```

（2）修改加载文档的编码方式为 UTF-8 格式编码，例如在记事本文件中，选择"文件"→"另存为"菜单命令，如图 8-35 所示。打开"另存为"对话框，在"编码"选项中选择 UTF-8 选项，然后单击"保存"即可，如图 8-36 所示。

图 8-35　选择"另存为"菜单命令

图 8-36　"另存为"对话框

疑问 3：在发送 Ajax 请求时，是使用 GET 还是 POST？

与 POST 相比，GET 更简单也更快，并且在大部分情况下都能用。然而，在以下情况中，请使用 POST 请求。

（1）无法使用缓存文件（更新服务器上的文件或数据库）。

（2）向服务器发送大量数据（POST 没有数据量限制）。

（3）发送包含未知字符的用户输入时，POST 比 GET 更稳定也更可靠。

疑问 4：在指定 Ajax 的异步参数时，将该参数设置为 True 或 False？

Ajax 指的是异步 JavaScript 和 XML。XMLHttpRequest 对象如果要用于 Ajax 的话，其 open() 方法的 async 参数必须设置为 true，代码如下：

```
xmlhttp.open("GET","ajax_test.asp",true);
```

对于 web 开发人员来说，发送异步请求是一个巨大的进步。很多在服务器执行的任务都相当费时。Ajax 出现之前，这可能会引起应用程序挂起或停止。通过 Ajax，JavaScript 无须等待服务器的响应，而是在等待服务器响应时执行其他脚本，当响应就绪后对响应进行处理。

8.7 实战技能训练营

实战 1：制作图片相册效果。

Ajax 综合了各个方面的技术，不但能加快用户的访问速度，还可实现各种特效。下面就制作一个图片相册效果，来巩固 Ajax 技术的使用。程序运行效果如图 8-37 所示。

图 8-37　图片相册效果

实战 2：制作可自动校验的表单。

在表单的实际应用中，常常需要实时地检查表单内容是否合法，如在注册页面中经常会检查用户名是否存在，用户名不能为空等。Ajax 的出现使得这种功能的实现变得非常简单。

下面就来制作一个表单供用户注册使用，并要验证用户输入的用户是否存在，并给出提示，提示信息显示在用户名文本框后面的 span 标签中。程序运行的结果如图 8-38 所示。

如果在"用户名"输入框里面什么也不输入，当单击"注册"按钮后，则会在右侧出现提示，如图 8-39 所示。

图 8-38　程序运行结果　　　　　　　　图 8-39　用户名不能为空

如果输入"测试用户"，然后在"用户名"输入框右侧就会给出提示"该用户可以使用"，告知输入的用户名可以注册，运行结果如图 8-40 所示。

如果输入 zhangsan，然后"用户名"输入框右侧就会给出提示"该用户已存在"，告知输入的用户名已经存在，运行结果如图 8-41 所示。

图 8-40　输入用户名　　　　　　　　　图 8-41　用户名已经存在

第9章 jQuery的经典交互特效案例

本章导读

在网页交互特效的设计过程中，使用 jQuery 可以在一定程度上加快开发的速度，缩短项目开发周期，减少很多代码。本章将重点学习经典交互特效案例的设计方法和技巧，包括时间轴特效、tab 页面切换特效、滑动门特效、焦点图轮播特效、网页定位导航特效、瀑布流特效、弹出层效果、倒计时效果和抽奖效果等。

知识导图

9.1 设计时间轴特效

时间轴特效是一个按时间顺序描述一系列事件的方式，经常出现在开发项目中。

本节案例描述了一个星期的事件，从星期一到周日的课程。

实例1：设计商品采购计划

```html
<!DOCTYPE html>
<html lang="en">
<head>
    <meta charset="UTF-8">
    <title>设计时间轴特效</title>
    <link rel="stylesheet" href="bootstrap.
min.css">
    <style>
        *{margin:0;padding:0;}
        #bigbox{
            overflow: hidden;position:
relative;width: 650px;
            margin-left:50px;border-
bottom:2px solid black;
        }
        .timeLine{
            width: 1000%;height:45px;line-
height: 45px;font-weight:bold;list-
style: none;
            margin: 15px 100px;position:
relative;font-size: 20px;
        }
        .timeLine li{
            float: left;width:120px;
height:40px;line-height: 40px;text-
            align:center;
            margin: 0 10px;border-
radius:20%;

        }
        .timeLine .now{
            background-
color:red;color:white;
        }
        .box{
            width: 400px;
            height: 200px;
            border: 1px solid #000;
            overflow: hidden;
            position: relative;
            left: 180px;
            top: 30px;
        }
        #timeTable{
            width: 1000%;
            list-style: none;
            position: absolute;
            font-size: 40px;
            text-align: center;
            line-height:200px ;
        }
```

```html
        #timeTable li{
            width: 400px;
            height: 200px;
            float: left;
        }
        #left,#right{
            width: 40px;
            height: 40px;
            background: blue;
            color: white;
            text-align: center;
            font-size: 30px;
            position: absolute;
            border-radius: 50%;
        }
        #left{
            left: 60px;
            top:150px ;
        }
        #right{
            left: 650px;
            top:150px ;
        }
    </style>
</head>
<body>
<h2 align="center">本周商品采购计划</h2>
<div id="left"><</div>
<div id="bigbox">
    <ul class="timeLine">
        <li class="now">星期一</li>
        <li>星期二</li>
        <li>星期三</li>
        <li>星期四</li>
        <li>星期五</li>
    </ul>
</div>
<div id="right">></div>
<div class="box">
    <ul id="timeTable">
        <li>采购洗衣机2000台</li>
        <li>采购电视机5600台</li>
        <li>采购电冰箱3200台</li>
        <li>采购空调8900台</li>
        <li>采购电脑1800台</li>
    </ul>
</div>
<script src="jquery.min.js"></script>
<script>
    $(function(){
        var  nowIndex=0;//定义一个变量，
表示li的索引值
        var liIndex=$("#timeTable li").
```

```
length;//获取timeTable中li的个数
        //单击left时，判断li的索引值
        $("#left").click(function(){
            if(nowIndex>0){
                nowIndex=nowIndex-1;
            }
            else{
                nowIndex=liIndex-1;
            }
            change(nowIndex);
            change1(nowIndex);
        })
        //单击right时，判断li的索引值
        $("#right").click(function(){
            if(nowIndex<liIndex-1){
                nowIndex=nowIndex+1;
            }
            else {
                nowIndex=0;
            }
            change(nowIndex);
            change1(nowIndex);
        });
        // timeLine的移动方法
        function change(index){
            var ulmove=index*140;
                $(".timeLine").animate
({left:"-"+ulmove+"px"},50)
                        .find("li").
removeClass("now").eq(index).
addClass("now");
        }
        // timeTable的移动方法
        function change1(index){
            var ulmove=index*400;
                $("#timeTable").animate
```

```
({left:"-"+ulmove+"px"},100);
        }
    })
</script>
</body>
</html>
```

运行程序，效果如图 9-1 所示，单击左右箭头时，时间轴上的星期和下面的内容也随之发生变化，效果如图 9-2 所示。

图 9-1　页面加载效果

图 9-2　单击右面"箭头"后的页面效果

9.2　设计 tab 页面切换效果

tab 页面切换效果是各大网站都经常用的一种效果。下面通过案例来学习设计 tab 页面切换效果的方法。

实例 2：设计 tab 页面切换效果

本案例实现的原理是：main 中的某个 li 进行 mouseover 事件时，首先删除所有 li 的类名，使其全部显示初始颜色，然后给当前单击的按钮添加指定类名，使其显示另一种颜色蓝色。

本案例的 box 里面包括五个 li，li 全部隐藏，默认只显示一个。为 main 的每个 li 添加自定义属性 index，用来关联 box。然后给予 main 中的 li 相关联的 box 中的 li 添加指定的属性。

具体实现代码如下。

```html
<!DOCTYPE html>
<html>
<head>
    <meta charset="utf-8">
    <title>tab页面切换效果</title>
    <style>
        * {
            margin: 0;
            padding: 0;
        }
        ul{
            width: 400px;
            margin: 15px;
        }
        ul li {
            list-style: none;
        }
        .main li {
            text-align: center;
            float: left;
            width: 100px;
            border: 1px solid #000000;
            box-sizing:border-box;
            cursor: pointer;
        }
        .main .style1 {
            width: 100px;
            color: #fff;
            font-weight: bold;
            background-color: blue;
        }
        .box{
            width: 400px;
            height: 200px;
            background-color:#f3f2e7;
            border: 1px solid #837979;
            box-sizing:border-box;
            padding: 50px;
        }
        .box li{
            display: none;
        }
        p{
            margin-top: 15px;
        }
    </style>
</head>
<body>
<ul class="main">
    <li class="style1">家用电器</li>
    <li>办公设备</li>
    <li>食品酒类</li>
    <li>玩具乐器</li>
</ul>
<ul class="box">
    <li>
        <p>电视机</p>
        <p>空调</p>
        <p>洗衣机</p>
        <p>豆浆机</p>
    </li>
    <li>
        <p>电脑</p>
        <p>笔记本</p>
        <p>投影仪</p>
        <p>路由器</p>
    </li>
    <li>
        <p>牛肉</p>
        <p>鱼类</p>
        <p>白酒</p>
        <p>葡萄酒</p>
    </li>
    <li>
        <p>智益玩具</p>
        <p>拼装玩具</p>
        <p>钢琴</p>
        <p>电子琴</p>
    </li>
</ul>
</body>
</html>
<script src="jquery.min.js"></script>
<script>
    $(function () {
        //页面加载完成后，页面默认的效果
        $(".box li:eq(0)").show();
        //利用each方法遍历main中的每个li
        $(".main li").each(function(index){
            //为每个li绑定mouseover
            $(this).mouseover(function(){
                /*addClass()增加当前样式，removeClass()移除除当前单击之外的其他兄弟元素的样式，$(this)表示main中的每个li*/
                $(this).addClass("main style1").siblings().removeClass("style1");
                //根据$(this)的index属性关联box，显示相对应的内容
                $(".box li:eq("+index+")").show().siblings().hide();
            })
        })
    })
</script>
```

运行程序，结果如图9-3所示，当鼠标悬浮在每个分类元素上时，下面的内容也会随着改变，如图9-4所示。

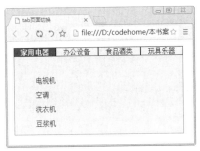

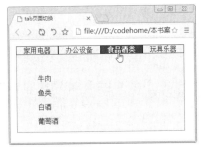

图 9-3　页面加载效果　　　　图 9-4　鼠标悬浮"食品酒类"后的页面效果

9.3　设计滑动门特效

当鼠标滑过图片时，图片如同滑动的门一样可以向上、下、左、右四个方向滑动，这就是滑动门的效果。

实例 3：设计滑动门特效

本节案例主要设计鼠标滑过元素 div 时向左滑动的效果。

```html
<!doctype html>
<html>
<head>
    <meta charset="UTF-8">
    <title>滑动门特效</title>
    <style>
        #container{
            position: relative;
            width: 850px;
            height: 400px;
            overflow: hidden;
        }
        .div1{
            position: absolute;
            width: 400px;
            height: 400px;
            color: white;
            font-size: 30px;
            font-weight: bold;
        }
        .first{background: #FF69B4;}
        .two{background:#00FF7F;}
        .three{background:#7A67EE;}
        .four{background:#B23AEE;}
    </style>
</head>
<body>
<div id="container">
    <div class="div1 first">滑动门一</div>
    <div class="div1 two">滑动门二</div>
```

```html
    <div class="div1 three">滑动门三</div>
    <div class="div1 four">滑动门四</div>
</div>
</body>
</html>
<script src="jquery.min.js"></script>
<script>
    $(function(){
        //获取每个div的宽度
        var width = $('.div1').eq(0).width();
        //设置叠在一起的div的宽度
        var overlap = 150;
        //初始化每个div的定位。
        function position() {
            /*第一个div的left为0，第二个为width+0*overlap，第三个为width+1*overlap，第四个为width+2*overlap*/
            for (var i = 0; i < $('.div1').length; i++){
                if(i > 0){
                    $('.div1').eq(i).css("left",(width+ overlap * (i - 1)+"px"))
                }
                else{
                    $('.div1').eq(i).css("left",0)
                }
            }
        }
        //调用初始化函数
        position();
        //计算鼠标滑过时需要移动的div移动的距离
        var move= width - overlap;
```

```
        for  (var i=0;i<$('.div1').
length;i++){
            //使用闭包，为每个div添加
mouseover事件
            (function(i){
                $('.div1').eq(i).
mouseover(function(){
                    //每次移动先初始化位置
                    position();
                    //除了第一个div之外，
第i个div之前的图片都向左移动move
                    if (i >= 1){
                        for (var j = 1;
j <= i; j++){
                            $('.div1').eq(j).css(
```

```
"left",$('.div1').eq(j).offset().
left-move+ 'px'
                            )
                        }
                    }
                })
            })(i);
        }
    })
</script>
```

程序运行效果如图 9-5 所示，当把鼠标滑过第二个 div 时，第二个 div 向左移动一定的距离，效果如图 9-6 所示。

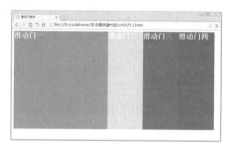

图 9-5　页面加载效果

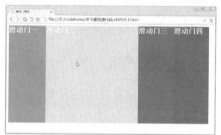

图 9-6　鼠标滑过第二个 div 时的页面效果

9.4　设计焦点图轮播特效

焦点图轮播一般是在网站很明显的位置，以图片组合播放的形式。据国外的设计机构调查统计，网站焦点图的单击率明显高于纯文字，在很多购物网主页面可以看到焦点图轮播特效。

▍实例 4：设计焦点图轮播特效

```
<!DOCTYPE html>
<html lang="en">
<head>
    <meta charset="UTF-8">
    <title>焦点图轮播效果</title>
    <style>
        *{
            margin:0;
            padding:0;
        }
        .box{
            width: 500px;
            height: 300px;
            margin: 30px auto;
            overflow: hidden;
            position: relative;

        }
        #ulList{
```

```
            list-style: none;
            width: 1000%;
            position: absolute;
        }
        #ulList li{
            width: 500px;  height: 300px;
float: left;
        }
        .olList{
            width: 300px;  height: 40px;
position: absolute;  left: 100px;
            bottom: 30px;  list-style:
none;
        }
        .olList li{
            float: left;  width: 40px;
height: 40px;  line-height: 40px;
            text-align: center;  margin:
0 10px ;  background-color: #fff;
            border-radius: 50%;
cursor:pointer;
```

```
            }
        .olList .now{
            background-color: red;
            color:#fff;
        }
        #left,#right{
            position:absolute;background
d:#0000FF;color:white;
                font-size:30px;font-
weight:bold;text-align: center;
            line-height:40px;border-
radius: 50%;
            width:40px;height:40px;curs
or:pointer;
        }
        #left{ left:0;top: 45%;}
        #right{ right:0;top: 45%; }
    </style>
</head>
<body>
<div class="box">
    <ul id="ulList">
            <li><img src="imgs/1.png"
alt="" width="100%"></li>
            <li><img src="imgs/2.png"
alt="" width="100%"></li>
            <li><img src="imgs/3.png"
alt="" width="100%"></li>
            <li><img src="imgs/4.png"
alt="" width="100%"></li>
    </ul>
    <ol class="olList">
        <li class="now">1</li>
        <li>2</li>
        <li>3</li>
        <li>4</li>
    </ol>
    <div id="left"><</div>
    <div id="right">></div>
</div>
</body>
</html>
<script src="jquery.min.js"></script>
<script>
    $(function(){
        //定义变量nowIndex=0; 用于表示li索
引值
        var  nowIndex=0;
         var liNumber=$("#ulList li").
length; //获取ulList中li的个数。
        //定义轮播的方法，包括ulList移动的
距离和olList中li的CSS样式的变化
        function change(index){
            var ulMove=index*500;//设置
ulList向左移动的距离
                $("#ulList").animate
({left:"-"+ulMove+"px"},500);
            //先移出olList所有li的"now"样
式，然后给对应的olList的li添加样式"now"
```

```
            $(".olList").find("li").
removeClass("now").eq(index).
addClass("now");
        }
    //使用setInterval()方法实现自动轮
播
        var useInt=setInterval
(function(){
        /*
            判断nowInterval与最大索
引值liNumber-1的大小，如果小于，
nowInterval++，如果大于或者等于时，
nowInterval=0,回到刚开始时的位置*/
            if(nowIndex<liNumber-1){
                nowIndex++;
            }else{
                nowIndex=0;
            }
            //调用轮播方法change(),并传入
索引值nowInterval
            change(nowIndex);
        },2500);  //设置每轮播一张的时间
2.5秒
            /*清除定时器后，重置定时器时，
调用的方法。也就是把8～15代码封装成了
useIntAgain()方法*/
        function useIntAgain(){
                useInt=setInterval
(function(){
if(nowIndex<liNumber-1){
                nowIndex++;
            }else{
                nowIndex=0;
            }
            change(nowIndex);
        },2500);}
    /*当鼠标悬浮在左边箭头left时，清除
定时器，移出时重置定时器，调用useIntAgain()
方法，让轮播图自动播放*/
$("#left").hover(function(){
        clearInterval(useInt);
    }, function(){
        useIntAgain();
    });
    /*给left添加单击事件，当我们单击左
箭头left时，先判断当前轮播图的索引值nowIndex
是否大于0，大于0时，nowIndex=nowIndex-1,
小于或等于0时，nowIndex=liNumber-1。其中调
用轮播方法change(),并传入判断的索引值*/
    $("#left").click(function(){
            nowIndex = (nowIndex > 0)?
(--nowIndex): (liNumber-1);
            change(nowIndex);
    })
    $("#right").hover(function(){
        clearInterval(useInt);
    },function(){
        useIntAgain();
    });
```

/*给right添加单击事件，当单击右箭头right时，先判断当前轮播图的索引值nowIndex是否小于最大索引值liNumber-1，

小于liNumber-1时，nowIndex=nowIndex+1，大于或等于liNumber-1时，nowIndex=0。调用轮播方法change()，并传入判断的索引值。调用轮播方法change()，并传入判断的索引值*/

```
$("#right").click(function(){
    nowIndex=
(nowIndex<liNumber-1)? (++nowIndex):
0
    change(nowIndex);
});
```

/*鼠标移入olList中的li时轮播的情况。

利用each()方法为olList中的每个li绑定一个函数*/

```
$(".olList li").each(function
(item){
```

/*使用hover()方法，当鼠标移入olList中的某个li时，清除定时器。这时索引值nowIndex=item；其中调用轮播方法change()，传入索引值nowIndex*/

```
    $(this).hover(function(){
        clearInterval(useInt);
        nowIndex = item;
        change(item);
```

/*当鼠标移出olList中的li时，重置定时器，调用useIntAgain()方法，让轮播图自动播放*/

```
    },function(){
        useIntAgain();
    });
});
})
</script>
```

运行程序，效果如图9-7所示，等待2.5秒后，焦点图开始自动轮播。如果单击左右箭头，即可按顺序切换焦点图；如果将鼠标悬浮在带数字的小圆点上时，焦点图将直接切换到对应的焦点图，效果如图9-8所示。

图 9-7　页面加载效果

图 9-8　切换图片效果

9.5　设计网页定位导航特效

本节案例实现网页定位导航效果。

实例5：设计时间轴特效

```
<!DOCTYPE html>
<html>
<head>
    <meta charset="UTF-8">
    <title>网页定位导航</title>
    <style>
        *{margin:0;padding:0;}
        #nav{
            position:fixed;top:100px;left:
50%;margin-left:-231px;width:80px;
        }
        #nav ul li{list-style:
none;}
        #nav ul li a{
            display: block;margin:5px
0;font-size:14px;font-weight:
bold;width:80px;height:50px;
            line-height:50px;text-
decoration: none;color:#333;text-align:
center;
        }
        #nav ul li a:hover,#nav ul li
a.style{

color:#fff;background:#FF8C00;
        }
        #content{    width:300px;
margin:0 auto;padding:20px;height:
```

```
2000px;}
        #content h1{ color:#000000; }
        #content .item{
          padding:20px;margin-
bottom:20px;border:1px solid
#FF8C00;box-sizing: content-box;
            height: 100px;
        }
        #content .item h2{
            font-size:16px;font-weight:
bold;margin-bottom:10px;
        }
    </style>
</head>
<body>
<div id="nav">
    <ul>
        <li><a href="#item1" class="style">
古诗1</a></li>
        <li><a href="#item2">古诗2</a></
li>
        <li><a href="#item3">古诗3</a></
li>
        <li><a href="#item4">古诗4</a></
li>
    </ul>
</div>
<div id="content">
    <h1>经典古诗欣赏</h1>
    <div id="item1" class="item">
        <h2>古诗1:明月何皎皎</h2>
        <p>明月何皎皎，照我罗床帏。</p>
        <p>忧愁不能寐，揽衣起徘徊。</p>
        <p>客行虽云乐，不如早旋归。</p>
        <p>出户独彷徨，愁思当告谁。</p>
        <p>引领还入房，泪下沾裳衣。</p>
    </div>
    <div id="item2" class="item">
        <h2>古诗2:客从远方来</h2>
        <p>客从远方来，遗我一端绮。</p>
        <p> 相去万余里，故人心尚尔。</p>
        <p>文彩双鸳鸯，裁为合欢被。</p>
        <p>著以长相思，缘以结不解。</p>
        <p>以胶投漆中，谁能别离此。</p>
    </div>
    <div id="item3" class="item">
        <h2>古诗3:孟冬寒气至</h2>
        <p>孟冬寒气至，北风何惨栗。</p>
        <p>愁多知夜长，仰观众星列。</p>
        <p>三五明月满，四五蟾兔缺。</p>
        <p>客从远方来，遗我一书札。</p>
        <p>上言长相思，下言久离别。</p>
    </div>
    <div id="item4" class="item">
        <h2>古诗4:生年不满百</h2>
        <p>生年不满百，常怀千岁忧。</p>
        <p>昼短苦夜长，何不秉烛游。</p>
        <p> 为乐当及时，何能待来兹。</p>
        <p>愚者爱惜费，但为後世嗤。</p>
```

```
        <p>仙人王子乔，难可与等期。</p>
    </div>
</div>

</body>
</html>
<script src="jquery.min.js"></script>
<script>
    //调用jQuery中的scroll()方法，当用户滚
动浏览器窗口时，执行函数
    $(document).ready(function(){
        $(window).scroll(function(){
            //获取垂直滚动的距离　即当前滚动
的地方的窗口顶端到整个页面顶端的距离
                var top=$(document).
scrollTop();
            //使用each()遍历content中的每
个div，并为每个div设置一个方法
                $("#content div").each
(function(index){
                //把遍历的每个div赋值给m，
m指$("#content div").eq(index)
                    var m=$(this); //$
("#content div").eq(index)
                //获取content中的每个div
距离浏览器窗口顶部的距离
                    var itemTop=m.offset().
top;
                //断滚动条与导航条的关系。当
大部分内容出现时，导航条焦点就会跳到相应的位置
                if(top>itemTop-100){
                    //根据$("#content
div")中的id，拼接当前导航条中a标签的id
                        var styleId="#"+m.
attr("id");//attr()方法返回"m"的id。
                    //删除所有a标签的
style样式
                        $("#nav").find
("a").removeClass("style");
                    //导航条焦点所在位置的a
标签添加style样式
                        $("#nav").find
("[href='"+styleId+"']").addClass
("style");
                }
            });
        });
    });
</script>
```

　　运行程序，结果如图 9-9 所示；单击左边的固定导航时，右边的内容跟着切换，如图 9-10 所示；滑动滚动条时，左边的导航也随着右边内容的展示而进行颜色切换。网页定位导航非常适合展示内容较多和区块划分又很明显的页面。

图 9-9 页面加载效果　　　　图 9-10 单击左侧"古诗 2"效果

9.6 设计导航条菜单效果

导航条菜单效果，就是当鼠标放到导航条上时，会弹出一个对应的下拉菜单。这与 tab 栏很像，不同的是当不操作导航条时，下拉菜单一直是隐藏的。

▌实例 6：设计导航条菜单效果

```html
<!doctype html>
<html>
<head>
    <meta charset="UTF-8">
    <title>导航条菜单效果</title>
    <style>
        //在Position属性值为absolute的同
时，如果有一级父对象（无论是父对象还是祖父对
象，或者再高的辈分，一样）的Position属性值为
Relative时，则上述的相对浏览器窗口定位将会变
成相对父对象定位，这对精确定位是很有帮助的。
        *{
            margin: 0;
            padding: 0;
            list-style-type:none;
        }
        .nav{
            width: 605px;
            height:40px;
            line-height: 40px;
            text-align: center;
            font-size: 20px;
            position: relative;
            background: #8B8B7A;
            margin: 20px auto;
        }
        .nav-main{
            width: 100%;
```
```css
            height: 100%;
            list-style: none;
        }

        .nav-main>li{
            width: 120px;
            height: 100%;
            float: left;
            background: #8B8B7A;
            color: #fff;
            cursor:pointer;
        }
        .nav-main>li:hover{
            background:#8B8B7A;
        }
        /*隐藏菜单盒子属性的设置*/
        .hidden{
            width:120px;
            font-size: 16px;
            border:1px solid #8B8B7A;
            box-sizing: border-box;
            border-top:0;
            position:absolute;
            display:none;
            background:#fff;
            top:40px;
        }
        .hidden>ul{
            list-style: none;
            cursor: pointer;
```

```
        }
        .hidden li:hover{
            background:#8B8B7A;
            color: #fff;
        }
        /*隐藏菜单盒子位置的设置*/
        #box1{left: 121px;}
        #box2{left: 242px;}
        #box3{left: 363px;}
        #box4{left:485px;}
    </style>
</head>
<body>
<!--nav-->
<div class="nav">
    <!--导航条-->
    <ul class="nav-main">
        <li>首页</li>
        <li id="li1">经典课程</li>
        <li id="li2">热门技术</li>
        <li id="li3">联系我们</li>
    </ul>
    <!--隐藏盒子-->
    <div id="box1" class="hidden">
        <ul>
            <li>网络安全训练营</li>
            <li>网站开发训练营</li>
            <li>人工智能训练营</li>
            <li>PHP开发训练营</li>
        </ul>
    </div>
    <div id="box2" class="hidden">
        <ul>
            <li>Python技术</li>
            <li>Java技术</li>
            <li>PHP技术</li>
        </ul>
    </div>
    <div id="box3" class="hidden">
        <ul>
            <li>联系我们</li>
            <li>团队介绍</li>
            <li>联系方式</li>
        </ul>
    </div>
```

```
    </div>
</body>
</html>
<script src="jquery.min.js"></script>
<script>
    $(document).ready(function(){
        //定义变量num，后面用于接收id的最后
一个字符串
        var num;
        $('.nav-main>li').hover
(function(){
            /*下拉框出现*/
            var Obj = $(this).attr
('id');/*获取$('.nav-main>li')的id，通
过console.log(Obj)可以在后台看到*/
            //判断有id的li
            console.log(Obj)
            if(Obj!=null){
                num =Obj.charAt(Obj.
length-1);//获取id的最后一个字符串
            }else{
                num=null;
            }
            $('#box'+num).slideDown
(200);//'#box-'+num是拼接的id名
            //滑动完成后执行的函数
        },function(){
            /*下拉框消失*/
            $('#box'+num).hide();
        });
        $('.hidden').hover(
            function(){
                $(this).show();
                //滑动完成后执行的函数
            }, function(){
                $(this).slideUp(200);
            });
    });
</script>
```

　　运行程序，效果如图 9-11 所示。当鼠标悬浮在除了"首页"以外的导航条上时，相应的下拉菜单会显示出来，并且菜单栏里的分类也可以选择，如图 9-12 所示。

图 9-11　页面加载效果

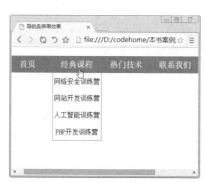

图 9-12　下拉菜单显示效果

9.7 设计瀑布流特效

瀑布流是一种网站的页面布局，视觉上参差不齐、多栏，随着页面不断的滚动，页面底部会不断加载数据。

▌实例 7：设计瀑布流特效

```html
<!doctype html>
<html>
<head>
    <meta charset="UTF-8">
    <title>瀑布流特效</title>
    <style>
        *{margin: 0;padding: 0;}
        .waterfall {
            float:left;
            list-style:none;
            padding: 15px;
        }
        .waterfall li {
            box-shadow: 0 1px 1px 0;
        }
    </style>
</head>
<body>
<div id="box">
    <ul class="waterfall">
        <li><img src="imgs/5.png"/></li>
        <li><img src="imgs/6.png"/></li>
        <li><img src="imgs/7.png"/></li>
        <li><img src="imgs/9.png"/></li>
    </ul>
    <ul class="waterfall">
        <li><img src="imgs/9.png"/></li>
        <li><img src="imgs/5.png"/></li>
        <li><img src="imgs/6.png"/></li>
        <li><img src="imgs/7.png"/></li>
    </ul>
    <ul class="waterfall">
        <li><img src="imgs/9.png"/></li>
        <li><img src="imgs/7.png"/></li>
        <li><img src="imgs/5.png"/></li>
        <li><img src="imgs/6.png"/></li>
    </ul>
</div>
</body>
</html>
<script src="jquery.min.js"></script>
<script>
    //调用jQuery中的scroll()方法，当用户滚动浏览器窗口时，执行函数
    $(function(){
        $(document).scroll(function(){
            //获取浏览器窗口滚动的垂直距离
            var top=$(document).scrollTop();
            //使用each()遍历每个waterfall，并为每个waterfall设置一个方法
            $(".waterfall").each(function(index){
                //把遍历的每个waterfall赋值给pic
                var pic=$(".waterfall").eq(index);
                //pic.offset().top 获得pic的位移高度
                var bottom =pic.offset().top+pic.height();
                if((top+$(window).height())>=bottom){
                    /*执行复制waterfall中的li，并把它添加到waterfall中。这样就实现了，不断加载数据块并附加至底部*/
                    var li=$('.waterfall li').clone(true);
                    $(".waterfall ").append(li);
                }
            })
        });
    });
</script>
```

运行程序，效果如图 9-13 所示，当向下滚动时滚动条时，效果如图 9-14 所示。

图 9-13　页面加载效果

图 9-14　向下滚动滚动条效果

9.8　设计弹出层效果

弹出层效果多用于表单验证，例如登录成功或注册成功时，会弹出一个层来表示是否成功的消息。实现弹出层的思路很简单：就是将内容先隐藏，在触发某种条件后（如单击按钮），将原本隐藏的内容显示出来。

▍ 实例 8：设计弹出层效果

```html
<!DOCTYPE html>
<html lang="en">
<head>
    <meta charset="UTF-8">
    <title>弹出层特效</title>
    <style>
        *{padding:0;margin:0;}
        ul{list-style:none;margin:15px
auto;}
        li{
            float:left;
            font-size:30px;
            margin-left:15px;
            border-bottom:2px solid purple;
            cursor:pointer;
        }
        .modals {
            display: none;
            width: 600px;
            height:350px;
            position: absolute;
            top: 0;left:0;bottom: 0;right: 0;
            margin: auto;
            padding: 25px;
            border-radius: 8px;
            background-color: #fff;
            box-shadow: 0 3px 18px rgba
(0,0,255,0.5);
        }
        .head{
```

```html
            height:40px;   width:100%;
border-bottom: 1px solid gray;
        }
        .head h2{
            float: left;
        }
        .head span{
            float: right;cursor:
pointer;font-weight:bold;display:block;
        }
        .foot{
            height:50px;line-
height:50px;width:100%;border-top:1px
solidgray;text-align: right;
        }
        .comment,.foot-close{
            padding:8px 15px;margin:10px
5px;  border: none;
            border-radius: 5px;background-color:
#337AB7;color: #fff;cursor:pointer;
        }
        .comment{
            background-color:#FFF;border:1px
#CECECE solid;color: #000;
        }
        .box{
            width:550px;
            height: 250px;
            padding-top:20px;
            padding-left:20px;
            line-height:35px;
            text-indent:2em;
```

155

```
        }
    </style>
</head>
<body>
<ul>
    <li class="click1">苹果</li>
    <li class="click2">香蕉</li>
    <li class="click3">葡萄</li>
</ul>
<!--弹出框-->
<div class="modals">
    <div class="head">
        <h2>苹果</h2>
         <span class="modals-close">X</span>
    </div>
    <div class="box">
        <p>
            苹果是蔷薇科苹果亚科苹果属植
物，其树为落叶乔木。苹果营养价值很高，富含矿物
质和维生素，含钙量丰富，有助于代谢掉体内多余盐
分，苹果酸可代谢热量，防止下半身肥胖。 苹果是
一种低热量的食物，每100克产生大约60千卡左右的
热量。苹果中营养成分可溶性大，容易被人体吸收，
故有"活水"之称。它有利于溶解硫元素，使皮肤润
滑柔嫩。
        </p>
    </div>
</div>
```

```
    <div class="foot">
        <input type="button" value="购买"
class="comment" />
        <input type="button" value="关闭"
class="foot-close modals-close"/>
    </div>
</div>
</body>
</html>
<script src="jquery.min.js"></script>
<script>
    $(function(){
            $('.modals-close').click
(function () {
            $('.modals').hide();
        });
         $('.click1').click(function
() {
            $('.modals').show();
        });
    })
</script>
```

运行程序，效果如图9-15所示，单击"苹果"时，会弹出一个对话框，里面内容是对苹果的介绍，效果如图9-16所示。

图9-15　页面加载效果

图9-16　弹出对话框效果

9.9　设计倒计时效果

一说到倒计时效果，大家肯定不会陌生，各大商场打折时间，一般都是采取倒计时的形式。或者各大网上商城，各种各样的倒计时都有。setInterval()方法是实现倒计时的关键，它用来设定一个时间，时间到了，就会执行一个指定的方法。

本节案例是计算当前时间距离2020年1月1日还有多长时间。

实例 9：设计倒计时效果

```html
<!DOCTYPE html>
<html>
<head>
    <meta charset="UTF-8">
    <title>设计倒计时效果</title>
    <style>
        h1 {
            font-size:30px;
            margin:20px 0;
            border-bottom:solid 1px #cccccc;
        }
        .time div{
            width: 80px;
            height: 50px;
            font-size: 30px;
            color: white;
            float: left;
            text-align: center;
            line-height: 50px;
            background: limegreen;
            margin-left: 15px;

        }
    </style>
</head>
<body>
<h1>距离2023年1月1日还有多长时间？</h1>
<div class="time">
    <div id="day">0天</div>
    <div id="hour">0时</div>
    <div id="minute">0分</div>
    <div id="second">0秒</div>
</div>
</body>
</html>
<script src="jquery.min.js"></script>
<script>
    $(function(){
            var date=new Date().
getTime();//获取当前的时间距离1970年1月1日
的毫秒数
        var date1=new Date(2023,1,1).getTime();/*
获取2023年1月1日距离1970年1月1日的毫秒数*/
            var value=(date1-date)
/1000;//2020年1月1日距离当前时间的秒数差值
            var integer= parseInt
(value);//倒计时总秒数量
        function timer(size){
                window.setInterval
(function(){
                    if(size>0){
                        var day=Math.floor
(size/(60*60*24));
                        var hour=Math.floor
(size/(60*60))-(day*24);
                        var minute=Math.floor
(size/60)-(day*24*60)-(hour*60);
                        var second=
Math.floor(size)-(day*24*60*60)-
(hour*60*60)
-(minute*60);
                    }else{
                        alert('时间已过期')
                    }
                    if (minute <= 9)
{minute='0'+minute}/*如果一个小时里分钟小
于10分中的时，前面加上0
                    if (second <= 9)
{second='0'+second}
                        $('#day').html(day+"
天");
                        $('#hour').html
(hour+'时');
                        $('#minute').html
(minute+'分');
                        $('#second').html
(second+'秒');
                    size--;
                }, 1000);
            }
            timer(integer);
    });
</script>
```

运行程序，结果如图 9-17 所示。

图 9-17　倒计时效果

9.10　设计抽奖效果

本章节将设计一个抽奖的效果，转盘和奖区有两张图片构成，当单击转盘时，转盘会旋转随机角度，指针执行那块奖区，弹出对应的奖品信息。

本案例对抽奖次数进行了限制，这里设置了只能抽 3 次，而且设置了"汽车"永远不会被抽到。

实例 10：设计抽奖效果

本案例中引入了 jQuery 中的旋转插件 jQueryRotate.js，调用其中的 rotate() 方法来使转盘旋转。

> **注意**：要先引入 jquery.js 文件，然后引入 jQueryRotate.js 文件。

```html
<!DOCTYPE html>
<html>
<head>
    <meta charset="UTF-8">
    <title>抽奖效果</title>
    <style>
        #div1{
            position: absolute;
        }
        #div2{
            position: absolute;
            left: 232px;
            top: 235px;
        }
    </style>
</head>
<body>
<div id="div1"><img src="imgs/back.jpg" alt=""></div>
<div id="div2"><img src="imgs/start.png" alt=""></div>
</body>
</html>
<script src="jquery.min.js"></script>
<script src="jQueryRotate.js"></script>
<script>
    $(function(){
        var rotateAngle;
        var a=0;
        $("#div2").click(function(){
            a++;
            if(a>3){
                alert('你只有3次机会');
                return;
            }
            rotateAngle=Math.random()*360;//随机角度
            if(0<rotateAngle<=51.2){
                rotateAngle=Math.random()*300+60;
            }
            $(this).rotate({
                duration:3000,//旋转时间3秒
                angle:0,//角度从0开始
                animateTo:rotateAngle+360*5,
                callback:function(){
                    call();
                }
            })
        });
        function call(){
            if(0<rotateAngle&&rotateAngle<=51.2){
                alert("恭喜你，中了特等奖，一辆宝马");
                return;
            }
            else if(51.2<rotateAngle&&rotateAngle<=102.4){
                alert("很遗憾，谢谢参与");
                return;
            }
            else if(102.4<rotateAngle&&rotateAngle<=153.6){
                alert("恭喜你，中了100元");
                return;
            }
            else if(153.6<rotateAngle&&rotateAngle<=204.8){
                alert("恭喜你，中了三等奖500元");
                return;
            }
            else if(204.8<rotateAngle&&rotateAngle<=256){
                alert("恭喜你，中了一等奖5000元");
                return;
            }
            else if(256<rotateAngle&&rotateAngle<=307.2){
                alert("很遗憾，谢谢参与");
                return;
            }
            else{
                alert("恭喜你，中二等奖1000元");
                return;
            }
        }
    })
</script>
```

运行程序，结果如图 9-18 所示。单击转盘抽奖时，转盘转动随机角度，弹出对应的奖品，如图 9-19 所示。当单击次数超过 3 次时，会弹出"你只有 3 次机会"，如图 9-20 所示。

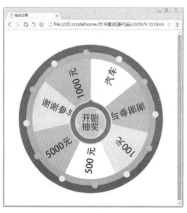

图 9-18　页面加载效果

图 9-19　抽奖效果

图 9-20　限制抽奖次数

9.11　新手常见疑难问题

▌疑问 1：window.onload() 函数和 $(document).ready(function(){})方法的区别在哪里？

它们的区别如下。

（1）执行时间的不同：window.onload() 必须等到页面内所有元素加载到浏览器中后才能执行。而 $（document）.ready（function(){}）是 DOM 结构加载完毕后就会执行。

（2）编写个数的不同：window.onload() 不能同时编写多个，如果有多个 window.onload()，则只有最后一个会执行，它会把前面的都覆盖掉。$（document）.ready（function(){}）则不同，它可以编写多个，并且每一个都会执行。

（3）简写方法的不同：window.onload() 没有简写的方法，$（document）.ready（function(){}）可以简写为 $（function(){}）。

▌疑问 2：jQuery 中什么是链式操作方式？

jQuery 中的链式操作方式是最有特色的功能之一。对发生在同一个 jQuery 对象上的一组行为，直接接连地写，像链子一样，无须重复获取对象。jQuery 的链式操作有助于提高性能，不用去重复获取 DOM 元素。

9.12 实战技能训练营

实战 1：设计 3D 圆盘旋转焦点图。

本案例要求使用 jQuery 设计一个 3D 圆盘旋转焦点图，程序运行效果如图 9-21 所示。使用鼠标拖动滑块即可实现图片旋转效果，另外还支持滚动鼠标滚轮实现图片旋转效果。

▌实战 2：设计飘带式下拉菜单。

本案例要求使用 jQuery 设计一个飘带式下拉菜单，程序运行效果如图 9-22 所示。

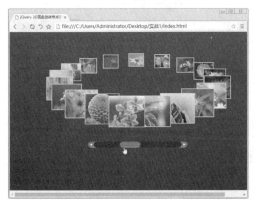

图 9-21　3D 圆盘旋转焦点图

图 9-22　飘带式下拉菜单

第10章 jQuery Mobile快速入门

📑 **本章导读**

　　jQuery Mobile 是用于创建移动 Web 应用的前端开发框架。jQuery Mobile 框架通常应用于智能手机与平板电脑，可以解决不同移动设备上网页显示界面不统一的问题。本章将重点学习 jQuery Mobile 的基础知识和使用方法。

📖 **知识导图**

10.1　认识 jQuery Mobile

jQuery Mobile 是 jQuery 在手机和平板设备上的版本。jQuery Mobile 不仅会给主流移动平台带来 jQuery 核心库，而且会发布一个完整统一的 jQuery 移动 UI 框架。通过 jQuery Mobile 制作的网页能够支持全球主流的移动平台，而且浏览网页时，能够拥有操作应用软件一样的触碰和滑动效果。

jQuery Mobile 的优势如下。

（1）简单易用：jQuery Mobile 简单易用。页面开发主要使用标签，无需或仅需很少的 JavaScript。jQuery Mobile 通过 HTML5 标签和 CSS3 规范来配置和美化页面，对于已经熟悉 HTML5 和 CSS3 的读者来说，上手非常容易，架构清晰。

（2）跨平台：目前大部分的移动设备浏览器都支持 HTML5 标准和 jQuery Mobile，所以可以实现跨不同的移动设备。例如 Android、Apple IOS、BlackBerry、Windows Phone、Symbian 和 MeeGo 等。

（3）提供丰富的函数库：常见的键盘、触碰功能等，开发人员不用编写代码，只需经过简单的设置，就可以实现需要的功能，大大减少了程序员开发的时间。

（4）丰富的布景主题和 ThemeRoller 工具：jQuery Mobile 提供了布局主题，通过这些主题，可以轻松快速地创建绚丽多彩的网页。通过使用 jQuery UT 的 ThemeRoller 在线工具，只需要在下拉菜单中进行简单地设置，就可以制作出丰富多彩的网页风格，并且可以将代码下载下来应用。

jQuery Mobile 的操作流程如下：

（1）创建 HTML5 文件。

（2）载入 jQuery、jQuery Mobile 和 jQuery Mobile CSS 链接库。

（3）使用 jQuery Mobile 定义的 HTML 标准，编写网页架构和内容。

10.2　跨平台移动设备网页 jQuery Mobile

学习移动设备的网页设计开发，遇到最大的难题是跨浏览器支持的问题。为了解决这个问题，jQuery 推出了新的函数库 jQuery Mobile，主要用于统一当前移动设备的用户界面。

10.2.1　移动设备模拟器

网页制作完成后，需要在移动设备上预览最终的效果。为了方便预览，用户可以使用移动设备模拟器，常见的移动设备模拟器是 Opera Mobile Emulator。

Opera Mobile Emulator 是一款针对电脑桌面开发的模拟移动设备的浏览器，几乎完全重现 opera mobile 手机浏览器的使用效果，可自行设置需要模拟的不同型号的手机和平板电脑配置，然后电脑上模拟各类手机等移动设备访问网站。

Opera Mobile Emulator 的下载网址：http://www.opera.com/zh-cn/developer/mobile-emulator/，根据不同的系统选择不同的版本，这里选择 Windows 系统下的版本，如图 10-1 所示。

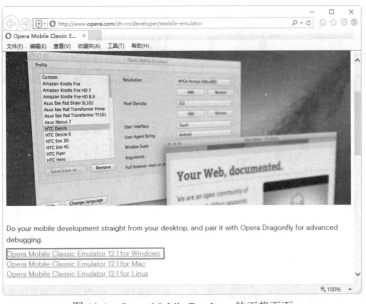

图 10-1　Opera Mobile Emulator 的下载页面

　　下载并安装之后启动 Opera Mobile Emulator，打开如图 10-2 所示的窗口，在"资料"列表中选择移动设备的类型，这里选择 LG Optimus 3D 选项，单击"启动"按钮。

　　打开欢迎界面，用户可以单击不同的链接，查看该软件的功能，如图 10-3 所示。

图 10-2　参数设置界面

图 10-3　欢迎界面

　　单击"接受"按钮，打开手机模拟器窗口，在"输入网站"文本框中输入需要查看网页效果的地址即可，如图 10-4 所示。

　　例如，这里直接单击"当当网"图标，即可查看当当网在该移动设备模拟器中的效果，如图 10-5 所示。

　　Opera Mobile Emulator 不仅可以查看移动网页的效果，还可以任意调整窗口的大小，从而可以查看不用屏幕尺寸的效果，这点也是 Opera Mobile Emulator 与其他移动设备模拟器相比最大的优势。

图 10-4　手机模拟器窗口

图 10-5　查看预览效果

10.2.2　jQuery Mobile 的安装

想要开发 jQuery Mobile 网页，必须要引用 JavaScript 函数库（.js）、CSS 样式表和配套的 jQuery 函数库文件。常见的引用方法有以下两种。

1. 直接引用 jQuery Mobile 库文件

从 jQuery Mobile 的官网下载该库文件（网址是 http://jquerymobile.com/download/），如图 10-6 所示。

图 10-6　下载 jQuery Mobile 库文件

下载完成即可解压，然后直接引用文件即可，代码如下：

```
<head>
<meta name="viewport" content="width=device-width, initial-scale=1">
```

```
<link rel="stylesheet" href="jquery.mobile/jquery.mobile-1.4.5.css">
<script src="jquery.min.js"></script>
<script src="jquery.mobile/jquery.mobile-1.4.5.js"></script>
</head>
```

> **注意**：将下载的文件解压到和网页位于同一目录下，并且命名文件夹为 jquery.mobile，否则会无法引用而报错。

细心的读者会发现，在 <script> 标签中没有插入 type="text/javascript"，这是因为所有的浏览器中 HTML5 的默认脚本语言就是 JavaScript，所以在 HTML5 中已经不再需要该属性。

2. 从 CDN 中加载 jQuery Mobile

CDN 的全称是 Content Delivery Network，即内容分发网络。其基本思路是尽可能避开互联网上有可能影响数据传输速度和稳定性的瓶颈和环节，使内容传输得更快、更稳定。

使用 CDN 中加载 jQuery Mobile，用户不需要在电脑上安装任何东西。用户仅仅需要在网页中加载层叠样式（.css）和 JavaScript 库（.js）就能够使用 jQuery Mobile。

用户可以从 jQuery Mobile 官网中查找引用路径，网址是：http://jquerymobile.com/download/，进入该网站后，找到 jQuery Mobile 的引用链接，然后将其复制后添加到 HTML文件 <head> 标签中即可，如图 10-7 所示。

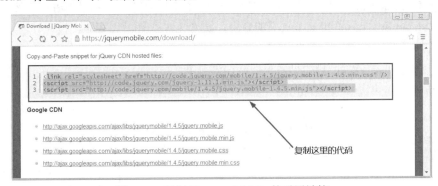

图 10-7　复制 jQuery　Mobile 的引用链接

将代码复制到 <head> 标签块内，代码如下所示。

```
<head>
<!-- meta使用viewport以确保页面可自由缩放 -->
<meta name="viewport" content="width=device-width, initial-scale=1">
<!-- 引入 jQuery Mobile 样式 -->
  <link rel="stylesheet" href="http://code.jquery.com/mobile/1.4.5/jquery.mobile-
1.4.5.min.css">
<!-- 引入 jQuery 库 -->
  <script src="http://code.jquery.com/jquery-1.11.1.min.js"></script>
<!-- 引入 jQuery Mobile 库 -->
  <script src="http://code.jquery.com/mobile/1.4.5/jquery.mobile-1.4.5.min.js"></
script>
  </head>
```

> **注意**：由于 jQuery Mobile 函数库仍然在开发中，所以引用的链接中的版本号可能会与本书不同，请使用官方提供的最新版本，只要按照上述方法将代码复制下来引用即可。

10.2.3 jQuery Mobile 网页的架构

jQuery Mobile 网页是由 header、content 与 footer 3 个区域组成的架构，利用 <div> 标签加上 HTML5 自定义属性 data-* 来定义移动设备网页组件样式，最基本的属性 data-role 可以用来定义移动设备的页面架构，语法格式如下：

```
<div data-role="page">
    <!—开始一个page-->
    <div data-role="header">
        <h1>这个是标题</h1>
    </div>
    <div data-role="main" class="ui-content">
        <p>这里是内容</p>
    </div>
    <div data-role="footer">
        <h1>底部文本</h1>
    </div>
</div>
```

上述代码分析如下：

（1）data-role="page" 是在浏览器中显示的页面。

（2）data-role="header" 是在页面顶部创建的工具条，通常用于标题或者搜索按钮。

（3）data-role="main" 定义了页面的内容，比如文本，图片，表单，按钮等。

（4）"ui-content" 类用于在页面添加内边距和外边距。

（5）data-role="footer" 用于创建页面底部工具条。

在 Opera Mobile Emulator 模拟器中预览效果如图 10-8 所示。

图 10-8　程序预览效果

从结果可以看出，jQuery Mobile 网页以页（page）为单位，一个 HTML 页面可以放一个页面，也可以放多个页面，只是浏览器每次只会显示一页，如果有多个页面，需要在页面中添加超链接，从而实现多个页面的切换。

10.3 创建多页面的 jQuery Mobile 网页

本实例将使用 jQuery Mobile 制作一个多页面的 jQuery Mobile 网页，并创建多个页面。使用不同的 id 属性来区分不同的页面。

实例1：创建多页面的 jQuery Mobile 网页

```
<!DOCTYPE html>
<html>
<head>
    <meta charset="UTF-8">
    <meta name="viewport" content=
"width=device-width, initial-scale=1">
    <link rel="stylesheet" href=
"jquery.mobile/jquery.mobile-1.4.5.min.
css">
    <script src="jquery.min.js"></
script>
    <script src="jquery.mobile/jquery.
mobile-1.4.5.min.js"></script>
</head>
<body>
<div data-role="page" id="first">
    <div data-role="header">
        <h1>老码识途课堂</h1>
    </div>
    <div data-role="main" class="ui-
content">
        <h3>网络安全对抗训练营</h3>
        <p>网络安全对抗训练营在剖析用户进行
黑客防御中迫切需要或想要用到的技术时，力求对其
进行"傻瓜"式的讲解，使学生对网络防御技术有一
个系统的了解，能够更好地防范黑客的攻击。</p>
        <a href="#second">下一页</a>
    </div>
```

```
    <div data-role="footer">
        <h1>打造经典IT课程</h1>
    </div>
</div>
<div data-role="page" id="second">
    <div data-role="header">
        <h1>老码识途课堂</h1>
    </div>
    <div data-role="main" class="ui-
content">
        <h3>网站前端开发训练营</h3>
        <p>网站前端开发的职业规划包括网页制
作、网页制作工程师、前端制作工程师、网站重构工
程师、前端开发工程师、资深前端工程师、前端架构
师。</p>
        <a href="#first">上一页</a>
    </div>
    <div data-role="footer">
        <h1>打造经典IT课程</h1>
    </div>
</div>
</body>
</html>
```

在 Opera Mobile Emulator 模拟器中预览效果如图 10-9 所示。单击"下一页"超链接，即可进入第二页，如图 10-10 所示。单击"上一页"超链接，即可返回到第一页中。

图 10-9　程序预览效果

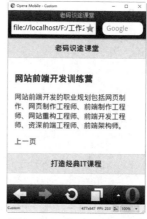

图 10-10　第二页预览效果

10.4　创建模态页

jQuery Mobile 模态页面也称为模态对话框，它是一个带有圆角标题栏和关闭按钮的浮动层，以独占方式打开，背景被遮罩层覆盖，只有关闭模态页后才能执行其他操作。

jQuery Mobile 通过 data-dialog 属性来创建模态页：

```
data-dialog="true"
```

实例 2：创建模态页

```html
<!DOCTYPE html>
<html>
<head>
  <meta charset="UTF-8">
    <meta name="viewport" content=
"width=device-width, initial-scale=1">
    <link rel="stylesheet" href="jquery.
mobile/jquery.mobile-1.4.5.min.css">
    <script src="jquery.min.js"></script>
    <script src="jquery.mobile/jquery.
mobile-1.4.5.min.js"></script>
</head>
<body>
<div data-role="page" id="first">
  <div data-role="header">
      <h1>老码识途课堂</h1>
  </div>
    <div data-role="main" class="ui-
content">
        <h3>1.网络安全对抗训练营  <a
href="#second">课程详情</a></h3>
        <h3>2.网站前端开发训练营<a
href="#third">课程详情</a></h3>
        <h3>3.Python爬虫智能训练营<a
href="#Fourth">课程详情</a></h3>
    </div>
    <div data-role="footer">
      <h1>打造经典IT课程</h1>
    </div>
</div>
<div data-role="page" data-dialog="true"
id="second">
    <div data-role="header">
      <h1>网络安全课程 </h1>
    </div>

    </div>
    <div data-role="footer">
      <h1>打造经典IT课程</h1>
    </div>
</div>
<div data-role="page" data-dialog="true"
id="third">
  <div data-role="header">
      <h1>网站前端课程 </h1>
  </div>
    <div data-role="main" class="ui-
content">
        <p>网站前端开发的职业规划包括网页制作、
网页制作工程师、前端制作工程师、网站重构工程
师、前端开发工程师、资深前端工程师、前端架构
师。</p>
        <a href="#first">上一页</a>
    </div>
    <div data-role="footer">
      <h1>打造经典IT课程</h1>
    </div>
</div>
<div data-role="page" data-dialog="true"
id="Fourth">
    <div data-role="header">
      <h1>Python课程 </h1>
    </div>
    <div data-role="main" class="ui-
content">
        <p>人工智能时代的来临，随着互联网数据越
来越开放，越来越丰富。基于大数据来做的事也越来
越多。数据分析服务、互联网金融、数据建模、医疗
病例分析、自然语言处理、信息聚类，这些都是大数
据的应用场景，而大数据的来源都是利用网络爬虫来
实现。</p>
    <a href="#first">上一页</a>
    </div>
    <div data-role="footer">
      <h1>打造经典IT课程</h1>
    </div>
</div>
</body>
</html>
```

在 Opera Mobile Emulator 模拟器中预览
效果如图 10-11 所示。单击任意一个课程右
侧的"课程详情"链接，即可打开一个课程
详情的模态页，如图 10-12 所示。

图 10-11　程序预览效果

图 10-12　模态页预览效果

从结果可以看出，模态页与普通页面不同，它显示在当前页面上，但又不会填充完整的页面，顶部图标 ⊗ 用于关闭模态页，单击"上一页"链接，也可以关闭模态页。

10.5　绚丽多彩的页面切换效果

jQuery Mobile 提供了各种页面切换到下一个页面的效果。主要通过设置 data-transition 属性来完成各种页面切换效果，语法规则如下：

```
<a href="#link" data-transition="切换效果">切换下一页</a>
```

切换效果有很多，如表 10-1 所示。

表 10-1　页面切换效果

页面效果参数	含义
fade	默认的切换效果。淡入到下一页
none	无过渡效果
flip	从后向前翻转到下一页
flow	抛出当前页，进入下一页
pop	像弹出窗口那样转到下一页
slide	从右向左滑动到下一页
slidefade	从右向左滑动并淡入到下一页
slideup	从下到上滑动到下一页
slidedown	从上到下滑动到下一页
turn	转向下一页

> **注意**：在 jQuery Mobile 的所有链接上，默认使用淡入淡出的效果。

例如，设置页面从右向左滑动到下一页，代码如下：

```
<a href="#second" data-transition="slide">切换下一页</a>
```

上面的所有效果支持后退行为。例如，用户想让页面从左向右滑动，可以添加 data-direction 属性为"reverse"值即可，代码如下：

```
<a href="#second" data-transition="slide" data-direction="reverse">切换下一页</a>
```

▌实例 3：设计绚丽多彩的页面切换效果

```
<!DOCTYPE html>
<html>
<head>
    <meta charset="UTF-8">
    <meta name="viewport"
content="width=device-width, initial-
scale=1">
    <link rel="stylesheet"
href="jquery.mobile/jquery.mobile-
1.4.5.min.css">
    <script src="jquery.min.js"></
script>
    <script src="jquery.mobile/jquery.
mobile-1.4.5.min.js"></script>
</head>
<body>
<div data-role="page" id="first">
    <div data-role="header">
        <h1>商品秒杀</h1>
    </div>
    <div data-role="main" class="ui-
content">
        <p>1. 杜康酒 99元一瓶</p>
        <p>2. 鸡尾酒 88元一瓶</p>
```

```
        <p>3．五粮液 7199元一瓶</p>
        <p>4．太白酒 78元一瓶</p>
        <!—实现从右到左切换到下一页 -->
            <a href="#second" data-
transition="slide" >下一页</a>
    </div>
    <div data-role="footer">
        <h1>中外名酒</h1>
    </div>
</div>
<div data-role="page" id="second">
    <div data-role="header">
        <h1>商品秒杀</h1>
    </div>
        <div data-role="main" class="ui-
content">
        <p>1．干脆面 16元一箱</p>
        <p>2．黑锅巴 2元一袋</p>
        <p>3．烤香肠 1元一根</p>
        <p>4．甜玉米 5元一根</p>
```

```
        <!—实现从左到右切换到下一页 -->
            <a href="#first" data-
transition="slide" data-direction
="reverse">上一页</a>
        </div>
        <div data-role="footer">
            <h1>美味零食</h1>
        </div>
    </div>
    </body>
</html>
```

在 Opera Mobile Emulator 模拟器中预览效果如图 10-13 所示。单击"下一页"超链接，即可从右到左滑动进入第二页，如图 10-14 所示。单击"上一页"超链接，即可从左到右滑动返回到第一页中。

图 10-13　程序预览效果

图 10-14　第二页预览效果

10.6　新手常见疑难问题

▌疑问 1：如何在模拟器中查看做好的网页效果？

HTML 文件制作完成后，要想在模拟器中测试，可以在地址栏中输入文件的路径，例如，输入如下：

```
file://localhost/D:/本书案例源代码/ch10/10.1.html
```

为了防止输入错误，可以直接将文件拖曳到地址栏中，模拟器会自动帮助用户添加完整路径。

▌疑问 2：jQuery Moblie 支持哪些移动设备？

目前市面上移动设备非常多，如果想查询 jQuery Moblie 能支持哪些移动设备，可以参照 jQuery Moblie 网站的各厂商支持表，还可以参考维基百科网站对 jQuery Moblie 说明中提供的 Mobile browser support 一览表。

▍疑问 3：如何将外部链接页面以模态页的方式打开？

在 jQuery Moblie 中，创建模态页的方式很简单，只需要在指向页面的链接标签中添加 data-rel 的属性值为 dialog 即可。例如以模态框的方式打开外部链接文件 page1.html，代码如下：

```
<a href="page1.html"  data-rel="dialog">打开外部链接页面</a>
```

10.7　实战技能训练营

▍实战 1：创建一个古诗欣赏的网页。

创建两个页面，通过按钮进行切换。在 Opera Mobile Emulator 模拟器中预览效果如图 10-15 所示。单击"下一页"超链接，即可进入第二页，如图 10-16 所示。单击"上一页"超链接，即可返回到第一页中。

图 10-15　程序预览效果　　　　图 10-16　第二页预览效果

▍实战 2：创建一个诗词详情的模态页

结合所学知识，创建一个用于显示诗歌详情的模态页。在 Opera Mobile Emulator 模拟器中预览效果如图 10-17 所示。单击任意一个课程右侧的"查看详情"链接，即可打开一个古诗详情的模态页，如图 10-18 所示。

图 10-17　程序预览效果　　　　图 10-18　对话框预览效果

第11章 使用UI组件

本章导读

jQuery Mobile 针对用户界面提供了各种可视化的标签，包括按钮、复选框、选择菜单、列表、弹窗、工具栏、面板、导航和布局等。这些可视化标签与 HTML5 标签一起使用，即可轻松地开发出绚丽多彩的移动网页。本章将重点学习这些标签的使用方法和技巧。

知识导图

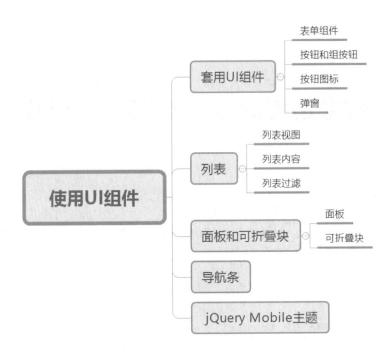

11.1 套用 UI 组件

jQuery Mobile 提供很多可视化的 UI 组件，只要套用之后，就可以生成绚丽并且适合移动设备使用的组件。jQuery Mobile 中各种可视化的 UI 组件与 HTML5 标签大同小异。下面介绍常用的组件的用法，其中按钮、列表等功能变化比较的大的后面会做详细介绍。

11.1.1 表单组件

jQuery Mobile 使用 CSS 自动为 HTML 表单添加样式，让它们看起来更具吸引力，触摸起来更具友好性。

在 jQuery Mobile 中，经常使用的表单控件如下。

1. 文本输入框

文本输入框的语法规则如下：

```
<input type="text" name="fname" id="fname" value=" ">
```

其中 value 属性是文本框中显示的内容，也可以使用 placeholder 来指定一个简短的描述，用来描述输入内容的含义。

▌实例 1：创建用户登录页面

```
<!DOCTYPE html>
<html>
<head>
    <meta charset="UTF-8">
    <meta name="viewport" content=
"width=device-width, initial-scale=1">
    <link rel="stylesheet" href="jquery.
mobile/jquery.mobile-1.4.5.min.css">
    <script src="jquery.min.js"></
script>
    <script src="jquery.mobile/jquery.
mobile-1.4.5.min.js"></script>
</head>
<body>
<div data-role="first">
    <div data-role="header">
        <h1>会员注册页面</h1>
    </div>
    <div data-role="main" class="ui-
content">
        <form>
                <div class="ui-field-
contain">
                <label for="fullname">
姓名:</label>
                <input type="text"
name="fullname" id="fullname">
                <label for="password">
```

```
密码:</label>
                        <input type="text"
name="fullname" id="password">
            </div>
            <input type="submit" data-
inline="true" value="登录">
        </form>
    </div>
</div>
</body>
</html>
```

在 Opera Mobile Emulator 模拟器中预览效果如图 11-1 所示。

图 11-1　用户登录页面

2. 文本域

使用 <textarea> 可以实现多行文本输入效果。

▌实例 2：创建用户反馈页面

```
<!DOCTYPE html>
<html>
<head>
    <meta charset="UTF-8">
    <meta name="viewport" content=
"width=device-width, initial-scale=1">
    <link rel="stylesheet" href="jquery.
mobile/jquery.mobile-1.4.5.min.css">
    <script src="jquery.min.js"></
script>
    <script src="jquery.mobile/jquery.
mobile-1.4.5.min.js"></script>
</head>
<body>
<div data-role="first">
    <div data-role="header">
        <h1>用户问题反馈</h1>
    </div>
    <div data-role="main" class="ui-
content">
        <form>
            <div class="ui-field-
contain">
                <label for="fullname">
请输入的您的姓名:</label>
                <input type="text"
name="fullname" id="fullname">
                <label for="email">请输
入您的联系邮箱:</label>
                <input type="email"
name="email" id="email" placeholder="输
入您的电子邮箱">
                <label for="info">请您输
入具体的建议:</label>
```

```
                <textarea name="addinfo"
id="info"></textarea>
            </div>
            <input type="submit" data-
inline="true" value="提交">
        </form>
    </div>
</div>
</body>
</html>
```

在 Opera Mobile Emulator 模拟器中预览效果如图 11-2 所示。用户可以输入多行内容。

图 11-2　用户反馈页面

3. 搜索输入框

HTML5 中新增的 type="search" 类型为搜索输入框，它是为输入搜索定义文本字段。搜索输入框的语法规则如下：

```
<input type="search" name="search" id="search" placeholder="搜索内容">
```

搜索输入框的效果如图 11-3 所示。

图 11-3　搜索输入框的效果

4. 范围滑动条

使用 <input type="range"> 控件，即可创建范围滑动条，语法格式如下：

```
<input type="range" name="points" id="points" value="50" min="0" max="100" data-
show-value="true">
```

其中，max 属性规定允许的最大值；min 属性规定允许的最小值；step 属性规定合法的数字间隔；value 属性规定默认值；data-show-value 属性规定是否在按钮上显示进度的值，如果设置为 true，则表示显示进度的值，如果设置为 false，则表示不显示进度的值。

▌实例 3：创建工程进度统计页面

```
<!DOCTYPE html>
<html>
<head>
    <meta charset="UTF-8">
    <meta name="viewport" content=
"width=device-width, initial-scale=1">
    <link rel="stylesheet" href="jquery.
mobile/jquery.mobile-1.4.5.min.css">
    <script src="jquery.min.js"></
script>
    <script src="jquery.mobile/jquery.
mobile-1.4.5.min.js"></script>
</head>
<body>
<div data-role="first">
    <div data-role="header">
        <h1>工程进度统计</h1>
    </div>
    <div data-role="main" class="ui-
content">
        <form>
            <label for="points">工程完成
进度:</label>
                <input type="range"
name="points" id="points" value="50"
min="0" max="100" data-show-
value="true">
                <input type="submit" data-
inline="true" value="提交工程进度">
        </form>
    </div>
</div>
</body>
</html>
```

在 Opera Mobile Emulator 模拟器中预览效果如图 11-4 所示。用户可以拖动滑块，选择需要的值。也可以通过加减按钮，精确选择进度的值。

使用 data-popup-enabled 属性可以设置小弹窗效果，代码如下：

```
<input type="range" name="points"
id="points" value="50" min="0"
max="100" data-popup-enabled="true">
```

修改上面例子对应代码后的效果如图 11-5 所示。

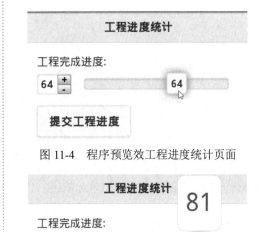

图 11-4　程序预览效工程进度统计页面

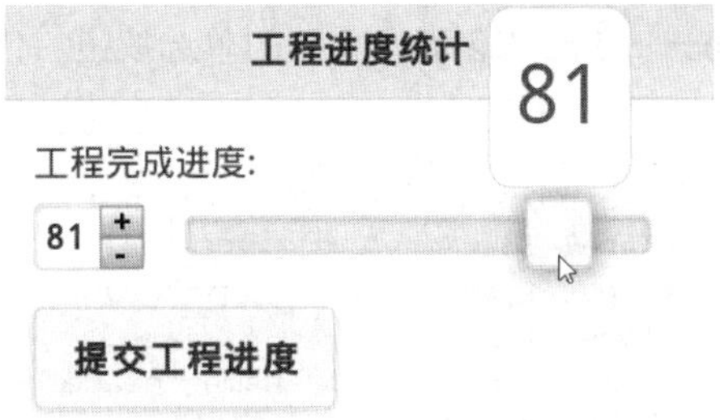

图 11-5　小弹窗效果

使用 data-highlight 属性可以亮度显示滑动条的值，代码如下：

```
<input type="range" name="points"
id="points" value="50" min="0"
max="100" data-highlight="true">
```

修改上面例子对应代码后的效果如图 11-6 所示。

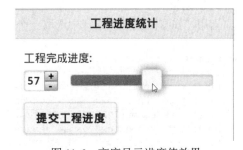

图 11-6　高度显示进度值效果

5. 表单按钮

表单按钮分为三种，普通按钮，提交按钮和取消按钮。只需要在 type 属性中设置表单的类型即可，代码如下：

```
<input type="submit" value="提交按钮">
<input type="reset" value="取消按钮">
<input type="button" value="普通按钮">
```

在 Opera Mobile Emulator 模拟器中预览效果如图 11-7 所示。

图 11-7　表单按钮预览效果

当用户在有限数量的选择中仅选取一个选项时，经常用到表单中的单选按钮。通过 type="radio" 来创建一系列的单选按钮，代码如下：

```
<fieldset data-role="controlgroup">
    <legend>请选择您的爱好:</legend>
    <label for="one">打篮球</label>
    <input type="radio" name="grade" id="one" value="one">
    <label for="two">踢足球</label>
    <input type="radio" name="grade" id="two" value="two">
    <label for="three">唱歌</label>
    <input type="radio" name="grade" id="three" value="three">
    <label for="four">其他</label>
    <input type="radio" name="grade" id="four" value="four">
</fieldset>
```

在 Opera Mobile Emulator 模拟器中预览效果如图 11-8 所示。

> 提示：<fieldset> 标签用来创建按钮组，组内各个组件保持自己的功能。在 <fieldset> 标签内添加 data-role="controlgroup"，这样这些单选按钮样式统一，看起来像一个组合。其中 <legend> 标签来定义按钮组的标题

6. 复选框

当用户在有限数量的选择中选取一个或多个选项时，需要使用复选框，代码如下：

```
<fieldset data-role="controlgroup">
    <legend>请选择本学期的科目:</legend>
    <label for="spring">C语言程序设计</label>
    <input type="checkbox" name="season" id="spring" value="spring">
    <label for="summer">HTML5+CSS5网页设计</label>
    <input type="checkbox" name="season" id="summer" value="summer">
    <label for="fall">Python程序设计</label>
    <input type="checkbox" name="season" id="fall" value="fall">
    <label for="winter">MySQL数据库开发</label>
    <input type="checkbox" name="season" id="winter" value="winter">
```

```
</fieldset>
```

在 Opera Mobile Emulator 模拟器中预览效果如图 11-9 所示。

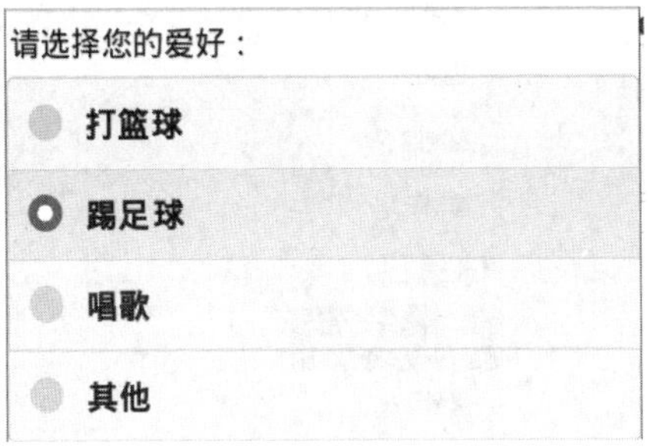

图 11-8　单选按钮

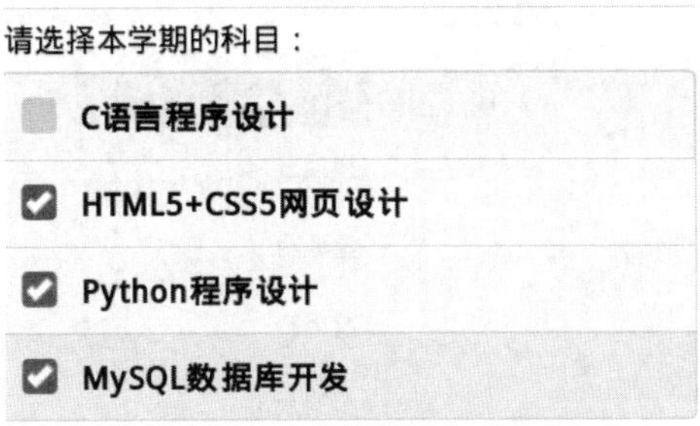

图 11-9　复选框

7. 下拉菜单

使用 <select> 标签可以创建带有若干选项的下拉菜单。<select> 标签内的 <option> 属性定义了菜单中的可用选项，代码如下：

```
<fieldset data-role="fieldcontain">
        <label for="day">选择值日时间:</label>
        <select name="day" id="day">
         <option value="mon">星期一</option>
         <option value="tue">星期二</option>
         <option value="wed">星期三</option>
         <option value="thu">星期四</option>
         <option value="fri">星期五</option>
         <option value="sat">星期六</option>
         <option value="sun">星期日</option>
        </select>
</fieldset>
```

在 Opera Mobile Emulator 模拟器中预览效果如图 11-10 所示。

如果菜单中的选项还需要再次分组，可以使用 <select> 内使用 <optgroup> 标签，添加后的代码如下：

```
<fieldset data-role="fieldcontain">
        <label for="day">选择值日时间:</label>
        <select name="day" id="day">
        <optgroup label="工作日">
         <option value="mon">星期一</option>
         <option value="tue">星期二</option>
         <option value="wed">星期三</option>
         <option value="thu">星期四</option>
         <option value="fri">星期五</option>
        </optgroup>
        <optgroup label="休息日">
         <option value="sat">星期六</option>
         <option value="sun">星期日</option>
        </optgroup>
        </select>
</fieldset>
```

在 Opera Mobile Emulator 模拟器中预览效果如图 11-11 所示。

图 11-10　选择菜单　　　　　　　　　图 11-11　菜单选项分组后的效果

如果想选择菜单中的多个选项，需要设置 <select> 标签的 multiple 属性，设置代码如下：

```
<select name="day" id="day" multiple data-native-menu="false">
```

例如，把上面的代码修改如下：

```
<fieldset data-role="fieldcontain">
        <label for="day">选择值日时间:</label>
        <select name="day" id="day" multiple data-native-menu="false">
        <optgroup label="工作日">
         <option value="mon">星期一</option>
         <option value="tue">星期二</option>
         <option value="wed">星期三</option>
         <option value="thu">星期四</option>
         <option value="fri">星期五</option>
        </optgroup>
        <optgroup label="休息日">
         <option value="sat">星期六</option>
         <option value="sun">星期日</option>
        </optgroup>
        </select>
</fieldset>
```

在 Opera Mobile Emulator 模拟器中预览，选择菜单时的效果如图 11-12 所示。选择完成后，即可看到多个菜单现象被选择，如图 11-13 所示。

图 11-12　多个菜单选项

图 11-13　多个菜单选项被选择后的效果

8. 翻转波动开关

设置 <input type="checkbox"> 标签的 data-role 为 "flipswitch" 时，可以创建翻转波动开关。代码如下：

```
<form>
  <label for="switch">切换开关:</label>
    <input type="checkbox" data-role="flipswitch" name="switch" id="switch">
</form>
```

在 Opera Mobile Emulator 模拟器中预览效果如图 11-14 所示。

同时，用户还可以使用 checked 属性来设置默认的选项。代码如下：

```
<input type="checkbox" data-role="flipswitch" name="switch" id="switch" checked>
```

修改后预览效果如图 11-15 所示。

默认情况下，开关切换的文本为 On 和 Off。可以使用 data-on-text 和 data-off-text 属性来修改，代码如下：

```
<input type="checkbox" data-role="flipswitch" name="switch" id="switch" data-on-
text="打开" data-off-text="关闭">
```

修改后预览效果如图 11-16 所示。

图 11-14　开关默认效果　　图 11-15　修改默认选项后的效果　　图 11-16　修改切换开关文本后的效果

11.1.2　按钮和组按钮

前面简单介绍过表单按钮，由于按钮和按钮组功能变化比较大，本节将详细讲述它们的使用方法和技巧。

在 jQuery Mobile 中，创建按钮的方法包括以下 3 种。

（1）使用 <button> 标签创建普通按钮。代码如下：

```
<button>按钮</button>
```

（2）使用 <input> 标签创建表单按钮。代码如下：

```
<input type="button" value="按钮">
```

（3）使用 data-role="button" 属性创建链接按钮。代码如下：

```
<a href="#" data-role="button">按钮</a>
```

在 jQuery Mobile 中，按钮的样式会被自动添加上，为了让按钮在移动设备上更具吸引力和可用性。推荐在页面间进行链接时，使用第三种方法；在表单提交时，用第一种或第二种方法。

默认情况下，按钮占满整个屏幕宽度。如果想要一个仅是与内容一样宽的按钮，或者需要并排显示两个或多个按钮，可以通过设置 data-inline="true" 来完成。代码如下：

```
<a href="#pagetwo" data-role="button" data-inline="true">下一页</a>
```

下面通过一个案例来区别默认按钮和设置后按钮的区别，代码如下：

▌实例 4：创建 2 种不同的按钮

```html
<!DOCTYPE html>
<html>
<head>
    <meta charset="UTF-8">
     <meta name="viewport" content=
"width=device-width, initial-scale=1">
    <link rel="stylesheet" href="jquery.
mobile/jquery.mobile-1.4.5.min.css">
       <script src="jquery.min.js"></
script>
       <script src="jquery.mobile/jquery.
mobile-1.4.5.min.js"></script>
</head>
<body>
<div data-role="page" id="first">
    <div data-role="header">
        <h1>创建按钮</h1>
    </div>
        <div data-role="content"
class="content">
            <label for="fullname">姓名:</
label>
            <input type="text" name=
"fullname" id="fullname">
            <label for="password">密码:</
label>
            <input type="text" name=
"fullname" id="password">
        <p>默认的按钮效果:</p>
            <a href="#second" data-
role="button">注册</a>
            <a href="#first" data-
role="button">登录</a>
        <p>设置后的按钮效果:</p>
            <a href="#second" data-
inline="true">注册</a>
            <a href="#first" data-
inline="true">登录</a>
    </div>
</div>
</body>
</html>
```

在 Opera Mobile Emulator 模拟器中预览效果如图 11-17 所示。

jQuery Mobile 提供了一个简单的方法来将按钮组合在一起。使用 data-role="controlgroup"

属性即可通过按钮组来组合按钮。同时使用 data-type="horizontal|vertical" 属性来设置按钮的排列方式是水平还是垂直。

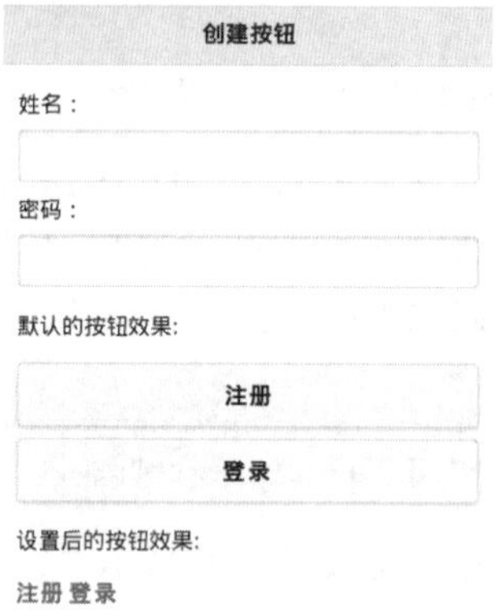

图 11-17　不同的按钮效果

▌实例 5：创建水平排列和垂直排列的按钮组

```html
<!DOCTYPE html>
<html>
<head>
    <meta charset="UTF-8">
     <meta name="viewport" content=
"width=device-width, initial-scale=1">
    <link rel="stylesheet" href="jquery.
mobile/jquery.mobile-1.4.5.min.css">
       <script src="jquery.min.js"></
script>
       <script src="jquery.mobile/jquery.
mobile-1.4.5.min.js"></script>
</head>
<body>
<div data-role="page" id="first">
    <div data-role="header">
        <h1>组按钮的排列</h1>
    </div>
      <div data-role="content" class=
"content">
            <div data-role=
"controlgroup" data-type="horizontal">
            <p>水平排列的按钮组:</p>
            <a href="#" data-
role="button">首页</a>
            <a href="#" data-
role="button">课程</a>
```

```
            <a href="#" data-
role="button">联系我们</a>
      </div>
         <div data-role=
"controlgroup" data-type="vertical">
         <p>垂直排列的按钮组:</p>
            <a href="#" data-
role="button">首页</a>
            <a href="#" data-
role="button">课程</a>
            <a href="#" data-
role="button">联系我们</a>
      </div>
   </div>
   <div data-role="footer">
      <h1>2种排列方式</h1>
   </div>
</div>
</body>
</html>
```

在 Opera Mobile Emulator 模拟器中预览效果如图 11-18 所示。

图 11-18　不同排列方式的按钮组

11.1.3　按钮图标

jQuery Mobile 提供了一套丰富多彩的按钮图标，用户只需要使用 data-icon 属性即可添加按钮图标，常用的图标样式如表 11-1 所示。

表 11-1　常用的按钮图标样式

图标参数	外观样式	说明
data-icon="arrow-l"	左箭头	左箭头
data-icon="arrow-r"	右箭头	右箭头
data-icon="arrow-u"	上箭头	上箭头
data-icon="arrow-d"	下箭头	下箭头
data-icon="info"	信息	信息
data-icon="plus"	加号	加号
data-icon="minus"	减号	减号
data-icon="check"	复选	复选
data-icon="refresh"	重新整理	重新整理
data-icon="delete"	删除	删除
data-icon="forward"	前进	前进
data-icon="back"	后退	后退
data-icon="star"	星形	星号
data-icon="audio"	扬声器	扬声器

图标参数	外观样式	说明
data-icon="lock"	🔒 挂锁	挂锁
data-icon="search"	🔍 搜索	搜索
data-icon="alert"	⚠ 警告	警告
data-icon="grid"	⊞ 网格	网格
data-icon="home"	⌂ 首页	主页

例如，以下代码：

```
<a href="#" data-role="button" data-icon="lock">挂锁</a>
<a href="#" data-role="button" data-icon="check">复选</a>
<a href="#" data-role="button" data-icon="refresh">重新整理</a>
<a href="#" data-role="button" data-icon="delete">删除</a>
```

在 Opera Mobile Emulator 模拟器中预览效果如图 11-19 所示。

细心的读者会发现，默认情况下按钮上的图标会出现在按钮的左边。如果需要设置图标的位置，可以设置 data-iconpos 属性来指定位置，包括 top（顶部）、right（右侧）bottom（底部）。例如以下代码：

```
<a href="#" data-role="button" data-icon="refresh">重新整理</a>
<a href="#" data-role="button" data-icon="refresh" data-iconpos="top">重新整理</a>
<a href="#" data-role="button" data-icon="refresh" data-iconpos="right">重新整理</a>
<a href="#" data-role="button" data-icon="refresh" data-iconpos="bottom">重新整理</a>
```

在 Opera Mobile Emulator 模拟器中预览效果如图 11-20 所示。

图 11-19　不同的按钮图标效果　　　　图 11-20　设置图标的位置

> **提示**：如果不想让按钮上出现文字，可以将 data-iconpos 属性设置为 notext，这样只会显示按钮，而没有文字。

11.1.4　弹窗

弹窗是一个非常流行的对话框，弹窗可以覆盖在页面上展示。弹窗可用于显示一段文本、图片、地图或其他内容。创建一个弹窗，需要使用 <a> 和 <div> 标签。在 <a> 标签上添加 data-rel="popup" 属性，<div> 标签添加 data-role="popup" 属性。然后为 <div> 设置 id，设置 <a> 的 href 值为 <div> 指定的 id，其中 <div> 中的内容为弹窗显示的内容。代码如下：

jQuery 前端开发（全案例微课版）

```
<a href="#firstpp" data-rel="popup">显示弹窗</a>
<div data-role="popup" id="firstpp">
    <p>这是弹出窗口显示的内容</p>
</div>
```

在 Opera Mobile Emulator 模拟器中预览效果如图 11-21 所示。单击"显示弹窗"即可显示弹出窗口的内容。

> **注意**：<div> 弹窗与点击的 <a> 链接必须在同一个页面上。

默认情况下，单击弹窗之外的区域或按下 Esc 键即可关闭弹窗。用户也可以在弹窗上添加关闭按钮，只需要设置属性 data-rel="back" 即可，结果如图 11-22 所示。

图 11-21 弹窗的效果

图 11-22 带关闭按钮的弹窗效果

用户还可以在弹窗中显示图片，代码如下：

```
<div id="pageone" data-role="content" class="content" >
    <p>单击下面的小图片</p>
    <a href="#firstpp" data-rel="popup" >
    <img src="123.jpeg" style="width:200px;"></a>
    <div data-role="popup" id="firstpp">
    <p>这是我的图片！</p>
    </a><img src="123.jpeg" style="width:500px;height:500px;" >
    </div>
</div>
```

在 Opera Mobile Emulator 模拟器中预览效果如图 11-23 所示。单击图片，即可弹出如图 11-24 所示的图片弹窗。

图 11-23 预览效果

图 11-24 图片弹窗效果

11.2 列表

和电脑相比，移动设备屏幕比较小，所以常常以列表的形式显示数据。本节将学习列表的使用方法和技巧。

11.2.1　列表视图

jQuery Mobile 中的列表视图是标准的 HTML 列表，包括有序列表 <ol> 和无序列表 <ul>。列表视图是 jQuery Mobile 中功能强大的一个特性。它会使标准的无序或有序列表应用更广泛。

列表的使用方法非常简单，只需要在 <ul> 或 <ol> 标签中添加属性 data-role="listview"。每个项目（<li>）中可以添加链接。

▌实例 6：创建列表视图

```
<!DOCTYPE html>
<html>
<head>
    <meta charset="UTF-8">
        <meta name="viewport" content=
"width=device-width, initial-scale=1">
        <link rel="stylesheet" href="jquery.
mobile/jquery.mobile-1.4.5.min.css">
        <script src="jquery.min.js"></
script>
        <script src="jquery.mobile/jquery.
mobile-1.4.5.min.js"></script>
</head>
<body>
<div data-role="page" id="first">
    <div data-role="header">
        <h1>列表视图</h1>
    </div>
        <div data-role="content"
class="content">
        <h2>本次考试成绩的名次:</h2>
        <ol data-role="listview">
            <li><a href="#">王笑笑</a></
li>
            <li><a href="#">李儒梦</a></
li>
            <li><a href="#">程孝天</a></
li>
        </ol>
```

```
        <h2>本次考试成绩的科目:</h2>
        <ul data-role="listview">
            <li><a href="#">语文</a></
li>
            <li><a href="#">数学</a></
li>
            <li><a href="#">英语</a></
li>
        </ul>
    </div>
</div>
</body>
</html>
```

在 Opera Mobile Emulator 模拟器中预览效果如图 11-25 所示。

图 11-25　有序列表和无序列表

> **提示：** 默认情况下，列表项的链接会自动变成一个按钮，此时不再需要使用 data-role="button" 属性。

从结果可以看出，列表样式中没有边缘和圆角效果，这里可以通过设置属性 data-inset="true" 来完成，代码如下：

```
<ul data-role="listview" data-inset="true">
```

上面案例的代码修改如下：

```
<div data-role="page" id="first">
    <div data-role="header">
        <h1>列表视图</h1>
```

```
        </div>
        <div data-role="content" class="content">
            <h2>本次考试成绩的名次:</h2>
            <ol data-role="listview" data-inset="true">
                <li><a href="#">王笑笑</a></li>
                <li><a href="#">李儒梦</a></li>
                <li><a href="#">程孝天</a></li>
            </ol>
            <h2>本次考试成绩的科目:</h2>
            <ul data-role="listview" data-inset="true">
                <li><a href="#">语文</a></li>
                <li><a href="#">数学</a></li>
                <li><a href="#">英语</a></li>
            </ul>
        </div>
</div>
```

在 Opera Mobile Emulator 模拟器中预览效果如图 11-26 所示。

本次考试成绩的名次:

1. 王笑笑 〉
2. 李儒梦 〉
3. 程孝天 〉

本次考试成绩的科目:

语文 〉
数学 〉
英语 〉

图 11-26　有边缘和圆角的列表效果

如果列表项比较多，用户可以使用列表分割项对列表进行分组操作，这样使列表看起来更整齐。通过在列表项 <li> 标签中添加 data-role="list-divider" 属性即可指定列表分割，例如以下代码：

```
<ul data-role="listview">
 <li data-role="list-divider">项目部</li>
  <li><a href="#">张可</a></li>
  <li><a href="#">王蒙</a></li>
<li data-role="list-divider">营销部</li>
  <li><a href="#">李丽</a></li>
  <li><a href="#">华章</a></li>
<li data-role="list-divider">财务部</li>
  <li><a href="#">张晓</a></li>
  <li><a href="#">牛莉</a></li>
 </ul>
```

在 Opera Mobile Emulator 模拟器中预览效果如图 11-27 所示。

如果项目列表是一个按字母顺序排列的列表，通过添加 data-autodividers="true" 属性，可以自动生成项目的分割，代码如下：

```
<ul data-role="listview" data-autodividers="true">
```

```
<li><a href="#">Apricot</a></li>
<li><a href="#">Apple</a></li>
<li><a href="#">Bramley</a></li>
<li><a href="#">Banana</a></li>
<li><a href="#">Cherry</a></li>
</ul>
```

在 Opera Mobile Emulator 模拟器中预览效果如图 11-28 所示。从结果可以看出，创建的分隔文本是列表项文本的第一个大写字母。

1.项目部		A
张可		Apricot
王蒙		Apple
2.营销部		B
李丽		Bramley
华章		Banana
3.财务部		C
张晓		Cherry
牛莉		

图 11-27　对项目进行分割后的效果 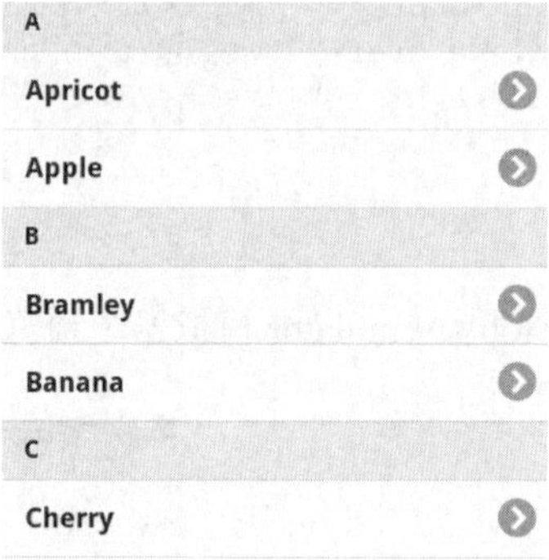　　图 11-28　自动生成分割后的效果

11.2.2　列表内容

在列表内容中，既可以添加图片和说明、也可以添加计数泡泡，同时还能拆分按钮和列表的链接。

1. 加入图片和说明

前面做的案例中，列表项目前没有图片或说明，下面来讲述如何添加图片和说明，代码如下：

```
<ul data-role="listview" data-autodividers="true">
<li>
    <a href="#">
        <img src="1.jpg">
        <h3>苹果</h3>
        <p>苹果中的胶质和微量元素铬能<br />保持血糖的稳定，还能有效地<br />降低胆固醇</p>
        <span class="ui-li-count">888</span>
    </a>
</li>
</ul>
```

在 Opera Mobile Emulator 模拟器中预览效果如图 11-29 所示。

2. 计入计数泡泡

计数泡泡主要是在列表中显示数字时使用，只需要在 <li> 标签加入以下标签即可：

```
<span class="ui-li-count">数字</span>
```

例如下面的例子：

```
<ul data-role="listview" data-autodividers="true">
<li>
```

```
<a href="#">
    <img src="1.jpg">
    <h3>苹果</h3>
    <p>苹果中的胶质和微量元素铬能<br />保持血糖的稳定，还能有效地<br />降低胆固醇</p>
    <span class="ui-li-count">888</span>
</a>
</li>
</ul>
```

在 Opera Mobile Emulator 模拟器中预览效果如图 11-30 所示。

图 11-29　加入图片和说明　　　　　　图 11-30　加入计数泡泡

3. 拆分按钮和列表的链接

默认情况下，单击列表项或按钮，都是转向同一个链接。用户也可以拆分按钮和列表项的链接，这样单击按钮和列表项时，会转向不同的链接。设置方法比较简单，只需要在 <li> 标签中加入两组 <a> 标签即可。

例如：

```
<li>
<a href="1.html">
<img src="1.jpg">
<h3>苹果</h3>
<p>苹果中的胶质和微量元素铬能<br />保持血糖的稳定，还能有效地<br />降低胆固醇</p>
</a>
<a href="2.html data-icon="star"></a>
</li>
```

在 Opera Mobile Emulator 模拟器中预览效果如图 11-31 所示。

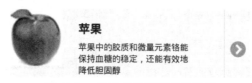

图 11-31　拆分按钮和列表的链接

11.2.3　列表过滤

在 jQuery Mobile 中，用户可以对列表项目进行搜索过滤。添加过滤效果的思路如下。

（1）创建一个表单，并添加类 ui-filterable，该类的作用是自动调整搜索字段与过滤元素的外边距，代码如下：

```
<form class="ui-filterable">
</form>
```

（2）在 <form> 标签内创建一个 <input> 标签，并添加 data-type="search" 属性，并指定 id，从而创建基本的搜索字段，代码如下：

```
<form class="ui-filterable">
    <input id="myFilter" data-type="search">
</form>
```

（3）为过滤的列表添加 data-input 属性，该值为 <input> 标签的 id，代码如下：

```
<ul data-role="listview" data-filter="true" data-input="#myFilter">
```

下面通过一个案例来理解列表是如何过滤的。

▌实例 7：创建商品动态过滤页面

```
<!DOCTYPE html>
<html>
<head>
    <meta charset="UTF-8">
        <meta name="viewport"
content="width=device-width, initial-
scale=1">
    <link rel="stylesheet" href="jquery.
mobile/jquery.mobile-1.4.5.min.css">
     <script src="jquery.min.js"></
script>
     <script src="jquery.mobile/jquery.
mobile-1.4.5.min.js"></script>
</head>
<body>
<div data-role="page" id="first">
    <div data-role="content"
class="content">
        <h2>商品动态过滤功能</h2>
        <form>
            <input id="myFilter" data-
type="search"><br />
        </form>
        <ul data-role="listview" data-
filter="true" data-input="#myFilter">
            <li><a href="#">红苹果</a></
li>
            <li><a href="#">红心萝卜</a></
li>
            <li><a href="#">西红柿</a></
li>
            <li><a href="#">蓝莓</a></
li>
            <li><a href="#">西瓜</a></
li>
            <li><a href="#">青苹果</a></
li>
            <li><a href="#">草莓</a></
li>
        </ul>
    </div>
```

```
</div>
</body>
</html>
```

在 Opera Mobile Emulator 模拟器中预览效果如图 11-32 所示。输入需要过滤的关键字，例如，这里搜索包含红字的商品，结果如图 11-33 所示。

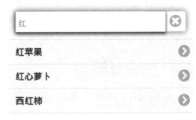

图 11-32　程序预览效果

图 11-33　列表过滤后的效果

> **提示：** 如果需要在搜索框内添加提示信息，可以通过设置 placeholder 属性来完成，代码如下：
>
> ```
> <input id="myFilter" data-type="search" placeholder="请输入需要的商品">
> ```

11.3 面板和可折叠块

在 jQuery Mobile 中，可以通过面板或可折叠块来隐藏或显示指定的内容。本节将重点学习面板和可折叠块的使用方法和技巧。

11.3.1 面板

jQuery Mobile 中可以添加面板，面板会在屏幕上从左到右划出。通过为 `<div>` 标签添加 data-role="panel" 属性来创建面板。具体思路如下。

（1）通过 `<div>` 标签来定义面板的内容，并定义 id 属性，例如以下代码：

```
<div data-role="panel" id="myPanel">
    <h2>长恨歌</h2>
    <p>天生丽质难自弃，一朝选在君王侧。回眸一笑百媚生，六宫粉黛无颜色。</p>
</div>
```

> **注意**：定义的面板内容必须置于头部、内容和底部组成的页面之前或之后。

（2）要访问面板，需要创建一个指向面板 `<div>` 的链接，单击该链接即可打开面板。例如以下代码：

```
<a href="#myPanel" class="ui-btn ui-btn-inline">最喜欢的诗句</a>
```

▌实例 8：创建从左到右划出的面板

```
<!DOCTYPE html>
<html>
<head>
    <meta charset="UTF-8">
     <meta name="viewport" content=
"width=device-width, initial-scale=1">
    <link rel="stylesheet" href="jquery.
mobile/jquery.mobile-1.4.5.min.css">
      <script src="jquery.min.js"></
script>
      <script src="jquery.mobile/jquery.
mobile-1.4.5.min.js"></script>
</head>
<body>
<div data-role="first">
    <div data-role="panel" id="myPanel">
        <h2>网站前端开发训练营</h2>
            <p>网站前端开发的职业规划包括网页制
作、网页制作工程师、前端制作工程师、网站重构工
程师、前端开发工程师、资深前端工程师、前端架构
师。</p>
    </div>
    <div data-role="header">
        <h1>创建面板</h1>
    </div>
     <div data-role="content"
class="content">
        <a href="#myPanel" class="ui-
```

```
btn ui-btn-inline">老码识途课堂</a>
    </div>
</div>
</body>
</html>
```

在 Opera Mobile Emulator 模拟器中预览效果如图 11-34 所示。单击"老码识途课堂"链接，即可打开面板，结果如图 11-35 所示。

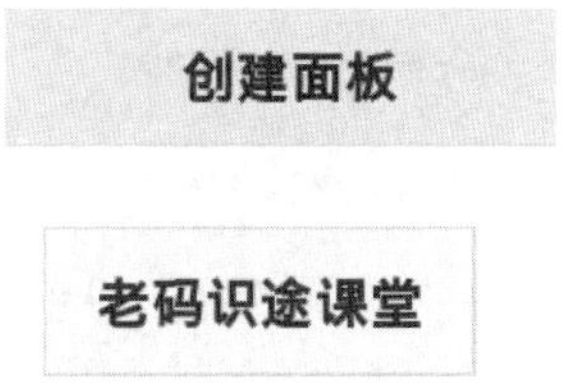

图 11-34　程序预览效果

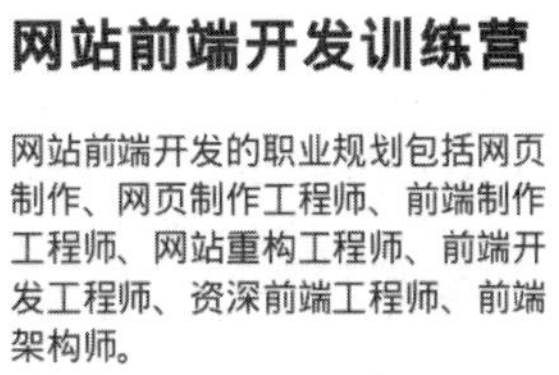

图 11-35　打开面板

面板的展示方式有属性 data-display 来控制，分为以下三种。

（1）data-display="reveal"：面板的展示方式为从左到右划出，这是面板展示方式的默认值。

（2）data-display="overlay"：在内容上显示面板。

（3）data-display="push"：同时推动面板和页面。

这三种面板展示方式的代码如下：

```
<div data-role="panel" id="overlay
Panel" data-display="overlay">
<div data-role="panel" id=
"revealPanel" data-display="reveal">
```

```
<div data-role="panel" id=
"pushPanel" data-display="push">
```

默认情况下，面板会显示在屏幕的左侧。如果想让面板出现在屏幕的右侧，可以指定 data-position="right" 属性。

```
<div data-role="panel" id="myPanel"
data-position="right">
```

默认情况下，面板是随着页面一起滚动的。如果需要实现面板内容固定不随页面滚动而滚动，可以在面板添加 the data-position-fixed="true" 属性。代码如下：

```
<div data-role="panel" id="myPanel"
data-position-fixed="true">
```

11.3.2　可折叠块

通过可折叠块，用户可以隐藏或显示指定的内容，这对于存储部分信息很有用。

创建可折叠块的方法比较简单，只需要在 <div> 标签添加 data-role="collapsible" 属性即可，添加标题标签为 H1-H6，后面即可添加隐藏的信息。

```
<div data-role="collapsible">
 <h1>折叠块的标题</h1>
 <p>可折叠的具体内容。</p>
 </div>
```

▌实例 9：创建可折叠块

```
<!DOCTYPE html>
<html>
<head>
    <meta charset="UTF-8">
    <meta name="viewport"
content="width=device-width, initial-
scale=1">
    <link rel="stylesheet" href="jquery.
mobile/jquery.mobile-1.4.5.min.css">
    <script src="jquery.min.js"></
script>
    <script src="jquery.mobile/jquery.
mobile-1.4.5.min.js"></script>
</head>
<body>
<div data-role="first">
    <div data-role="header">
        <h1>老码识途课堂</h1>
    </div>
        <div data-role="content"
class="content">
        <div data-role="collapsible">
```

```
            <h2>网站前端开发训练营</h2>
            <p>网站前端开发的职业规划包括网
页制作、网页制作工程师、前端制作工程师、网站重
构工程师、前端开发工程师、资深前端工程师、前端
架构师。</p>
        </div>
    </div>
</div>
</body>
</html>
```

在 Opera Mobile Emulator 模拟器中预览效果如图 11-36 所示。单击加号按钮，即可打开可折叠块，结果如图 11-37 所示。再次单击减号按钮，即可恢复到展开前的效果。

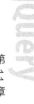

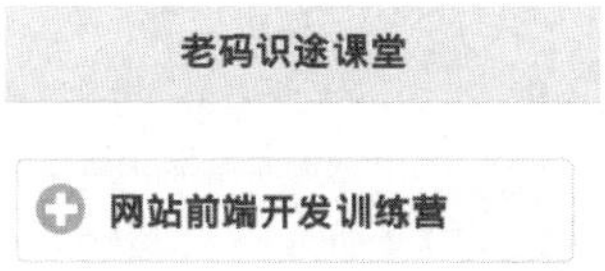
老码识途课堂
网站前端开发训练营

图 11-36　折叠块效果

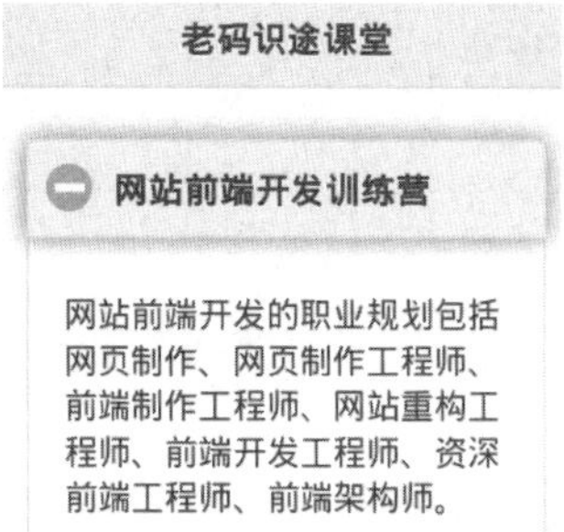
老码识途课堂
网站前端开发训练营
网站前端开发的职业规划包括网页制作、网页制作工程师、前端制作工程师、网站重构工程师、前端开发工程师、资深前端工程师、前端架构师。

图 11-37　打开可折叠块

提示：默认情况下，内容是被折叠起来的。如需在页面加载时展开内容，添加 data-collapsed="false" 属性即可，代码如下：

```
<div data-role="collapsible" data-collapsed="false">
<h1>折叠块的标题</h1>
<p>这里显示的内容是展开的</p>
</div>
```

可折叠块是可以嵌套的，例如，以下代码：

```
<div data-role="collapsible">
<h1>全部智能商品</h1>
<div data-role="collapsible">
<h1>智能家居</h1>
<p>智能办公、智能厨电和智能网络</p>
</div>
</div>
```

在 Opera Mobile Emulator 模拟器中预览效果如图 11-38 所示。

全部智能商品
手机及配件
智能穿戴
智能家居
智能办公、智能厨电和智能网络

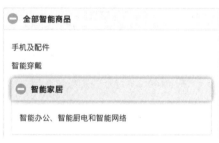

图 11-38　嵌套的可折叠块

11.4　导航条

导航条通常位于页面的头部或尾部，主要作用是便于用户快速访问需要的页面。本节将重点学习导航条的使用方法和技巧。

在 jQuery Mobile 中，使用 data-role="navbar" 属性来定义导航栏。需要特别注意的是，导航栏中的链接将自动变成按钮，不需要使用 data-role="button" 属性。

例如，以下代码：

```
<div data-role="header">
    <h1>老码识途课堂</h1>
    <div data-role="navbar">
```

```
    <ul>
        <li><a href="#">热门课程</a></li>
        <li><a href="#">技术服务</a></li>
        <li><a href="#">秒杀活动</a></li>
        <li><a href="#">联系我们</a></li>
    </ul>
    </div>
</div>
```

在 Opera Mobile Emulator 模拟器中预览效果如图 11-39 所示。

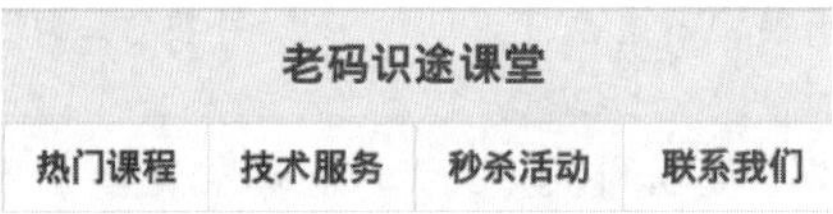

图 11-39　导航条栏效果

通过前面章节的学习，用户还可以为导航添加按钮图标，例如，以上代码修改如下：

```
<div data-role="header">
    <h1>老码识途课堂</h1>
    <div data-role="navbar">
        <ul>
            <li><a href="#" data-icon="home">主页</a></li>
            <li><a href="#" data-icon="arrow-d">秒杀课程</a></li>
            <li><a href="#" data-icon="search">搜索课程</a></li>
        </ul>
    </div>
</div>
```

在 Opera Mobile Emulator 模拟器中预览效果如图 11-40 所示。

图 11-40　为导航添加按钮图标

细心的读者会发现，导航按钮的图标默认位置是位于文字的上方，这个普通的按钮图片是不一样的。如果需要修改导航按钮图标的位置，可以通过设置 data-iconpos 属性来指定位置，包括 left（左侧）、right（右侧）bottom（底部）。

例如，下面修改导航按钮图标的位置为文本的左侧，代码如下：

```
<div data-role="header">
    <h1>鸿鹄网购平台</h1>
    <div data-role="navbar" data-iconpos="left">
        <ul>
            <li><a href="#" data-icon="home" >主页</a></li>
            <li><a href="#" data-icon="arrow-d" >团购</a></li>
            <li><a href="#" data-icon="search">搜索商品</a></li>
        </ul>
    </div>
</div>
```

在 Opera Mobile Emulator 模拟器中预览效果如图 11-41 所示。

图 11-41　导航按钮图标在文本的左侧

> **注意**：和设置普通按钮图标位置不同的是，这里 data-iconpos="left" 属性只能添加到
> <div> 标签中，而不能添加到 <li> 标签中，否则是无效的，读者可以自行检测。

默认情况下，当单击导航按钮时，按钮的样式会发生变换，例如，这里单击"搜索商品"
导航按钮，发现按钮的底纹颜色变成了蓝色，如图 11-42 所示。

图 11-42　导航按钮的样式变化

如果用户想取消上面的样式变化，可以添加class="ui-btn-active" 属性即可，例如以下代码：

```
<li><a href="#anylink" class="ui-btn-active">首页</a></li>
```

修改完成后，再次单击"首页"导航按钮时，样式不会发生变化。

对于多个页面的情况，往往用户希望显示哪个页面，对应导航按钮处于被选中状态，下
面通过一个案例来讲解。

▍实例10：创建在线教育网首页

```
<!DOCTYPE html>
<html>
<head>
    <meta charset="UTF-8">
    <meta name="viewport"
content="width=device-width, initial-
scale=1">
    <link rel="stylesheet" href="jquery.
mobile/jquery.mobile-1.4.5.min.css">
    <script src="jquery.min.js"></
script>
    <script src="jquery.mobile/jquery.
mobile-1.4.5.min.js"></script>
</head>
<body>
<div data-role="page" id="first">
    <div data-role="header">
        <h1>在线教育网</h1>
        <div data-role="navbar">
            <ul>
                <li><a href="#"
class="ui-btn-active ui-state-persist">
主页</a></li>
                <li><a href="#second">
秒杀课程</a></li>
                <li><a href="#">搜索课程
</a></li>
            </ul>
        </div>
    </div>
    <div data-role="content"
class="content">
        <p>老码识途课程出品4大系列经典课程，
包括网络安全对抗训练营、网站前端开发训练营、
Python爬虫智能训练营、PHP网站开发训练营。关
注公众号:老码识途课堂，获取新人大礼包! </p>
    </div>
    <div data-role="footer">
        <h1>首页</h1>
    </div>
</div>

<div data-role="page" id="second">
    <div data-role="header">
        <h1>在线教育网</h1>
        <div data-role="navbar">
            <ul>
                <li><a href="#first">主页
</a></li>
                <li><a href="#"
class="ui-btn-active ui-state-persist">
秒杀课程                </a></li>
                <li><a href="#">搜索课程
</a></li>
            </ul>
        </div>
```

```
        </div>
        <div data-role="content"
class="content">
            <p>1.网络安全对抗训练营</p>
            <p>2.网站前端开发训练营</p>
            <p>3.Python爬虫智能训练营</p>
            <p>4.PHP网站开发训练营</p>

        </div>
        <div data-role="footer">
            <h1>团秒杀课程</h1>
        </div>
    </div>
</body>
</html>
```

图 11-43　在线教育网首页

在 Opera Mobile Emulator 模拟器中预览效果如图 11-43 所示。此时默认显示首页的内容，主页导航按钮处于选中状态。切换到"秒杀课程"页面后，秒杀课程导航按钮处于选中状态，如图 11-44 所示。

图 11-44　秒杀课程导航按钮处于选中状态

11.5　jQuery Mobile 主题

用户在设计移动网站时，往往需要配置背景颜色、导航颜色、布局颜色等，这些工作是非常耗费时间的。为此，jQuery Mobile 有两种不同的主题样式，每种主题按钮的颜色、导航、内容等颜色都是配置好的，效果也不相同。

这两种主题分别为 a 和 b，通过设置 data-theme 属性来引用主题 a 或 b，代码如下：

```
<div data-role="page" id="first" data-theme="a">
<div data-role="page" id="first" data-theme="b">
```

1. 主题 a

页面为灰色背景、黑色文字；头部与底部均为灰色背景、黑色文字；按钮为灰色背景、黑色文字；激活的按钮和链接为白色文本、蓝色背景；input 输入框中 placeholder 属性值为浅灰色，value 值为黑色。

下面通过一个案例来讲解主题 a 的样式效果。

▌ 实例 11：使用主题 a 的样式

```
<!DOCTYPE html>
<html>
<head>
    <meta charset="UTF-8">
        <meta name="viewport"
content="width=device-width, initial-
scale=1">
    <link rel="stylesheet" href="jquery.
mobile/jquery.mobile-1.4.5.min.css">
    <script src="jquery.min.js"></
```

```
script>
        <script src="jquery.mobile/jquery.
mobile-1.4.5.min.js"></script>
</head>
<body>
<div data-role="page" id="first" data-
theme="a">
    <div data-role="header">
        <h1>古诗鉴赏</h1>
    </div>
    <div data-role="content "
class="content">
```

```
        <p>秋风起兮白云飞，草木黄落兮雁南
归。兰有秀兮菊有芳，怀佳人兮不能忘。泛楼船兮济
汾河，横中流兮扬素波。</p>
        <a href="#">秋风辞</a>
        <a href="#" class="ui-btn">更多
古诗</a>
        <p>唐诗:</p>
        <ul data-role="listview" data-
autodividers="true" data-inset="true">
            <li><a href="#">将进酒</a></
li>
                <li><a href="#">春望</a></
li>
        </ul>
        <label for="fullname">请输入喜欢
诗的名字:</label>
            <input type="text"
name="fullname" id="fullname"
placeholder="诗词名称..">
```

```
        <label for="switch">切换开关:</
label>
            <select name="switch"
id="switch" data-role="slider">
                <option value="on">On</
option>
                <option value="off"
selected>Off</option>
            </select>
        </div>
        <div data-role="footer">
            <h1>经典诗歌</h1>
        </div>
    </div>

    </body>
</html>
```

主题 a 的样式效果如图 11-45 所示。

2. 主题 b

页面为黑色背景、白色文字；头部与底部均为黑色背景、白色文字；按钮为白色文字、木炭背景；激活的按钮和链接为白色文本、蓝色背景；input 输入框中 placeholder 性值为浅灰色、value 值为白色。

为了对比主题 a 的样式效果，请将上面案例的中代码：

```
<div data-role="page" id="first" data-theme="a">
```

修改如下：

```
<div data-role="page" id="first" data-theme="b">
```

主题 b 的样式效果如图 11-46 所示。

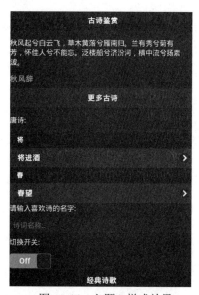

图 11-45　主题 a 样式效果　　　　图 11-46　主题 b 样式效果

主题样式 a 和 b 不仅仅可以应用到页面，也可以单独地应用到页面的头部、内容、底部、

导航条、按钮、面板、列表、表单等元素上。

例如，将主题样式 b 添加到页面的头部和底部，代码如下：

```
<div data-role="header" data-theme="b"></div>
<div data-role="footer" data-theme="b"></div>
```

将主题样式 b 添加到对话框的头部和底部，代码如下：

```
<div data-role="page" data-dialog="true" id="second">
  <div data-role="header" data-theme="b"></div>
  <div data-role="footer" data-theme="b"></div>
</div>
```

将主题样式 b 添加到按钮上时，需要使用 class="ui-btn- a|b" 来设置按钮颜色为灰色或黑色。例如，将样式 b 的样式应用到按钮上，代码如下：

```
<a href="#" class="ui-btn">灰色按钮（默认）</a>
<a href="#" class="ui-btn ui-btn-b">黑色按钮</a>
```

预览效果如图 11-47 所示。

图 11-47　按钮添加主题后的效果

在弹窗上应用主题样式的代码如下：

```
<div data-role="popup" id="myPopup" data-theme="b">
```

在头部和底部的按钮上也可以添加主题样式，例如以下代码：

```
<div data-role="header">
  <a href="#" class="ui-btn ui-btn-b">主页</a>
  <h1>古诗欣赏</h1>
  <a href="#" class="ui-btn">搜索</a>
</div>

<div data-role="footer">
  <a href="#" class="ui-btn ui-btn-b">上传古诗图文</a>
  <a href="#" class="ui-btn">名句欣赏鉴别</a>
  <a href="#" class="ui-btn ui-btn-b">联系我们</a>
</div>
```

预览效果如图 11-48 所示。

图 11-48　头部和底部的按钮添加主题后的效果

11.6 新手常见疑难问题

▌疑问 1：如何制作一个后退按钮？

如需创建后退按钮，请使用 data-rel="back" 属性（这会忽略锚的 href 值）：

```
<a href="#" data-role="button" data-rel="back">返回</a>
```

▌疑问 2：如何在面板上添加主题样式 b？

在主题上添加主题样式的方法比较简单，代码如下：

```
<div data-role="panel" id="myPanel" data-theme="b">
```

面板添加主题样式 b 后的效果如图 11-49 所示。

图 11-49　主题添加主题后的效果

11.7 实战技能训练营

▌实战 1：创建一个用户注册页面。

创建一个用户注册页面，在 Opera Mobile Emulator 模拟器中预览效果如图 11-50 所示。单击"出生年月"文本框时，会自动打开日期选择器，用户直接选择相应的日期即可，如图 11-51 所示。

图 11-50　用户注册页面

图 11-51　日期选择器

▌实战 2：创建一个在线商城的主页。

　　创建一个在线商城的主页，使用主题样式 b，在 Opera Mobile Emulator 模拟器中预览效果如图 11-52 所示。此时默认显示首页的内容，主页导航按钮处于选中状态。切换到"秒杀商品"页面后，秒杀商品导航按钮处于选中状态，如图 11-53 所示。

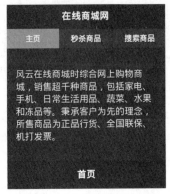

图 11-52　在线商城的主页

图 11-53　秒杀商品导航按钮处于选中状态

第12章 jQuery Mobile事件

📖 本章导读

　　页面有了事件就有了"灵魂"，可见事件对于页面是多么重要，这是因为事件使页面具有了动态性和响应性，如果没有事件将很难完成页面与用户之间的交互。jQuery Mobile 针对移动端提供了各种浏览器事件，包括页面事件、触摸事件、滑动事件、定位事件等。本章介绍如何使用 jQuery Mobile 的事件。

📑 知识导图

12.1 页面事件

jQuery Mobile 针对各个页面生命周期的事件可以分为以下几种。

（1）初始化事件：分别在页面初始化之前，页面创建时和页面初始化之后触发的事件。

（2）外部页面加载事件：外部页面加载时触发事件。

（3）页面过渡事件：页面过渡时触发事件。

使用 jQuery Mobile 事件的方法比较简单，只需要使用 on() 方法指定要触发的时间并设定事件处理函数即可，语法格式如下：

```
$(document).on(事件名称,选择器,事件处理函数)
```

其中选择器是可选参数，如果省略该参数，表示事件应用于整个页面而不限定哪一个组件。

12.1.1 初始化事件

初始化事件发生的时间包括页面初始化之前、页面创建时和页面创建后。下面将详细介绍初始化事件。

1. Mobileinit

当 jQuery Mobile 开始执行时，首先会触发 mobileinit 事件。如果想更改 jQuery Mobile 的默认值时，就可以将函数绑定到 mobileinit 事件。语法格式如下：

```
$(document).on("mobileinit",function(){
    // jQuery 事件
});
```

例如，jQuery Mobile 开始执行任何操作时都会使用 Ajax 的方式，如果不想使用 Ajax，可以在 mobileinit 事件中将 $.mobile.ajaxEnabled 更改为 false，代码如下：

```
$(document).on("mobileinit",function(){
    $.mobile.ajaxEnabled=false;
});
```

需要注意的是，上面的代码要放在引用 jquery.mobile.js 之前。

2. jQuery Mobile Initialization 事件

jQuery Mobile Initialization 事件主要包括 pagebeforecreate 事件、pagecreate 事件和 pageinit 事件，它们的区别如下。

（1）pagebeforecreate 事件：发生在页面 DOM 加载后，正在初始化时，语法格式如下：

```
$(document).on("pagebeforecreate",function(){
    // 程序语句
});
```

（2）pagecreate 事件：发生在页面 DOM 加载完成，初始化也完成时，语法格式如下：

```
$(document).on("pagecreate",function(){
    // 程序语句
});
```

（3）pageinit 事件：发生在页面初始化完成以后，语法格式如下：

```
$(document).on("pageinit",function(){
    // 程序语句
});
```

实例 1：使用 jQuery Mobile Initialization 事件

```html
<!DOCTYPE html>
<html>
<head>
    <meta charset="UTF-8">
    <meta name="viewport" content=
"width=device-width, initial-scale=1">
    <link rel="stylesheet" href="jquery.
mobile/jquery.mobile-1.4.5.min.css">
    <script src="jquery.min.js"></
script>
    <script src="jquery.mobile/jquery.
mobile-1.4.5.min.js"></script>
    <script>
            $(document).on("pagebe
forecreate",function(){
            alert("注意: pagebeforecreate
事件开始触发");
        });
                $(document).on
("pagecreate",function(){
            alert("注意: pagecreate事件
触发开始触发");
        });
                $(document).on
("pageinit",function(){
            alert("注意: pageinit事件开
始触发");
        });
    </script>
</head>
<body>
<div data-role="page" id="first">
    <div data-role="header">
        <h1>古诗欣赏</h1>
    </div>
    <div data-role="main" class="ui-
content">
        <p>几回花下坐吹箫，银汉红墙入望遥。
</p>
        <a href="#second">下一页</a>
    </div>
    <div data-role="footer">
        <h1>清代诗人</h1>
    </div>
</div>
<div data-role="page" id="second">
    <div data-role="header">
        <h1>古诗欣赏</h1>
    </div>
    <div data-role="main" class="ui-
content">
        <p>似此星辰非昨夜，为谁风露立中宵。
</p>
        <a href="#first">上一页</a>
    </div>
    <div data-role="footer">
        <h1>经典诗词</h1>
    </div>
</div>
</body>
</html>
```

在 Opera Mobile Emulator 模拟器中预览程序的效果，这三个事件的执行顺序如图 12-1 所示。三次单击"确定"按钮后，结果如图 12-2 所示。单击"下一页"链接，将重新再次执行上述三个事件。

图 12-1　初始化事件

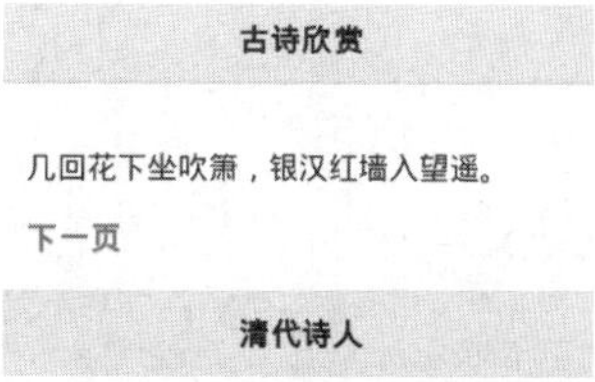

图 12-2　页面最终效果

12.1.2 外部页面加载事件

外面页面加载时，最常见的加载事件如下。

1. pagebeforeload 事件

pagebeforeload 事件在外部页面加载前触发，语法格式如下：

```
<script>
$(document).on("pagebeforeload",function(){
    alert("有外部文件将要被加载");
});
</script>
```

2. pageload 事件

当页面加载成功时，触发 pageload 事件。语法格式如下：

```
<script>
$(document).on("pageload",function(event,data){
    alert("pageload事件触发!\nURL: " + data.url);
});
</script>
```

pageload 事件的函数的参数含义如下。

1）event

任何 jQuery 的事件属性，例如 event.type、event.pageX 和 target 等。

2）data

data 包含以下属性。

（1）url：页面的 url 地址，是字符串类型。

（2）absUrl：绝对地址，是字符串类型。

（3）dataUrl：地址栏 URL，是字符串类型。

（4）options：$.mobile.loadPage() 指定的选项，是对象类型。

（5）xhr：XMLHttpRequest 对象，是对象类型。

（6）textStatus：对象状态或空值，返回状态。

3. pageloadfailed 事件

如果页面载入失败，触发 pageloadfailed 事件。默认地，将显示"Error Loading Page"消息。
语法格式如下：

```
$(document).on("pageloadfailed",function(event,data){
    alert("抱歉，被请求页面不存在。");
});
</script>
```

▌实例 2：外部页面加载事件

```
<!DOCTYPE html>
<html>
<head>
    <meta charset="UTF-8">
    <meta name="viewport"
content="width=device-width, initial-
scale=1">
    <link rel="stylesheet" href="jquery.
mobile/jquery.mobile-1.4.5.min.css">
    <script src="jquery.min.js"></
script>
    <script src="jquery.mobile/jquery.
mobile-1.4.5.min.js"></script>
    <script>
        $(document).on
("pageload",function(event,data){
```

```
                alert("pageload事件触发!\
nURL: " + data.url);
            });
                $(document).on
("pageloadfailed",function(){
                alert("抱歉，被请求页面不存
在。");
            });
    </script>
</head>
<body>
<div data-role="page" id="first">
    <div data-role="header">
        <h1>古诗欣赏</h1>
    </div>
        <div data-role="content"
class="content">
            <p>众鸟高飞尽，孤云独去闲。相看两不
```

```
厌，只有敬亭山。</p>
        <a href="123.1.html" >上一页</a>
        <a href="1.html" rel="external">
下一页</a>
    </div>
    <div data-role="footer">
        <h1>经典诗词</h1>
    </div>
</div>
</body>
</html>
```

在 Opera Mobile Emulator 模拟器中预览
如图 12-3 所示。单击"下一页"按钮，结果
如图 12-4 所示。

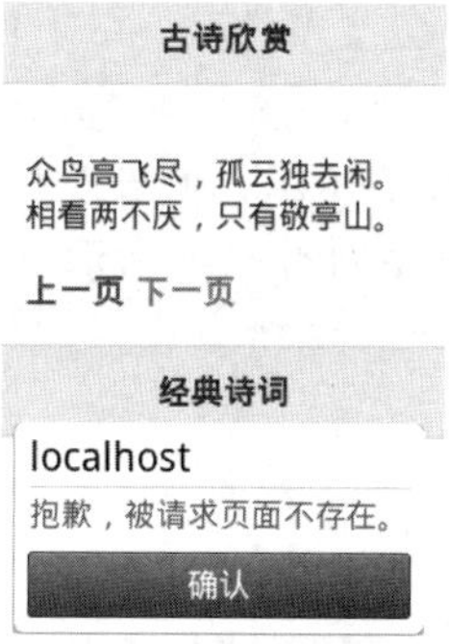

图 12-3　触发 pageloadfailed 事件

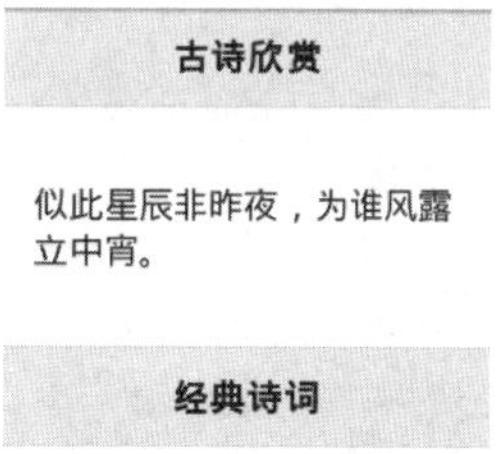

图 12-4　"下一页"效果

12.1.3　页面过渡事件

在 jQuery Mobile 中，在当前页面过渡到下一页时，会触发以下几个事件。

（1）pagebeforeshow 事件：在当前页面触发，在过渡动画开始前。

（2）pageshow 事件：在当前页面触发，在过渡动画完成后。

（3）pagebeforehide 事件：在下一页触发，在过渡动画开始前。

（4）pagehide 事件：在下一页触发，过渡动画完成后。

实例 3：页面过渡事件

```
<!DOCTYPE html>
<html>
<head>
    <meta charset="UTF-8">
    <meta name="viewport" content=
"width=device-width, initial-scale=1">
    <link rel="stylesheet" href="jquery.
mobile/jquery.mobile-1.4.5.min.css">
    <script src="jquery.min.js"></
script>
    <script src="jquery.mobile/jquery.
mobile-1.4.5.min.js"></script>
```

```
    <script>
        $(document).on("pagebeforeshow",
"#second",function(){
            alert("触发 pagebeforeshow
事件，下一页即将显示");
        });
            $(document).on
("pageshow","#second",function(){
            alert("触发 pageshow 事件，
现在显示下一页");
        });
        $(document).on("pagebeforehide",
"#second",function(){
            alert("触发 pagebeforehide
事件，下一页即将隐藏");
```

```
                    });
                        $(document).on
("pagehide","#second",function(){
                alert("触发 pagehide 事件,
现在隐藏下一页");
            });</script>
</head>
<body>
<div data-role="page" id="first">
    <div data-role="header">
        <h1>在线商城</h1>
    </div>
        <div data-role="content"
class="content">
        <h3>今日秒杀商品如下:</h3>
        <p>1. 干果大礼包 69.99元每袋</p>
        <p>2. 零食大礼包 39.99元每袋</p>
        <p>3. 水果大礼包 89.99元每袋</p>
        <p>4. 辣条大礼包 19.99元每袋</p>
        <a href="#second">下一页</a>
    </div>
    <div data-role="footer">
        <h1>秒杀商品</h1>
    </div>
</div>
```

```
<div data-role="page" id="second">
    <div data-role="header">
        <h1>在线商城</h1>
    </div>
        <div data-role="content"
class="content">
        <h3>今日拼团商品如下:</h3>
        <p>1. 饮料 5元每瓶</p>
        <p>2. 零食 2元每袋</p>
        <p>3. 香蕉 2元每公斤</p>
        <p>4. 苹果 3元每公斤</p>
        <a href="#first">上一页</a>
    </div>
    <div data-role="footer">
        <h1>拼团抢购</h1>
    </div>
</div>
</body>
</html>
```

在 Opera Mobile Emulator 模拟器中预览
如图 12-5 所示。单击"下一页"按钮，事件
触发顺序如图 12-6 所示。

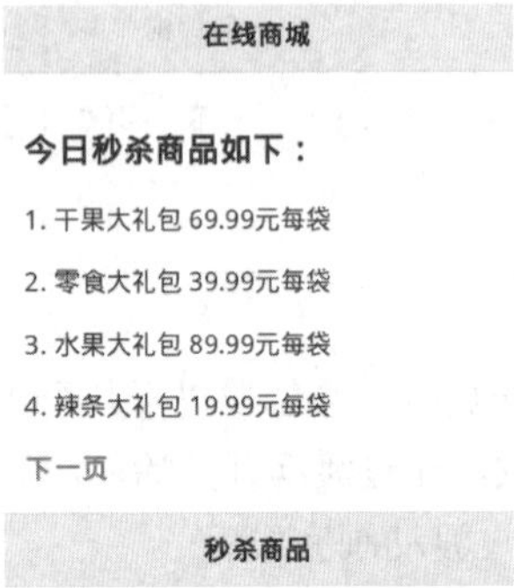

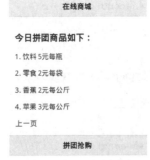

图 12-5　程序预览效果

图 12-6　当前页面触发事件顺序

单击两次"确定"按钮，进入下一页中，如图 12-7 所示。单击"上一页"按钮，事件
触发顺序如图 12-8 所示。

图 12-7　下一页页面效果

图 12-8　下一页触发事件顺序

12.2 触摸事件

针对移动端浏览器提供了触摸事件，表示当用户触摸屏幕时触发的事件，包括点击事件和滑动事件。

12.2.1 点击事件

点击事件包括 tap 事件和 taphold 事件，下面将详细介绍它们的用法和区别。

1. tap 事件

当用户点击页面上的元素时，会触发点击（tap）事件，语法如下：

```
$("p").on("tap",function(){
    $(this).hide();
});
```

上面代码作用是点击 p 组件后，将会将该组件隐藏。

▌实例 4：使用点击事件

```
<!DOCTYPE html>
<html>
<head>
    <meta charset="UTF-8">
    <meta name="viewport" content=
"width=device-width, initial-scale=1">
    <link rel="stylesheet" href="jquery.
mobile/jquery.mobile-1.4.5.min.css">
    <script src="jquery.min.js"></
script>
    <script src="jquery.mobile/jquery.
mobile-1.4.5.min.js"></script>
    <script type="text/javascript">
        $(function() {
            $("#m1").on("tap",
function(){
                $(this).css("color",
"blue")
            });
        });
    </script>
</head>
<body>
```

```
<div data-role="page" data-theme="a">
    <div data-role="header">
        <h1>老码识途课堂</h1>
    </div>
    <div data-role="content">
        <div id="m1">
            <p>1.网络安全对抗训练营</p>
            <p>2.网站前端开发训练营</p>
            <p>3.Python爬虫智能训练营</p>
        </div>
    </div>
    <div data-role="footer">
        <h4>打造经典IT课程</h4>
    </div>
</div>
</body>
</html>
```

在 Opera Mobile Emulator 模拟器中预览如图 12-9 示。在页面中的图片上面点击，即可隐藏图片。在页面中的文字上面点击，即可改变文字的颜色为蓝色，最终结果如图 12-10 所示。

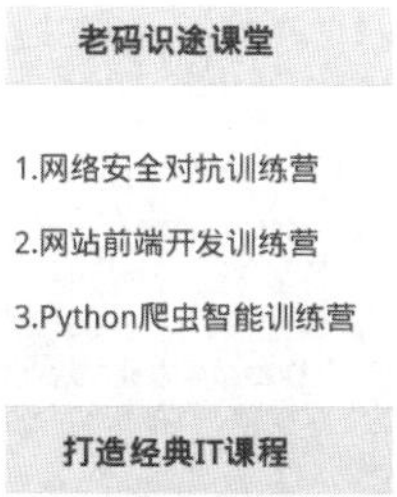

老码识途课堂	老码识途课堂
1.网络安全对抗训练营	1.网络安全对抗训练营
2.网站前端开发训练营	2.网站前端开发训练营
3.Python爬虫智能训练营	3.Python爬虫智能训练营
打造经典IT课程	打造经典IT课程

图 12-9　程序预览效果 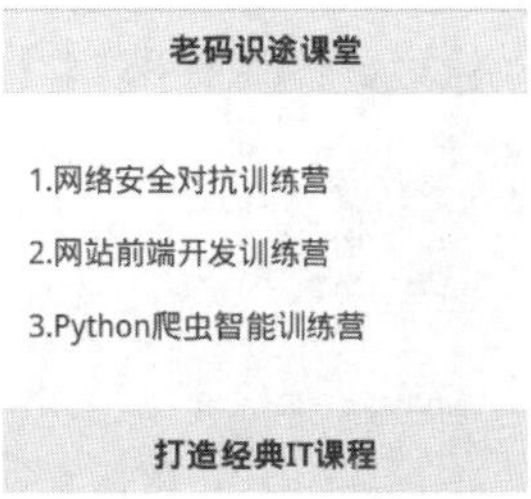　　　　图 12-10　触发 tap 事件

2. taphold

如果点击页面并按住不放，则会触发 taphold 事件，语法如下：

```
$("p").on("taphold",function(){
    $(this).hide();
});
```

默认情况下，按住不放 750ms 之后触发 taphold 事件。用户也可以修改这个时间的长短，语法如下：

```
$(document).on("mobileinit",function(){
    $.event.special.tap.tapholdThreshold=5000;
});
```

修改后需要按住 5 秒以后才会触发 taphold 事件。

▌实例 5：设计隐藏图片效果

```
<!DOCTYPE html>
<html>
<head>
    <meta charset="UTF-8">
        <meta name="viewport"
content="width=device-width, initial-
scale=1">
        <link rel="stylesheet" href="jquery.
mobile/jquery.mobile-1.4.5.min.css">
        <script src="jquery.min.js"></
script>
        <script src="jquery.mobile/jquery.
mobile-1.4.5.min.js"></script>
        <script type="text/javascript">
            $(document).on("mobileinit",
function(){
                $.event.special.tap.
tapholdThreshold=2000
        });
        $(function() {
                $("img").on
("taphold",function(){
                $(this).hide();
            });
```

```
        });
    </script>
</head>
<body>
<div data-role="page" data-theme="a">
    <div data-role="header">
        <h1>老码识途课堂</h1>
    </div>
    <div data-role="content">
        <img src="1.jpg" width="220"
height="200" border="0">
        <p>按住图片两秒钟即可隐藏图片哦！</
p>
    </div>
    <div data-role="footer">
        <h4>打造经典IT课程</h4>
    </div>
</div>
</body>
</html>
```

在 Opera Mobile Emulator 模拟器中预览如图 12-11 所示。点击图片 1 秒后，即可发现图片被隐藏了，如图 12-12 所示。

图 12-11　程序预览效果

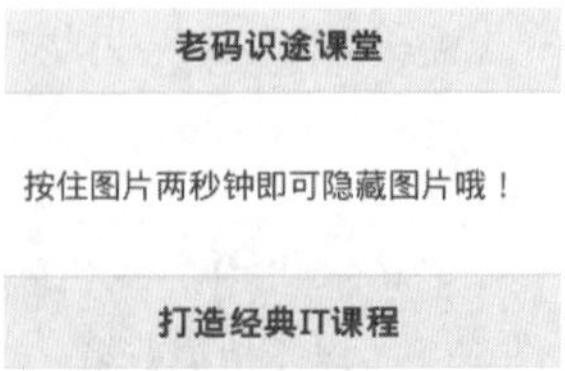

老码识途课堂

按住图片两秒钟即可隐藏图片哦！

打造经典IT课程

图 12-12　触发 taphold 事件

12.2.2　滑动事件

滑动事件是在用户一秒内水平拖曳大于 30px，或者纵向拖曳小于 20px 的事件发生时触发的事件。滑动事件使用 swipe 语法来捕捉，语法如下：

```
$("p").on("swipe",function(){
  $("span").text("滑动检测!");
});
```

上述语法是捕捉 p 组件的滑动事件，并将消息显示在 span 组件中。

向左滑动事件在用户向左拖动元素大于 30px 时触发，使用 swipeleft 语法来扑捉，语法如下：

```
$("p").on("swipeleft",function(){
  $("span").text("向左滑动检测!");
});
```

向右滑动事件在用户向右拖动元素大于 30px 时触发，使用 swiperight 语法来捕捉，语法如下：

```
$("p").on("swiperight,function(){
  $("span").text("向右滑动检测!");
});
```

▌实例 6：使用向右滑动事件

```
<!DOCTYPE html>
<html>
<head>
    <meta charset="UTF-8">
    <meta name="viewport"
content="width=device-width, initial-
scale=1">
    <link rel="stylesheet" href="jquery.
mobile/jquery.mobile-1.4.5.min.css">
    <script src="jquery.min.js"></
script>
    <script src="jquery.mobile/jquery.
mobile-1.4.5.min.js"></script>
    <script>
        $(document).on("pagecreate",
"#first",function(){
                $("img").on
("swiperight",function(){
                alert("您向右滑动了图片
哦!");
            });
                $("#m1").on
("swipeleft",function(){
                alert("您向左滑动了文字
哦!");
            });
        });
```

```
    </script>
</head>
<body>
<div data-role="page" id="first">
    <div data-role="header">
        <h1>老码识途课堂</h1>
    </div>
    <div data-role="content"
class="content">
        <img src=1.jpg > <br />
        <div id="m1">
            <p>1.网络安全对抗训练营</p>
            <p>2.网站前端开发训练营</p>
            <p>3.Python爬虫智能训练营</p>
        </div>
    </div>
    <div data-role="footer">
        <h1>打造经典IT课程</h1>
    </div>
</div>
</body>
</html>
```

在 Opera Mobile Emulator 模拟器中预览程序，向右滑动图片，结果如图 12-13 所示。向左滑动图片下的文字，效果如图 12-14 所示。

图 12-13 触发向右滑动事件　　　图 12-14 触发向左滑动事件

12.3 滚屏事件

jQuery Mobile 提供了两种滚屏事件，分别是滚屏开始时触发 scrollstart 事件和滚动结束时触发 scrollstop 事件。

1. scrollstart 事件

scrollstart 事件是在用户开始滚动页面时触发。语法如下：

```
$(document).on("scrollstart",function(){
    alert("屏幕开始滚动了!");
});
```

▌实例 7：使用 Scrollstart 事件

```
<!DOCTYPE html>
<html>
<head>
    <meta charset="UTF-8">
    <meta name="viewport" content=
"width=device-width, initial-scale=1">
    <link rel="stylesheet" href="jquery.
mobile/jquery.mobile-1.4.5.min.css">
    <script src="jquery.min.js"></
script>
    <script src="jquery.mobile/jquery.
mobile-1.4.5.min.js"></script>
    <script>
        $(document).on("pagecreate",
"#first",function(){
            $(document).on
("scrollstart",function(){
                alert("屏幕开始滚动
了!");
            });
        });
    </script>
</head>
<body>
```

```
<div data-role="page" id="first">
    <div data-role="header">
        <h1>古诗欣赏</h1>
    </div>
        <div data-role="content"
class="content">
        <img src=2.jpg >
        <p>今夕何夕兮，搴舟中流。</p>
        <p>今日何日兮，得与王子同舟。</p>
        <p>蒙羞被好兮，不訾诟耻。</p>
        <p>心几烦而不绝兮，得知王子。</p>
        <p>山有木兮木有枝，心悦君兮君不知。</p>
    </div>
    <div data-role="footer">
        <h1>经典诗词</h1>
    </div>
</div>
</body>
</html>
</body>
</html>
```

在 Opera Mobile Emulator 模拟器中预览如图 12-15 所示。向上滚动屏幕，效果如图 12-16 所示。

图 12-15　程序预览效果　　　　图 12-16　触发滚屏事件

2. scrollstop 事件

scrollstop 事件是在用户停止滚动页面时触发，语法如下：

```
$(document).on("scrollstop",function(){
 alert("停止滚动!");
});
```

▍实例 8：使用 Scrollstop 事件

```
<!DOCTYPE html>
<html>
<head>
    <meta charset="UTF-8">
        <meta name="viewport"
content="width=device-width, initial-
scale=1">
    <link rel="stylesheet" href="jquery.
mobile/jquery.mobile-1.4.5.min.css">
        <script src="jquery.min.js"></
script>
        <script src="jquery.mobile/jquery.
mobile-1.4.5.min.js"></script>
    <script>
            $(document).on("pagecreate",
"#first",function(){
                    $(document).on
("scrollstop",function(){
                    alert("屏幕已经停止滚动
了!");
                });
            });
    </script>
```

```
</head>
<body>
<div data-role="page" id="first">
    <div data-role="header">
        <h1>古诗欣赏</h1>
    </div>
        <div data-role="content"
class="content">
        <img src=3.jpg >
        <p>天地有万古，此身不再得。</p>
        <p>人生只百年，此日最易过。</p>
        <p>宠辱不惊，闲看庭前花开花落。</p>
        <p>去留无意，漫随天外云卷云舒。</p>
    </div>
    <div data-role="footer">
        <h1>经典诗词</h1>
    </div>
</div>
</body>
</html>
```

在 Opera Mobile Emulator 模拟器中预览
如图 12-17 所示。向上滚动屏幕，停止后效
果如图 12-18 所示。

209

图 12-17　程序预览效果　　　　图 12-18　触发滚屏事件

12.4　定位事件

当移动设备水平或垂直翻转时触发定位事件。也就是常说的方向改变（orientationchange）事件。

在使用定位事件时，请将 orientationchange 事件绑定到 window 对象上，语法如下：

```
$(window).on("orientationchange",function(event){
alert("设备的方向改变为"+ event.orientation);
});
```

这里的 event 对象用来接收 orientation 属性值，用 event.orientation 返回的设备是水平还是垂直，类型为字符串，如果是横行，返回值为 landscape，如果是纵向，返回值为 portrait。

▍实例 9：使用定位事件

```
<!DOCTYPE html>
<html>
<head>
    <meta charset="UTF-8">
    <meta name="viewport"
content="width=device-width, initial-
scale=1">
    <link rel="stylesheet" href="jquery.
mobile/jquery.mobile-1.4.5.min.css">
    <script src="jquery.min.js"></
script>
    <script src="jquery.mobile/jquery.
mobile-1.4.5.min.js"></script>
    <script type="text/javascript">
            $(document).on
("pageinit",function(event){
```

```
            $(window).on(
"orientationchange",function(event)
{
            if(event.orientation
== "landscape")
            $("#orientation")
.text("现在是水平模式!").css
({"background-color":"yellow","font-
size":"300%"});
            if(event.orientation
== "portrait")
            $("#orientation")
.text("现在是垂直模式!").css
({"background-color":"green","font-
size":"200%"});
            });
        })
    </script>
```

210

```
</head>
<body>
<div data-role="page" id="first">
    <div data-role="header">
        <h1>古诗欣赏</h1>
    </div>
        <div data-role="content"
class="content">
            <span id="orientation"></
span><br>
            <p>红藕香残玉簟秋。轻解罗裳，独上兰
舟。云中谁寄锦书来？雁字回时，月满西楼。</p>
        </div>
        <div data-role="footer">
            <h1>经典诗词</h1>
```

```
        </div>
    </div>
    </div>
</body>
</html>
```

在 Opera Mobile Emulator 模 拟 器 中预览如图 12-19 所示。单击 Opera Mobile Emulator 模拟器上的方向改变按钮，此时方向改变为水平方向，效果如图 12-20 所示。

再次单击 Opera Mobile Emulator 模拟器上的方向改变按钮，此时方向改变为垂直方向，效果如图 12-21 所示。

图 12-19　程序预览效果　　　　图 12-20　设备水平方向　　　　图 12-21　设备垂直方向

12.5　新手常见疑难问题

▎疑问 1：引入外部链接文件时没有反应怎么办？

很多资料上讲述引用外部链接文件时都比较简单，直接把 a href=" " 的内容改成该文件的链接，例如：

```
<a href="外部文件.html" ></a>
```

单击链接时才发现没有反应或者报错，也就是找不到跳转的页面。主要原因是因为 jquery mobile 默认用 a 标签引入文件时，都是默认引入内部文件的，为了缩短访问时间，它只会加载这个文件的内容。

解决上述问题的方法就是加一句 rel="external" 或 data-ajax="false"。将上述代码修改如下：

```
<a href="外部文件.html" rel="external"></a>
```

即可解决引入外部链接文件时没有反应的问题。

■ 疑问 2：如何在设备方向改变时获取移动设备的高度和宽度？

　　如果设备方向改变时要获取移动设备的长度和宽度，可以绑定 resize 事件。该事件在页面大小改变时将触发，语法如下：

```
$(window).on("resize",function(){
    var win= $(this);                    //this指的是window
    alert("宽度为"+win.width()+"高度为"+ win.height());
});
```

12.6　实战技能训练营

■ 实战 1：设计隐藏古诗内容的效果。

　　创建一个古诗页面。在 Opera Mobile Emulator 模拟器中预览如图 12-22 所示。点击哪一行，就隐藏哪一行。例如这里点击第三行，即可发现第三行的内容被隐藏了，如图 12-23 所示。

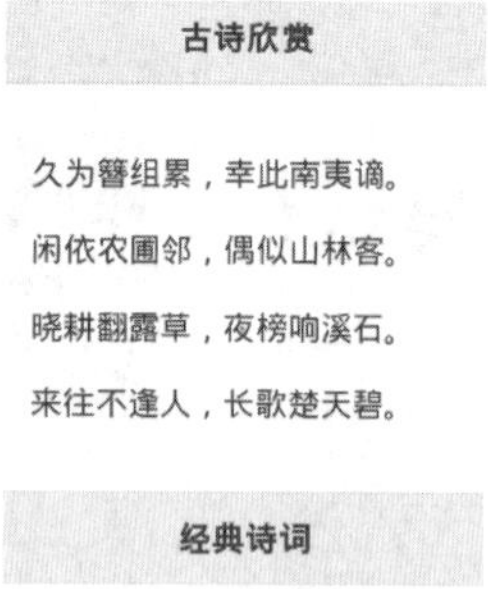

图 12-22　程序预览效果 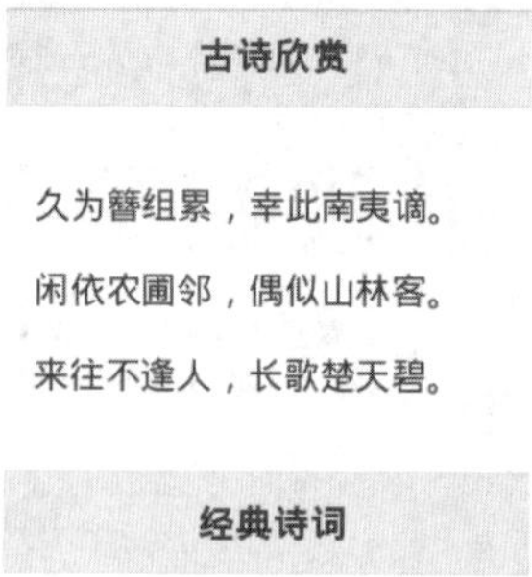　　图 12-23　隐藏第三行古诗的内容

■ 实战 2：创建一个商品秒杀的滚屏页面。

　　创建一个商品秒杀的滚屏页面，在 Opera Mobile Emulator 模拟器中预览如图 12-24 所示。向上滚动屏幕，停止滚动后效果如图 12-25 所示。

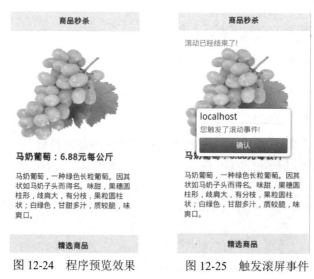

图 12-24　程序预览效果　　图 12-25　触发滚屏事件

第13章 数据存储和读取技术

本章导读

开发 App 时往往需要考虑数据的保存方式。Web Storage 是 HTML5 引入的一个非常重要的功能，可以在客户端本地存储数据，类似 HTML4 的 Cookie，但可实现功能要比 Cookie 强大得多，Cookie 大小被限制在 4KB，Web Storage 官方建议为每个网站 5MB。在离线状态下无法访问远程数据库，此时可以采用 Web SQL 在本地保存数据，也可以通过本地文件保存数据。本章重点学习如何操作 Web Storage、Web SQL Database 和本地文件。

知识导图

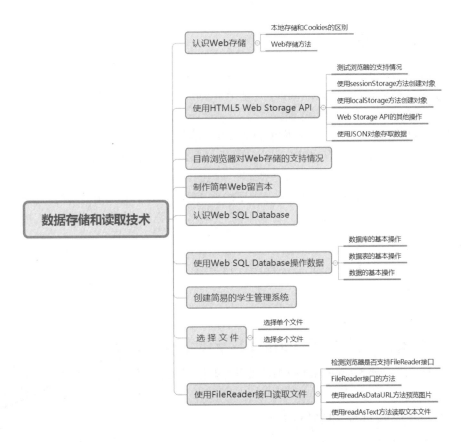

13.1　认识 Web 存储

在 HTML5 标准之前，Web 存储信息需要 Cookie 来完成，但是 Cookie 不适合大量数据的存储，因为它们由每个对服务器的请求来传递，这使得 Cookie 速度很慢而且效率也不高。为此，在 HTML5 中，Web 存储 API 为用户如何在计算机或设备上存储用户信息作了数据标准的定义。

13.1.1　本地存储和 Cookies 的区别

本地存储和 Cookies 扮演着类似的角色，但是它们有着根本的区别。

（1）本地存储是仅存储在用户的硬盘上，并等待用户读取，而 Cookies 是在服务器上读取。

（2）本地存储仅供客户端使用，如果需要服务器端根据存储数值做出反应，就应该使用 Cookies。

（3）读取本地存储不会影响到网络带宽，但是使用 Cookies 将会发送到服务器，这样会影响到网络带宽，无形中增加了成本。

（4）从存储容量上看，本地存储可存储多达 5MB 的数据，而 Cookies 最多只能存储 4KB 的数据信息。

13.1.2　Web 存储方法

在 HTML5 标准中，提供了以下两种在客户端存储数据的新方法。

（1）sessionStorage：sessionStorage 是基于 session 的数据存储，在关闭或者离开网站后，数据将会被删除，也被称为会话存储。

（2）localStorage：没有时间限制的数据存储，也被称为本地存储。

与会话存储不同，本地存储将在用户计算机上永久保持数据信息。关闭浏览器窗口后，如果再次打开该站点，将可以检索所有存储在本地的数据。

在 HTML5 中，数据不是由每个服务器请求传递的，而是只有在请求时使用数据，因此，存储大量数据时不会影响网站性能。对于不同的网站，数据存储于不同的区域，并且一个网站只能访问其自身的数据。

> 提示：HTML5 使用 JavaScript 来存储和访问数据，为此，建议用户可以多了解一下 Javascript 的基本知识。

13.2　使用 HTML5 Web Storage API

使用 HTML5 Web Storage API 技术，可以很好地实现本地存储。

13.2.1　测试浏览器的支持情况

Web Storage 在各大主流浏览器中都可支持，但是为了兼容老的浏览器，还是要检查一下是否可以使用这项技术，主要有两种方法。

1. 通过检查 Storage 对象是否存在

第一种方式：通过检查 Storage 对象是否存在，来检查浏览器是否支持 Web Storage，代码如下：

```
if ( typeof ( Storage ) !=="undefined" ) {
    //是的! 支持 localStorage  sessionStorage 对象!
    //一些代码.....
} else {
    //抱歉! 不支持 web 存储。
}
```

2. 分别检查各自的对象

第二种方式：分别检查各自的对象。例如：检查 localStorage 是否支持，代码如下：

```
if ( typeof ( localStorage ) == 'undefined' ) {
    alert ( 'Your browser does not support HTML5 localStorage. Try upgrading.' );
} else {
    //是的! 支持 localStorage  sessionStorage 对象!
    // 一些代码.....
}
```

或者：

```
if ( 'localStorage' in window && window['localStorage'] !== null ) {
    //是的! 支持 localStorage  sessionStorage 对象!
    // 一些代码.....
} else {
    alert ( 'Your browser does not support HTML5 localStorage. Try upgrading.' );
}
```

或者：

```
if ( !!localStorage ) {
    //是的! 支持 localStorage  sessionStorage 对象!
    // 一些代码....
} else {
    alert ( '您的浏览器不支持localStorage  sessionStorage 对象!' );
}
```

13.2.2 使用 sessionStorage 方法创建对象

sessionStorage 方法针对一个 session 进行数据存储。如果用户关闭浏览器窗口后，数据会被自动删除。

创建一个 sessionStorage 方法的基本语法格式如下：

```
<script type="text/javascript">
    sessionStorage.abc="  ";
</script>
```

1. 创建对象

实例 1：使用 sessionStorage 方法创建对象

```html
<!DOCTYPE html>
<html>
<head>
  <meta charset="UTF-8">
</head>
<body>
<script type="text/javascript">
  sessionStorage.name="努力过好每一天！";
  document.write(sessionStorage.name);
</script>
</body>
```

```html
</html>
```

运行效果如图 13-1 所示。即可看到使用 sessionStorage 方法创建的对象内容显示在网页中。

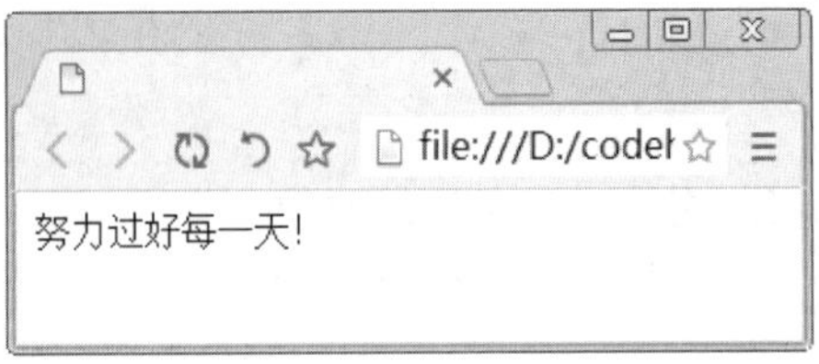

图 13-1　使用 sessionStorage 方法创建对象

2. 制作网站访问记录计数器

下面继续使用 sessionStorage 方法来做一个实例，主要制作记录用户访问网站次数的计数器。

实例 2：制作网站访问记录计数器

```html
<!DOCTYPE html>
<html>
<head>
  <meta charset="UTF-8">
</head>>
<body>
<script type="text/javascript">
  if (sessionStorage. count)
  {
      sessionStorage.count=Number
(sessionStorage.count)+1;
  }
  else
  {
    sessionStorage. count=1;
  }
```

```html
  document.write("您访问该网站的次数为:"
+ sessionStorage.count);
</script>
</body>
</html>
```

运行效果如图 13-2 所示。如果用户刷新一次页面，计数器的数值将进行加 1。

您访问该网站的次数为：2

图 13-2　使用 sessionStorage 方法创建计数器

提示：如果用户关闭浏览器窗口，再次打开该网页，计数器将重置为 1。

13.2.3　使用 localStorage 方法创建对象

与 seessionStorage 方法不同，localStorage 方法存储的数据没有时间限制。也就是说网页浏览者关闭网页很长一段时间后，再次打开此网页时，数据依然可用。

创建一个 localStorage 方法的基本语法格式如下：

```html
<script type="text/javascript">
    localStorage.abc="  ";
</script>
```

1. 创建对象

▌ 实例 3: 使用 localStorage 方法创建对象

```
<!DOCTYPE html>
<html>
<head>
  <meta charset="UTF-8">
</head>
<body>
<script type="text/javascript">
   localStorage.name="学习HTML5最新的技
术:Web存储";
   document.write(localStorage.name);
</script>
</body>
```

```
</html>
```

运行效果如图 13-3 所示。即可看到使用 localStorage 方法创建的对象内容显示在网页中。

图 13-3　使用 localStorage 方法创建对象

2. 制作网站访问记录计数器

下面仍然使用 localStorage 方法来制作记录用户访问网站次数的计数器。用户可以清楚地看到 localStorage 方法和 sessionStorage 方法的区别。

▌ 实例 4: 制作网站访问记录计数器

```
<!DOCTYPE html>
<html>
<head>
  <meta charset="UTF-8">
</head>
<body>
<script type="text/javascript">
  if (localStorage.count)
  {
      localStorage.count=Number
(localStorage.count)+1;
  }
  else
  {
    localStorage.count=1;
  }
  document.write("您访问该网站的次数为:"
+ localStorage.count");
```

```
</script>
</body>
</html>
```

运行效果如图 13-4 所示。如果用户刷新一次页面，计数器的数值将进行加 1；如果用户关闭浏览器窗口，再次打开该网页，计数器会继续上一次计数，而不会重置为 1。

图 13-4　使用 localStorage 方法创建计数器

13.2.4　Web Storage API 的其他操作

Web Storage API 的 localStorage 和 sessionStorage 对象除了以上基本应用外，还有以下两个方面。

1. 清空 localStorage 数据

localStorage 的 clear() 函数用于清空同源的本地存储数据，比如 localStorage.clear()，它将删除所有本地存储的 localStorage 数据。

而 Web Storage 的另外一部分 Session Storage 中的 clear() 函数只清空当前会话存储的数据。

2. 遍历 localStorage 数据

遍历 localStorage 数据可以查看 localStrage 对象保存的全部数据信息。在遍历过程中，需要访问 localStorage 对象的另外两个属性 length 与 key。length 表示 localStorage 对象中保存数据的总量，key 表示保存数据时的键名项，该属性常与索引号（index）配合使用，表示第几条键名对应的数据记录，其中，索引号（index）以 0 值开始，如果取第 3 条键名对应的数据，index 值应该为 2。

取出数据并显示数据内容的代码如下：

```
functino showInfo(){
    var array=new Array();
    for(var i=0;i
    //调用key方法获取localStorage中数据对应的键名
    //如这里键名是从test1开始递增到testN的，那么localStorage.key(0)对应test1
    var getKey=localStorage.key(i);
    //通过键名获取值，这里的值包括内容和日期
    var getVal=localStorage.getItem(getKey);
    //array[0]就是内容，array[1]是日期
    array=getVal.split(",");
    }
}
```

获取并保存数据的代码如下。

```
var storage = window.localStorage; f
or (var i=0, len = storage.length; i < len; i++){
    var key = storage.key(i);
    var value = storage.getItem(key);
    console.log(key + "=" + value); }
```

> **注意**：由于 localStorage 不仅仅是存储了这里所添加的信息，可能还存在其他信息，但是那些信息的键名也是以递增数字形式表示的，如果这里也用纯数字就可能覆盖另外一部分的信息，所以建议键名都用独特的字符区分开，这里在每个 ID 前加上 test 以示区别。

13.2.5 使用 JSON 对象存取数据

在 HTML5 中可以使用 JSON 对象来存取一组相关的对象。使用 JSON 对象可以收集一组用户输入信息，然后创建一个 Object 来囊括这些信息，之后用一个 JSON 字符串来表示 Object，然后把 JSON 字符串存放在 localStorage 中。当用户检索指定名称时，会自动用该名称去 localStorage 取得对应的 JSON 字符串，将字符串解析到 Object 对象，然后依次提取对应的信息，并构造 HTML 文本输入显示。

▌实例 5：使用 JSON 对象存取数据

下面就来列举一个简单的案例，介绍如何使用 JSON 对象存取数据，具体操作方法如下。

01 新建一个网页文件 13.5.html，具体代码如下：

```
<!DOCTYPE html>
<html>
<head>
<meta charset="UTF-8">
<title>使用JSON对象存取数据</title>
<script type="text/javascript"
src="objectStorage.js"></script>
</head>
<body>
<h3>使用JSON对象存取数据</h3>
<h4>填写待存取信息到表格中</h4>
<table>
    <tr><td>用户名:</td><td><input
type="text" id="name"></td></tr>
    <tr><td>E-mail:</td><td><input
type="text" id="email"></td></tr>
    <tr><td>联系电话:</td><td><input
```

```
type="text" id="phone"></td></tr>
  <tr><td></td><td><input type="button"
value="保存" onclick="saveStorage();">
</td></tr>
</table>
<hr>
<h4> 检索已经存入localStorage的json对象，
并且展示原始信息</h4>
<p>
  <input type="text" id="find">
  <input type="button" value="检索"
onclick="findStorage('msg');">
</p>
<!-- 下面这块用于显示被检索到的信息文本 -->
<p id ="msg"></p>
</body>
</html>
```

02 运行上述程序，页面显示效果如图13-5所示。

图 13-5 创建存取对象表格

03 案例中用到了 JavaScript 脚本文件为 objectStorage.js，其中包含 2 个函数，一个是存数据，一个是取数据，具体的 JavaScript 脚本代码如下：

```
function saveStorage(){
    //创建一个js对象，用于存放当前从表单获得
的数据
    var data = new Object;
//将对象的属性值名依次和用户输入的属性值关联
起来
    data.user=document.getElementById
("user").value;
    data.mail=document.getElementById
("mail").value;
    data.tel=document.getElementById
("tel").value;
    //创建一个json对象，让其对应html文件中
创建的对象的字符串数据形式
    var str = JSON.stringify(data);
    //将json对象存放到localStorage上，key
为用户输入的NAME，value为这个json字符串
    localStorage.setItem(data.
user,str);
    console.log("数据已经保存！被保存的用
户名为："+data.user);
}
/*从localStorage中检索用户输入的名称对应的
json字符串，然后把json字符串解析为一组信息，
并且打印到指定位置*/
function findStorage(id){
//获得用户的输入，是用户希望检索的名字
var requiredPersonName = document.
getElementById("find").value;
    //以这个检索的名字来查找localStorage，
得到了json字符串
    var str=localStorage.getItem
(requiredPersonName);
    //解析这个json字符串得到Object对象
    var data= JSON.parse(str);
    //从Object对象中分离出相关属性值，然后构
造要输出的HTML内容
    var result="用户名:"+data.
user+'<br>';
    result+="E-mail:"+data.mail+'<br>';
    result+="联系电话:"+data.tel+'<br>';
    //取得页面上要输出的容器
    var target = document.getElementById
(id);//用刚才创建的HTML内容填充这个容器
    target.innerHTML = result;
}
```

04 将 objectStorage.js 文件和 13.5.html 文件放在同一目录下，再次打开网页，在表单中依次输入相关内容，单击"保存"按钮，如图 13-6 所示。

05 在"检索"文本框中输入已经保存的信息的用户名，单击"检索"按钮，则在页面下方自动显示保存的用户信息，如图 13-7 所示。

图 13-6 输入表格内容

图 13-7 检索数据信息

13.3　目前浏览器对 Web 存储的支持情况

不用的浏览器版本对 Web 存储技术的支持情况是不同的，表 13-1 是常见浏览器对 Web 存储的支持情况。

表 13-1　常见浏览器对 Web 存储的支持情况

浏览器名称	支持 Web 存储技术的版本
Internet Explorer	Internet Explorer 8 及更高版本
Firefox	Firefox 3.6 及更高版本
Opera	Opera 10.0 及更高版本
Safari	Safari 4 及更高版本
Chrome	Chrome 5 及更高版本
Android	Android 2.1 及更高版本

13.4　制作简单 Web 留言本

使用 Web Storage 的功能可以用来制作 Web 留言本。

实例 6：制作简单 Web 留言本

```html
<!DOCTYPE html>
<html>
<head>
<title>本地存储技术之Web留言本</title>
<script>
var datatable = null;
var db = openDatabase("MyData",
"1.0","My Database",2*1024*1024);
function init()
{
    datatable = document.getElementById
("datatable");
    showAllData();
}
function removeAllData(){
    for(var i = datatable.childNodes.
length-1;i>=0;i--){
            datatable.removeChild
(datatable.childNodes[i]);
    }
    var tr = document.createElement
('tr');
    var th1 = document.createElement
('th');
    var th2 = document.createElement
('th');
    var th3 = document.createElement
('th');
    th1.innerHTML = "用户名";
    th2.innerHTML = "留言";
    th3.innerHTML = "时间";
    tr.appendChild(th1);
    tr.appendChild(th2);
    tr.appendChild(th3);
    datatable.appendChild(tr);
}
function showAllData()
{
    db.transaction(function(tx){
        tx.executeSql('create table if
not exists MsgData(name TEXT,message
        TEXT,time INTEGER)',[]);
        tx.executeSql('select * from
MsgData',[],function(tx,rs){
            removeAllData();
            for(var i=0;i<rs.rows.
length;i++){
                showData(rs.rows.item
(i));
            }
        });
    });
}
function showData(row){
    var tr=document.createElement
('tr');
    var td1 = document.createElement
('td');
    td1.innerHTML = row.name;
    var td2 = document.createElement
('td');
    td2.innerHTML = row.message;
    var td3 = document.createElement
('td');
    var t = new Date();
    t.setTime(row.time);
    ttd3.innerHTML = t.toLocale
DateString() + " " + t.toLocale
TimeString();
    tr.appendChild(td1);
```

```
        tr.appendChild(td2);
        tr.appendChild(td3);
        datatable.appendChild(tr);
}
function addData(name,message,
time){
    db.transaction(function(tx){
        tx.executeSql('insert into
MsgData values(?,?,?)',[name,message,
            time],functionx,rs)
{
        alert("提交成功。");
    },function(tx,error){
            alert(error.source+
"::"+error.message);
    });
    });
} // End of addData
function saveData() {
    var name = document.getElementById
('name').value;
    var memo = document.getElementById
('memo').value;
    var time = new Date().getTime();
    addData(name,memo,time);
    showAllData();
} // End of saveData
</script>
</head>
<body onload="init()">
    <h1>Web留言本</h1>
    <table>
        <tr>
            <td>用户名</td>
                <td><input type="text"
name="name" id="name" /></td>
        </tr>
        <tr>
```

```
            <td>留言</td>
                <td><textarea name="memo"
id="memo" cols ="50" rows = "5"> </
textarea></td>
        </tr>
        <tr>
            <td></td>
            <td>
                <input type="submit"
value="提交" onclick=
"saveData()" />
            </td>
        </tr>
    </table>
    <ht>
    <table id="datatable" border="1"></
table>
    <p id="msg"></p>
</body>
</html>
```

文件保存后，运行效果如图 13-8 所示。

图 13-8　Web 留言本

13.5　认识 Web SQL Database

Web SQL Database 是关系型数据库系统，使用 SQLLite 语法访问数据库，支持大部分浏览器，该数据库多集中在嵌入式设备上。

Web SQL Database 数据库中定义的三个核心方法。

（1）openDatabase：使用现有数据库或新建数据库来创建数据库对象。

（2）executeSql：用于执行 SQL 查询。

（3）transaction：允许用户根据情况控制事务提交或回滚。

在 Web SQL Database 中，用户可以打开数据库并进行数据的新增、读取、更新与删除等操作。操作数据的基本流程如下。

（1）创建数据库。

（2）创建交易（transaction）。

（3）执行 SQL 语法。

（4）获取 SQL 语句执行的结果。

13.6　使用 Web SQL Database 操作数据

了解 Web SQL Database 操作数据的流程后，下面学习 Web SQL Database 的具体操作方法。

13.6.1　数据库的基本操作

数据库的基本操作如下。

1. 创建数据库

使用 openDatabase 方法打开一个已经存在的数据库，如果数据库不存在，使用此方法将会创建一个新数据库。打开或创建一个数据库的代码命令如下。

```
var db = openDatabase('mydb', '1.1', ' 第一个数据库', 200000);
```

上述代码的括号中设置了 4 个参数，其意义分别为：数据库名称、版本号、文字说明、数据库的大小。

以上代码的意义：创建了一个数据库对象，名称是 mydb，版本编号为 1.1。数据库对象还带有描述信息和大概的大小值。用户代理可使用这个描述与用户进行交流，说明数据库是用来做什么的。利用代码中提供的大小值，用户代理可以为内容留出足够的存储。如果需要，大小是可以改变的，所以没有必要预先假设允许用户使用多少空间。

为了检测之前创建的连接是否成功，可以检查那个数据库对象是否为 null：

```
if(!db)
    alert("数据库连接失败");
```

> **注意**：绝不可以假设该连接已经成功建立，即使过去对于某个用户是成功的。因为一个数据库连接会失败，存在多个原因。也许用户代理出于安全原因拒绝你的访问，也许设备存储有限。面对活跃而快速进化的潜在用户代理，对用户的机器、软件及其能力做出假设是非常不明智的行为。

2. 创建交易

创建交易时使用 database.transaction() 函数，语法格式如下：

```
db.transaction(function(tx){
    //执行访问数据库的语句
});
```

该函数使用 function（tx）作为参数，执行访问数据库的具体操作。

3. 执行 SQL 语句

通过 executeSql 方法执行 SQL 语句，从而对数据库进行操作，代码如下：

```
tx.executeSql(sqlQuery,[value1,value2..],dataHandler,errorHandler)
```

executeSql 方法有四个参数，作用分别如下。

（1）sqlQuery：需要具体执行的 sql 语句，可以是 create 语句、select 语句、update 语句或 delete 语句。

（2）[value1,value2..]：sql 语句中所有使用到的参数的数组，在 executeSql 方法中，将 sql 语句中所要使用的参数先用？代替，然后依次将这些参数组成数组放在第二个参数中。

（3）dataHandler：执行成功时调用的回调函数，通过该函数可以获得查询结果集。

（4）errorHandler：执行失败时调用的回调函数。

4. 获取 SQL 语句执行的结果

当 SQL 语句执行成功后，就可以使用循环语句来获取执行的结果，代码如下：

```
for (var a=0; a<result.rows.length; a++){
    item = result.rows.item(a);
    $("div").html(item["name"] +"<br>");
}
```

result.rows 表示结果数据，result.rows.length 表示数据共有几条，然后通过 result.rows. item（a）获取每条数据。

13.6.2　数据表的基本操作

创建数据表的语句为 CREATE TABLE，语法规则如下：

```
CREATE   TABLE <表名>
(
    字段名1 数据类型 [约束条件],
    字段名2 数据类型 [约束条件],
......
);
```

使用 CREATE TABLE 创建表时，必须指定以下信息。

（1）要创建的表的名称，不区分大小写，不能使用 SQL 语言中的关键字，如 DROP、ALTER、INSERT 等。

（2）数据表中每一个列（字段）的名称和数据类型，如果创建多个列，要用逗号隔开。

例如，创建水果表 fruits，结构如表 13-2 所示。

表 13-2　fruits　表结构

字段名称	数据类型	备注
id	int	编号
name	char（10）	名称
city	char（20）	产地

创建 fruits 表，SQL 语句为：

```
CREATE TABLE student              name    char(10),
(                                 city    varchar(20)
    id      int PRIMARY KEY,      );
```

其中 PRIMARY KEY 约束条件定义 id 字段为主键。如果数据表已经存在，则上述创建命令将会报错，此时可以加入 if not exists 命令先进行条件判断。

▎实例 7：创建和打开数据表 fruits

```
<!DOCTYPE html>
<html>
<head>
    <meta http-equiv="Content-Type"
```

```
content="text/html; charset=utf-8"/>
    <title></title>
        <script src="jquery.min.js"></script>
    <script type="text/javascript">
        $(function () {
            //打开数据库
```

```
            var dbSize=2*1024*1024;
            db = openDatabase('myDB',
'', '', dbSize);
            //创建数据表
                db.transaction(function
(tx){
                tx.executeSql("CREATE
TABLE IF NOT EXISTS fruits (id integer
PRIMARY KEY,name char(10),city varchar
(20))",[],onSuccess,onError);
                });
                function onSuccess(tx,
results)
                {
                    $("div").html("打开
fruits数据表成功了!")
                }
                function onError(e)
                {
                    $("div").html("打开数
据库错误:"+e.message)
                }

            }})
```

```
        </script>
</head>
<body>
<div id="message"></div>
</body>
</html>
```

使用 Google Chrome 浏览器运行上述文件，然后按 Crtl+shift+I 组合键，调出开发者工具，即可看到创建的数据库和数据表，结果如图 13-9 所示。

图 13-9　创建和打开数据表 fruits

13.6.3　数据的基本操作

数据表创建完成后，即可对数据进行添加、更新、查询和删除等操作。

1. 添加数据

添加数据的语法规则如下。

使用基本的 INSERT 语句插入数据要求指定表的名称和插入到新记录中的值。基本语法格式为：

```
INSERT INTO table_name (column_list)VALUES (value_list);
```

table_name 指定要插入数据的表名，column_list 指定要插入数据的列，value_list 指定每个列对应插入的数据。注意，使用该语句时字段列和数据值的数量必须相同。

例如，向数据表 fruits 添加一条数据，语句如下：

```
INSERT INTO fruits (id ,name, city)VALUES (1,'苹果, '上海');
```

在添加字符串时，必须使用单引号。

2. 更新数据

表中有数据之后，接下来可以对数据进行更新操作，MySQL 中使用 UPDATE 语句更新表中的记录，可以更新特定的行或者同时更新所有的行。基本语法结构如下：

```
UPDATE table_name
SET column_name1 = value1,column_name2=value2,…,column_namen=valuen
WHERE (condition);
```

column_name1,column_name2,…,column_namen 为指定更新的字段的名称；value1,value2,…valuen 为相对应的指定字段的更新值；condition 指定更新的记录需要满足的条件。

更新多个列时，每个"列 - 值"对之间用逗号隔开，最后一列之后不需要逗号。

例如，在 fruits 数据表中，更新 id 值为 1 的记录，将 name 字段值改为香蕉，语句如下：

```
UPDATE fruits SET name= '香蕉' WHERE id = 1;
```

3. 查询数据

查询数据使用 SELECT 的命令，语法格式如下：

```
SELECT value1, value2 FROM table_name WHERE（condition）;
```

例如，在 fruits 数据表中，查询 name 字段值为香蕉的记录，语句如下：

```
SELECT id ,name, introduction FROM fruits WHERE name= '香蕉';
```

4. 删除数据

从数据表中删除数据使用 DELETE 语句，DELETE 语句允许 WHERE 子句指定删除条件。DELETE 语句基本语法格式如下：

```
DELETE FROM table_name [WHERE <condition>];
```

table_name 指定要执行删除操作的表；[WHERE <condition>] 为可选参数，指定删除条件，如果没有 WHERE 子句，DELETE 语句将删除表中的所有记录。

例如，在 fruits 数据表中，删除 name 字段值为香蕉的记录，语句如下：

```
DELETE FROM fruits WHERE name= '香蕉';
```

13.7 创建简易的学生管理系统

本实例将创建一个简易的学生管理系统，该系统将实现数据库和数据表的创建、数据的新增、查看和删除等操作。

▎实例 8：创建简易的学生管理系统

```html
<!DOCTYPE html>
<html>
<head>
    <meta charset="UTF-8">
    <style>
            table{border-collapse:
collapse;}
            td{border:1px solid #0000cc;
padding:5px}
        #message{color:#ff0000}
    </style>
     <script src="jquery.min.js"></
script>
    <script type="text/javascript">
        $（function () {
            //打开数据库
            var dbSize=2*1024*1024;
            db = openDatabase（'myDB',
'', '', dbSize）;
                db.transaction（function
（tx）{
                //创建数据表
                tx.executeSql（"CREATE
TABLE IF NOT EXISTS student（id integer
PRIMARY KEY,name char（10）,colleges
varchar（50））"）;
                    showAll();
                }）;

                $（ "button" ).click
（function () {
                var name=$（"#name"）.
val();
                    var colleges=$
（"#colleges"）.val();
                    if（name=="" ||
colleges==""）{
                    $（"#message"）.html
（"**请输入姓名和学院**"）;
                    return false;
                }

                db.transaction（function
```

```
(tx){
                //新增数据
                        tx.executeSql
("INSERT INTO student(name,colleges)
values(?,?)",[name,colleges],function
(tx, result){
                        $("#message").
html("新增数据完成!")
                        showAll();
                },function(e){
                        $("#message").
html("新增数据错误:"+e.message)
                });
        })

        $("#showData").on
('click', ".delItem", function() {
                var delid=$(this).prop
("id");
                db.transaction(function
(tx){
                //删除数据
                var delstr="DELETE
FROM student WHERE id=?";
                        tx.executeSql
(delstr,[delid],function(tx, result){
                        $("#message").
html("删除数据完成!")
                        showAll();
                },function(e){
                        $("#message").
html("删除数据错误:"+e.errorCode);
                });
                });
        })
        function showAll(){
                $("#showData").html
("");
                db.transaction(function
(tx){
                //显示student数据表全
部数据
                        tx.executeSql
("SELECT id,name,colleges FROM
student",[], function(tx, result){
                        if(result.rows.
length>0){
                        var str="
现有数据:<br><table><tr><td>id</td><td>
姓名</id><td>学院</id><td> </id></
tr>";
                        for(var i =
```

```
0; i < result.rows.length; i++){
item = result.rows.item(i);

str+="<tr><td>"+item["id"] + "</
td><td>" + item["name"] + "</td><td>"
+ item["colleges"] + "</td><td><input
type='button' id='"+item["id"]+"'
class='delItem' value='删除'></td></
tr>";
                }
                        str+="</
table>";
$("#showData").html(str);
                }
                },function(e){
                        $("#message").
html("SELECT语法出错了!"+e.message)
                });
                });
        }

        })
    </script>
</head>
<body>
<h2 align="center">简易学生管理系统</h2>
<h3>添加学生信息</h3>
请输入姓名和学院:
<table>
    <tr>
        <td>姓名:</td>
        <td><input type="text"
id="name"></td>
    </tr>
    <tr>
        <td>学院:</td>
        <td><input type="text"
id="colleges"></td>
    </tr>
</table>
<button id='new'>新增学生信息</button>
<p>
<div id="message"></div>
<div id="showData"></div>
</body>
</html>
```

运行程序，输入姓名和学院后，单击"新增学生信息"按钮，即可看到新增加的数据，如图 13-10 所示。单击"删除"按钮，即可删除选中的数据。

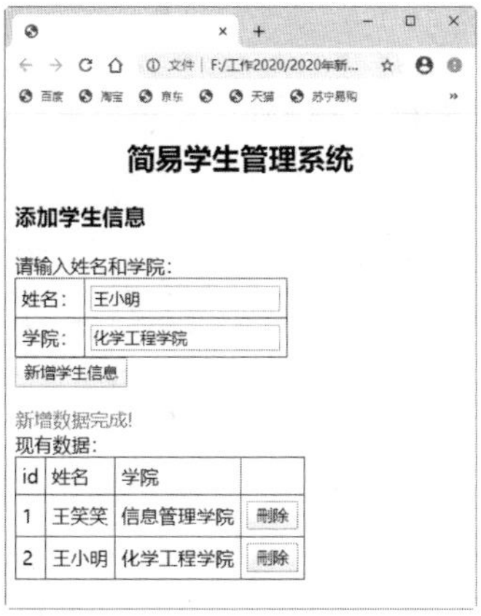

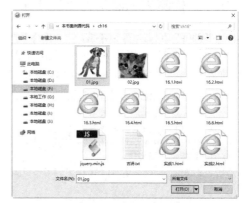

图 13-10　简易的学生管理系统

13.8　选择文件

在 HTML5 中，可以创建一个 file 类型的 <input> 元素实现文件的上传功能，只是在 HTML5 中，该类型的 <input> 元素新添加了一个 multiple 属性，如果将属性的值设置为 true，则可以在一个元素中实现多个文件的上传。

13.8.1　选择单个文件

在 HTML5 中，当需要创建一个 file 类型的 <input> 元素上传文件时，可以定义只选择一个文件。

▌实例 9：通过 file 对象选择单个文件

```html
<!DOCTYPE html>
<html>
<head>
<meta charset="UTF-8">
<title>选择单个文件</title>
</head>
<body>
    <form>
    <h3>请选择文件:</h3>
```

```html
    </p><input type="file" id="fileload"
/></p><!-单个文件进行上传-->
    </form>
</body>
</html>
```

运行效果如图 13-11 所示，在其中单击"选择文件"按钮，打开"打开"对话框，在其中只能选择一个要加载的文件，如图 13-12 所示。

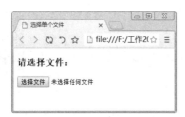

图 13-11　预览效果

图 13-12　只能选择一个要加载的文件

13.8.2　选择多个文件

在 HTML5 中，除了可以选择单个文件外，还可以通过添加元素的 multiple 属性，实现选择多个文件的功能。

▌实例 10：通过 file 对象选择多个文件

```
<!DOCTYPE html>
<html>
<head>
<meta charset="UTF-8">
<title>选择多个文件</title>
</head>
<body>
<form>
    选择文件:<input type="file"
```

```
multiple="multiple" />
</form>
<p>在浏览文件时可以选取多个文件。</p>
</body>
</html>
```

运行效果如图 13-13 所示，在其中单击"选择文件"按钮，打开"打开"对话框，在其中可以选择多个要加载的文件，如图 13-14 所示。

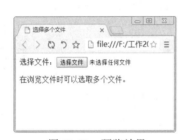

图 13-13　预览效果

图 13-14　可以选择多个要加载的文件

13.9　使用 FileReader 接口读取文件

使用 Blob 接口可以获取文件的相关信息，如文件名称、大小、类型，但如果想要读取或浏览文件，则需要通过 FileReader 接口。该接口不仅可以读取图片文件，还可以读取文本或二进制文件；同时，根据该接口提供的事件与方法，可以动态侦测文件读取时的详细状态。

13.9.1　检测浏览器是否支持 FileReader 接口

FileReader 接口主要用来把文件读入到内存，并且读取文件中的数据。FileReader 接口提供了一个异步 API，使用该 API 可以在浏览器主线程中异步访问文件系统，读取文件中的数据。到目前为止，并不是所有浏览器都实现了 FileReader 接口。这里提供一种方法可以检查你的浏览器是否对 FileReader 接口提供支持。具体的代码如下。

```
if(typeof FileReader == 'undefined'){
    result.InnerHTML="<p>你的浏览器不支持FileReader接口！</p>";
    //使选择控件不可操作
    file.setAttribute("disabled","disabled");
}
```

13.9.2　FileReader 接口的方法

FileReader 接口有 4 个方法，其中 3 个用来读取文件，另一个用来中断读取。无论读取成功或失败，方法并不会返回读取结果，这一结果存储在 result 属性中。FileReader 接口的方法及描述如表 13-3 所示。

表 13-3　FileReader 接口的方法及描述

方法名	参　数	描　述
readAsText	File，[encoding]	将文件以文本方式读取，读取的结果即是这个文本文件中的内容
readAsBinaryString	File	这个方法将文件读取为二进制字符串，通常将它送到后端，后端可以通过这段字符串存储文件
readAsDataUrl	File	该方法将文件读取为一串 Data Url 字符串，该方法事实上是将小文件以一种特殊格式的 URL 地址形式直接读入页面。这里的小文件通常是指图像与 html 等格式的文件
abort	（none）	中断读取操作

13.9.3　使用 readAsDataURL 方法预览图片

通过 fileReader 接口中的 readAsDataURL() 方法，可以获取 API 异步读取的文件数据，另存为数据 URL，将该 URL 绑定 <img> 元素的 src 属性值，就可以实现图片文件预览的效果。如果读取的不是图片文件，将给出相应的提示信息。

实例 11：使用 readAsDataURL 方法预览图片

```html
<!DOCTYPE html>
<html>
<head>
    <meta charset="UTF-8">
    <title>使用readAsDataURL方法预览图片</title>
</head>
<body>
<script type="text/javascript">
    var result=document.getElementById("result");
    var file=document.getElementById("file");

    //判断浏览器是否支持FileReader接口
    if(typeof FileReader == 'undefined'){
        result.InnerHTML="<p>你的浏览器不支持FileReader接口! </p>";
        //使选择控件不可操作
            file.setAttribute("disabled","disabled");
    }

    function readAsDataURL(){
        //检验是否为图像文件
            var file = document.getElementById("file").files[0];
            if(!/image\/\w+/.test(file.type)){
                alert("这个不是图片文件, 请重新选择! ");
                return false;
            }
            var reader = new FileReader();
            //将文件以Data URL形式读入页面
            reader.readAsDataURL(file);
            reader.onload=function(e){
                var result=document.getElementById("result");
                //显示文件
                result.innerHTML='<img src="' + this.result +'" alt="" />';
            }
    }
</script>
<p>
    <label>请选择一个文件:</label>
    <input type="file" id="file" />
    <input type="button" value="读取图像" onclick="readAsDataURL()" />
</p>
<div id="result" name="result"></div>
</body>
</html>
```

运行效果如图 13-15 所示，在其中单击

"选择文件"按钮，打开"打开"对话框，在其中选择需要预览的图片文件，如图 13-16 所示。

图 13-15　预览效果

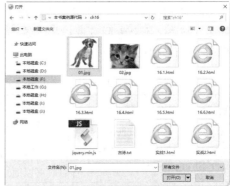

图 13-16　选择要加载的文件

选择完毕后，单击"打开"按钮，返回到浏览器窗口中，然后单击"读取图像"按钮，即可在页面的下方显示添加的图片，如图 13-17 所示。

如果选择的文件不是图片文件，当在浏览器窗口中单击"读取图像"按钮后，就会给出相应的提示信息，如图 13-18 所示。

图 13-17　显示图片

图 13-18　信息提示框

13.9.4　使用 readAsText 方法读取文本文件

使用 FileReader 接口中的 readAsTextO 方法，可以将文件以文本编码的方式进行读取，即可以读取上传文本文件的内容；其实现的方法与读取图片基本相似，只是读取文件的方式不一样。

实例 12：使用 readAsText 方法读取文本文件

```
<!DOCTYPE html>
<html>
<head>
<meta charset="UTF-8">
<title>使用readAsText方法读取文本文件</title>
</head>
<body>
```

```
<script type="text/javascript">
    var result=document.getElementById
("result");
    var file=document.getElementById
("file");

    //判断浏览器是否支持FileReader接口
    if(typeof FileReader ==
'undefined'){
        result.InnerHTML="<p>你的浏览器不支持FileReader接口！</p>";
        //使选择控件不可操作
```

```
            file.setAttribute
("disabled","disabled");
    }
    function readAsText(){
            var file = document.
getElementById("file").files[0];
            var reader = new File
Reader();
        //将文件以文本形式读入页面
            reader.readAsText(file,
"gb2312");
        reader.onload=function(f){
                var result=document.
getElementById("result");
            //显示文件
                result.innerHTML=this.
result;
        }
    }
```

```
    }
</script>
<p>
    <label>请选择一个文件:</label>
    <input type="file" id="file" />
    <input type="button" value="读取文本
文件" onclick="readAsText()" />
</p>
<div id="result" name="result"></div>
</body>
</html>
```

运行效果如图 13-19 所示，在其中单击"选择文件"按钮，打开"打开"对话框，在其中选择需要读取的文件"古诗.txt"，如图 13-20 所示。

图 13-19 预览效果

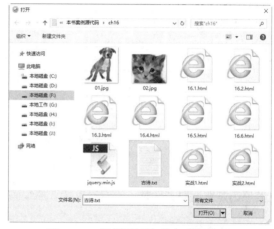

图 13-20 选择要读取的文本文件

选择完毕后，在"选择要加载的文件"对话框中单击"打开"按钮，返回到浏览器窗口中，然后单击"读取文本文件"按钮，即可在页面的下方读取文本文件中的信息，如图 13-21 所示。

图 13-21 读取文本信息

13.10　新手常见疑难问题

▌疑问 1：不同的浏览器可以读取同一个 Web 中存储的数据吗？

　　在 Web 存储时，不同的浏览器将存储在不同的 Web 存储库中。例如，如果用户使用的是 IE 浏览器，那么 Web 存储工作时，将所有数据将存储在 IE 的 Web 存储库中；如果用户再次使用火狐浏览器访问该站点，将不能读取 IE 浏览器存储的数据，可见每个浏览器的存储是分开并独立工作的。

▌疑问 2：离线存储站点时是否需要浏览者同意？

　　和地理定位类似，在网站使用 manifest 文件时，浏览器会提供一个权限提示，提示用户是否将离线设为可用，但是不是每一个浏览器都支持这样的操作。

▌疑问 3：在 HTML5 中，读取记事本文件中的中文内容时显示乱码怎么办？

　　读者需要特别注意的是，如果读取文件内容显示乱码，如图 13-22 所示。

图 13-22　读取文件内容时显示乱码

　　其原因是在读取文件时，没有设置读取的编码方式。例如，下面代码：

```
reader.readAsText(file);
```

　　设置读取的格式，如果是中文内容，修改如下：

```
reader.readAsText(file,"gb2312");
```

13.11　实战技能训练营

▌实战 1：使用 web Storage 设计一个页面计数器。

　　通过 web Storage 中的 sessionStorage 和 localStorage 两种方法存储和读取页面的数据并记录页面被打开的次数。运行结果如图 13-23 所示。输入要保存的数据后，单击"session 保存"按钮，然后反复刷新几次页面后，单击按钮，页面就会显示用户输入的内容和刷新页面的次数。

▌实战 2：创建一个企业员工管理系统。

　　本实例将创建一个企业员工管理系统，该系统将实现数据库和数据表的创建、数据的新增、查看和删除等操作。运行程序，输入姓名、部门和工资后，单击"新增员工信息"按钮，即可看到新增加的数据，如图 13-24 所示。单击"删除"按钮，即可删除选中的数据。

实战3：制作一个图片上传预览器。

通过所学的知识，制作一个图片上传预览器。运行效果如图13-25所示。单击"选择图片"按钮，然后在打开的对话框中选择需要上传的图片，接着单击"上传文件"按钮和"显示图片"按钮，即可查看新上传的图片效果，重复操作，可以上传多个图片，如图13-26所示。

图 13-23　页面计数器

图 13-24　企业员工管理系统

图 13-25　多图片上传预览器

图 13-26　多图片的显示效果

第14章　响应式网页设计

📅 **本章导读**

响应式网站设计是目前非常流行的一种网络页面设计布局。主要优势是设计布局可以智能地根据用户行为以及不同的设备（台式电脑，平板电脑或智能手机）让内容适应性展示，从而让用户在不同的设备都能够方便地浏览网页的内容。本章将重点学习响应式网页设计的原理和设计方法。

📖 **知识导图**

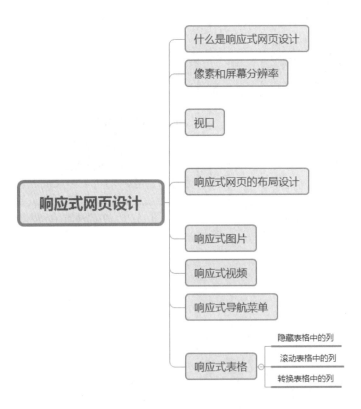

14.1　什么是响应式网页设计

随着移动用户量越来越大，智能手机和平板电脑等移动上网已经非常流行。而普通开发的电脑端的网站在移动端浏览时页面内容会变形，从而影响预览效果。解决上述问题常见方法有以下 3 种。

（1）创建一个单独的移动版网站，然后配备独立的域名。移动用户需要用移动网站的域名进行访问。

（2）在当前的域名内创建一个单独的网站，专门服务于移动用户。

（3）利用响应式网页设计技术，能够使页面自动切换分辨率、图片尺寸等，以适应不同的设备，并可以在不同浏览终端实现网站数据的同步更新，从而为不同终端的用户提供更加美好的用户体验。

例如清华大学出版社的官网，通过电脑端访问该网站主页时，预览效果如图 14-1 所示。通过手机端访问该网站主页时，预览效果如图 14-2 所示。

图 14-1　电脑端浏览主页效果

图 14-2　手机端浏览主页的效果

响应性网页设计的技术原理如下。

（1）通过 <meta> 标签来实现。该标签可以涉足页面格式、内容、关键字和刷新页面等，从而帮助浏览器精准地显示网页的内容。

（2）通过媒体查询适配对应的样式。通过不同的媒体类型和条件定义样式表规则，获取的值可以设置设备的手持方向，水平方向还是垂直方向，设备的分辨率等。

（3）通过第三方框架来实现。例如目前比较流行的 Boostrap 和 Vue 框架，可以更高效地实现网页的响应式设计。

14.2　像素和屏幕分辨率

在响应式设计中，像素是一个非常重要的概念。像素是计算机屏幕中显示特定颜色的最小区域。屏幕中的像素越多，同一范围内能看到的内容就越多。或者说，当设备尺寸相同时，像素越密集，画面就越精细。

在设计网页元素的属性时，通常是通过 width 属性的大小来设置宽度。当不同的设备显示同一个设定的宽度时，到底显示的宽度是多少像素呢？

要解决这个问题，首先理解两个基本概念，那就是设备像素和 CSS 像素。

1. 设备像素

设备像素指的是设备屏幕的物理像素，任何设备的物理像素数量都是固定的。

2. CSS 像素

CSS 像素是 CSS 中使用的一个抽象概念。它和物理像素之间的比例取决于屏幕的特性以及用户进行的缩放，由浏览器自行换算。

由此可知，具体显示的像素数目，是和设备像素密切相关的。

屏幕分辨率是指纵横方向上的像素个数。屏幕分辨率确定计算机屏幕上显示信息的多少，以水平和垂直像素来衡量。就相同大小的屏幕而言，当屏幕分辨率低时（例如 640 × 480），在屏幕上显示的像素少，单个像素尺寸比较大。屏幕分辨率高时（例如 1600 × 1200），在屏幕上显示的像素多，单个像素尺寸比较小。

显示分辨率就是屏幕上显示的像素个数，分辨率 160×128 的意思是水平方向含有像素数为 160 个，垂直方向像素数 128 个。屏幕尺寸同样的情况下，分辨率越高，显示效果就越精细和细腻。

14.3　视口

视口（viewport）和窗口（window）是两个不同的概念。在电脑端，视口指的是浏览器的可视区域，其宽度和浏览器窗口的宽度保持一致。而在移动端，视口较为复杂，它是与移动设备相关的一个矩形区域，坐标单位与设备有关。

1. 视口的分类和常用属性

移动端浏览器通常宽度是 240 像素～ 640 像素，而大多数为电脑端设计的网站宽度至少为 800 像素，如果仍以浏览器窗口作为视口的话，网站内容在手机上看起来会非常窄。

因此，引入了布局视口、视觉视口和理想视口 3 个概念，使得移动端中的视口与浏览器宽度不再相关联。

1）布局视口

一般移动设备的浏览器都默认设置了一个 viewport 元标签，定义一个虚拟的布局视口，用于解决早期的页面在手机上显示的问题。iOS 和 Android 基本都将这个视口分辨率设置为 980 像素，所以 PC 上的网页基本能在手机上呈现，只不过元素看上去很小，一般默认可以通过手动缩放网页。

布局视口使视口与移动端浏览器屏幕宽度完全独立开。CSS 布局将会根据它来进行计算，并被它约束。

2）视觉视口

视觉视口是用户当前看到的区域，用户可以通过缩放操作视觉视口，同时不会影响布局视口。

3）理想视口（ideal viewport）

布局视口的默认宽度并不是一个理想的宽度，于是浏览器厂商引入了理想视口的概念，它对设备而言是最理想的布局视口尺寸。显示在理想视口中的网站具有最理想的宽度，用户无须进行缩放。

理想视口的值其实就是屏幕分辨率的值，它对应的像素叫作设备逻辑像素。设备逻辑像素和设备的物理像素无关，一个设备逻辑像素在任意像素密度的设备屏幕上都占据相同的空间。如果用户没有进行缩放，那么一个 CSS 像素就等于一个设备逻辑像素。

用下面的方法可以使布局视口与理想视口的宽度一致，代码如下：

```
<meta name="viewport" content="width=device-width">
```

这里的 viewport 属性对响应式设计起了非常重要的作用。该属性中常用的属性值和含义如下。

（1）with：设置布局视口的宽度。该属性可以设置为数字值或 device-width，单位为像素。

（2）height：设置布局视口的高度。该属性可以设置为数字值或 device- height，单位为像素。

（3）initial-scale：设置页面初始缩放比例。

（4）minimum-scale：设置页面最小缩放比例。

（5）maximum-scale：设置页面最大缩放比例。

（6）user-scalable：设置用户是否可以缩放。yes 表示可以缩放，no 表示禁止缩放。

2. 媒体查询

媒体查询的核心就是根据设备显示器的特征（视口宽度、屏幕比例和设备方向）来设定 CSS 的样式。媒体查询由媒体类型和一个或多个检测媒体特性的条件表达式组成。通过媒体查询，可以实现同一个 html 页面，根据不同的输出设备，显示不同的外观效果。

媒体查询的使用方法是在 <head> 标签中添加 viewport 属性。具体代码如下：

```
<meta name="viewport" content="width=device-width",initial-scale=1,maxinum-
scale=1.0,user-scalable="no">
```

然后使用 @media 关键字编写 CSS 媒体查询内容。例如以下代码：

```
/*当设备宽度在450像素和650像素之间时，显示背景图片为m1.gif*/
@media screen and (max-width:650px)and (min-width:450px){
    header{
        background-image: url(m1.gif);
    }
}
/*当设备宽度小于或等于450像素时，显示背景图片为m2.gif*/
@media screen and (max-width:450px){
    header{
        background-image: url(m2.gif);
    }
}
```

上述代码实现的功能是根据屏幕的大小不同而显示不同的背景图片。当设备屏幕宽度在450像素和650像素之间时，媒体查询中设置背景图片为 m1.gif；当设备屏幕宽度小于或等于450像素时，媒体查询中设置背景图片为 m2.gif。

14.4 响应式网页的布局设计

响应式网页的布局设计主要特点是根据不同的设备显示不同的页面布局效果。

1. 常用布局类型

根据网页的列数可以将网页布局类型分为单列或多列布局。多列布局又可以分为均分多列布局和不均分多列布局。

1）单列布局

网页单列布局模式是最简单的一种布局形式，也被称为"网页 1-1-1 型布局模式"。图 14-3 所示为网页单列布局模式示意图。

2）均分多列布局

列数大于或等于 2 的布局类型。每列宽度相同，列与列间距相同。如图 14-4 所示。

3）不均分多列布局

列数大于或等于 2 的布局类型。每列宽度不相同，列与列间距不同。如图 14-5 所示。

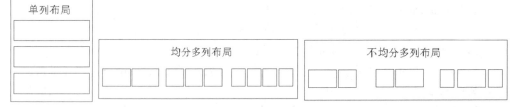

图 14-3　网页单列布局　　　图 14-4　均分多列布局　　　图 14-5　不均分多列布局

2. 布局的实现方式

采用何种方式实现布局设计，也有不同的方式，这里基于页面的实现单位（像素或百分比）而言，分为四种类型：固定布局、可切换的固定布局、弹性布局、混合布局。

（1）固定布局：以像素作为页面的基本单位，不管设备屏幕及浏览器宽度，只设计一套固定宽度的页面布局，如图 14-6 所示。

（2）可切换的固定布局：同样以像素作为页面单位，参考主流设备尺寸，设计几套不同宽度的布局。通过媒体查询技术设置不同的屏幕尺寸或浏览器宽度，选择最合适的宽度布局。如图 14-7 所示。

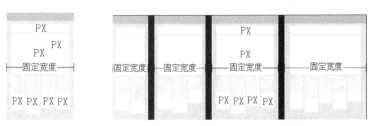

图 14-6　固定布局　　　　　图 14-7　可切换的固定布局

（3）弹性布局：以百分比作为页面的基本单位，可以适应一定范围内所有尺寸的设备屏幕及浏览器宽度，并能完美利用有效空间展现最佳效果。如图 14-8 所示。

（4）混合布局：同弹性布局类似，可以适应一定范围内所有尺寸的设备屏幕及浏览器宽度，并能完美利用有效空间展现最佳效果。以混合像素、百分比两种单位作为页面单位。如图 14-9 所示。

图 14-8　弹性布局　　　　　　　　　　图 14-9　混合布局

可切换的固定布局、弹性布局、混合布局都是目前可被采用的响应式布局方式。其中可切换的固定布局的实现成本最低，但拓展性比较差；而弹性布局与混合布局效果具响应性，都是比较理想的响应式布局实现方式。只是对于不同类型的页面排版布局实现响应式设计，需要采用不同的实现方式。通栏、等分结构的适合采用弹性布局方式、而对于非等分的多栏结构往往需要采用混合布局的实现方式。

3. 响应式布局的设计与实现

对页面进行响应式的设计实现，需要对相同内容进行不同宽度的布局设计，有两种方式：①桌面电脑端优先（从桌面电脑端开始设计）；②移动端优先（首先从移动端开始设计）。无论基于哪种模式的设计，要兼容所有设备，布局响应时不可避免地需要对模块布局做一些变化。

通过 JavaScript 获取设备的屏幕宽度，来改变网页的布局。常见的响应式布局方式有以下两种。

1）模块内容不变

页面中整体模块内容不发生变化，通过调整模块的宽度，可以将模块内容从挤压调整到拉伸，从平铺调整到换行。如图 14-10 所示。

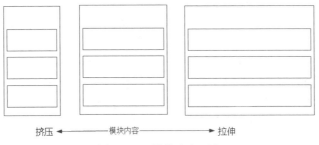

图 14-10　模块内容不变

2）模块内容改变

页面中整体模块内容发生变化，通过媒体查询，检测当前设备的宽度，动态隐藏或显示模块内容，增加或减少模块的数量。如图 14-11 所示。

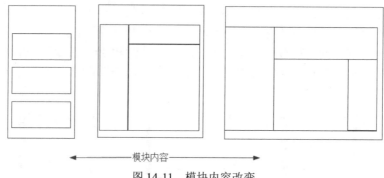

模块内容

图 14-11　模块内容改变

14.5　响应式图片

实现响应式图片效果的常见方法有两种，包括使用 <picture> 标签和 CSS 图片。

1. <picture> 标签

<picture> 标签可以实现在不同的设备上显示不同的图片，从而实现响应式图片的效果。语法格式如下：

```
<picture>
  <source media="(max-width: 600px)" srcset="m1.jpg">
  <img src="m2.jpg">
</picture>
```

<picture> 标签包含 <source> 标签和 <img> 标签，根据不同设备屏幕的宽度，显示不同的图片。上述代码的功能是，当屏幕的宽度小于 600px 时，将显示 m1.jpg 图片，否则将显示默认图片 m2.jpg。

> **提示：** 根据屏幕匹配的不同尺寸显示不同图片，如果没有匹配到或浏览器不支持 <picture> 标签，则使用 <img> 标签内的图片。

实例 1：使用 <picture> 标签实现响应式图片布局

本实例将通过使用 <picture> 标签、<source> 标签和 <img> 标签，根据不同设备屏幕的宽度，显示不同的图片。当屏幕的宽度大于 800px 时，将显示 m1.jpg 图片，否则将显示默认图片 m2.jpg。

```
<!DOCTYPE html>
<html>
<head>
<title>使用<picture>标签</title>
</head>
```

```
<body>
<h1>使用<picture>标签实现响应式图片</h1>
<picture>
    <source media="(min-width: 800px)"
srcset="m1.jpg">
  <img src="m2.jpg">
</picture>
</body>
</html>
```

电脑端运行效果如图 14-12 所示。使用 Opera Mobile Emulator 模拟手机端运行效果如图 14-13 所示。

图 14-12　电脑端预览效果　　　　图 14-13　模拟手机端预览效果

2. 使用 CSS 图片

大尺寸图片可以显示在大屏幕上，但在小屏幕上确不能很好地显示。没有必要在小屏幕上去加载大图片，这样很影响加载速度。所以可以利用媒体查询技术，使用 CSS 中的 media 关键字，根据不同的设备显示不同的图片。

语法格式如下：

```
@media screen and (min-width: 600px){
CSS样式信息
    }
```

上述代码的功能是，当屏幕大于 600px 时，将应用大括号内的 CSS 样式。

实例 2：使用 CSS 图片实现响应式图片布局

本实例使用媒体查询技术中的 media 关键字，实现响应式图片布局。当屏幕宽度大于 800 像素时，显示图片 m3.jpg；当屏幕宽度小于 799px 时，显示图片 m4.jpg。

```html
<!DOCTYPE html>
<html>
<head>
<meta name="viewport"content="width=device-width",initial-scale=1,maxinum-scale=1.0,user-scalable="no">
<!--指定页头信息-->
<title>使用CSS图片</title>
<style>
    /*当屏幕宽度大于800像素时*/
    @media screen and (min-width:
```

```css
800px){
        .bcImg {
            background-image:url(m3.jpg);
            background-repeat: no-repeat;
        height: 500px;
    }
  }
    /*当屏幕宽度小于799像素时*/
    @media screen and (max-width:
799px){
        .bcImg {
            background-image:url(m4.jpg);
            background-repeat: no-repeat;
        height: 500px;
    }
  }
</style>
```

```
</head>
<body>
<div class="bcImg"></div>
</body>
</html>
```

电脑端运行效果如图 14-14 所示。使用 Opera Mobile Emulator 模拟手机端运行效果如图 14-15 所示。

图 14-14　电脑端使用 CSS 图片预览效果

图 14-15　模拟手机端使用 CSS 图片预览效果

14.6　响应式视频

相比于响应式图片，响应式视频的处理要稍微复杂一点。响应式视频不仅仅要处理视频播放器的尺寸，还要兼顾到视频播放器的整体效果和体验问题。下面讲述如何使用 <meta> 标签处理响应式视频。

<meta> 标签中的 viewport 属性可以设置网页设计的宽度和实际屏幕的宽度的大小关系。语法格式如下：

```
<meta name="viewport" content="width=device-width",initial-scale=1,maxinum-scale=1,user-scalable="no">
```

▌实例 3：使用 <meta> 标签播放手机视频

本实例使用 <meta> 标签实现一个视频在手机端正常播放。首先使用 <iframe> 标签引入测试视频，然后通过 <meta> 标签中的 viewport 属性设置网页设计的宽度和实际屏幕的宽度的大小关系。

```
<!DOCTYPE html>
<html>
<head>
<!--通过meta元标签，使网页宽度与设备宽度一致
-->
<meta name="viewport" content=
"width=device-width,initial-scale=1"
maximum-scale=1,user-scalable="no">
<!--指定页头信息-->
<title>使用<meta>标签播放手机视频</title>
</head>
<body>
<div align="center">
    <!--使用iframe标签，引入视频-->
    <iframe    src="精品课程.mp4"
frameborder="0" allowfullscreen></
iframe>
</div>
</body>
</html>
```

使用 Opera Mobile Emulator 模拟手机端运行效果如图 14-16 所示。

图 14-16　模拟手机端预览视频的效果

14.7　响应式导航菜单

导航菜单是设计网站中最常用的元素。下面讲述响应式导航菜单的实现方法。利用媒体查询技术中的media关键字，获取当前设备屏幕的宽度，根据不同的设备显示不同的CSS样式。

实例 4：使用 media 关键字设计网上商城的响应式菜单

本实例使用媒体查询技术中的 media 关键字，实现网上商城的响应式菜单。

```html
<!DOCTYPE HTML>
<html>
<head>
<meta name="viewport"content="width=dev
ice-width, initial-scale=1">
<title>CSS3响应式菜单</title>
<style>
    .nav ul {
        margin: 0;
        padding: 0;
    }
    .nav li {
        margin: 0 5px 10px 0;
        padding: 0;
        list-style: none;
        display: inline-block;
        *display:inline; /* ie7 */
    }
    .nav a {
        padding: 3px 12px;
        text-decoration: none;
        color: #999;
        line-height: 100%;
    }
    .nav a:hover {
```

```css
        color: #000;
    }
    .nav .current a {
        background: #999;
        color: #fff;
        border-radius: 5px;
    }

    /* right nav */
    .nav.right ul {
        text-align: right;
    }

    /* center nav */
    .nav.center ul {
        text-align: center;
    }

    @media screen and (max-width:
600px){
        .nav {
            position: relative;
            min-height: 40px;
        }
        .nav ul {
            width: 180px;
            padding: 5px 0;
            position: absolute;
            top: 0;
            left: 0;
            border: solid 1px #aaa;

            border-radius: 5px;
```

243

```
                box-shadow: 0 1px 2px                          /* center nav */
rgba(0,0,0,.3);                                                .nav.center ul {
        }                                                          left: 50%;
        .nav li {                                                  margin-left: -90px;
            display: none; /* hide                             }
all <li> items */
            margin: 0;                                     }
        }                                          </style>
        .nav .current {                        </head>
            display: block; /* show
only current <li> item */                      <body>
        }                                      <h2>风云网上商城</h2>
        .nav a {                               <!--导航菜单区域-->
            display: block;                    <nav class="nav">
                padding: 5px 5px 5px               <ul>
32px;                                                   <li class="current"><a href=
            text-align: left;                  "#">家用电器</a></li>
        }                                              <li><a href="#">电脑</a></li>
        .nav .current a {                              <li><a href="#">手机</a></li>
            background: none;                          <li><a href="#">化妆品</a></li>
            color: #666;                               <li><a href="#">服装</a></li>
        }                                              <li><a href="#">食品</a></li>
        /* on nav hover */                         </ul>
        .nav ul:hover {                        </nav>
            background-image: none;            <p>风云网上商城-专业的综合网上购物商城，销售
            background-color: #fff;            超数万品牌、4020万种商品，囊括家电、手机、电
        }                                      脑、化妆品、服装等6大品类。秉承客户为先的理
        .nav ul:hover li {                     念，商城所售商品为正品行货、全国联保、机打发
            display: block;                    票。</p>
            margin: 0 0 5px;                   </body>
        }                                      </html>

        /* right nav */                            电脑端运行效果如图 14-17 所示。使用
        .nav.right ul {                        Opera Mobile Emulator 模拟手机端运行效果
            left: auto;                        如图 14-18 所示。
            right: 0;
        }
```

图 14-17 电脑端预览导航菜单的效果　　　图 14-18 模拟手机端预览导航菜单的效果

14.8　响应式表格

表格在网页设计中非常重要。例如网站中的商品采购信息表，就是使用表格技术。响应式表格通常是通过隐藏表格中的列、滚动表格中的列和转换表格中的列来实现。

14.8.1　隐藏表格中的列

为了适配移动端的布局效果，可以隐藏表格中不使用的列。利用媒体查询技术中的media关键字，获取当前设备屏幕的宽度，根据不同的设备将不重要的列设置为：display:none，从而隐藏指定的列。

▍实例5：隐藏商品采购信息表中不重要的列

利用媒体查询技术中的media关键字，在移动端隐藏表格的第4列和第6列。

```
<!DOCTYPE html>
<html >
<head>
    <meta name="viewport"
content="width=device-width, initial-
scale=1">
    <title>隐藏表格中的列</title>
    <style>
        @media only screen and (max-
width: 600px){
            table td:nth-child(4),
            table th:nth-child(4),
            table td:nth-child(6),
            table th:nth-child(6){display:
none;}
        }
    </style>
</head>
<body>
<h1 align="center">商品采购信息表</h1>
<table width="100%" cellspacing="1"
cellpadding="5" border="1">
    <thead>
    <tr>
        <th>编号</th>
        <th>产品名称</th>
        <th>价格</th>
        <th>产地</th>
        <th>库存</th>
        <th>级别</th>
    </tr>
    </thead>
    <tbody align="center">
    <tr>
        <td>1001</td>
        <td>冰箱</td>
        <td>6800元</td>
        <td>上海</td>
        <td>4999</td>
```

```
        <td>1级</td>
    </tr>
    <tr>
        <td>1002</td>
        <td>空调</td>
        <td>5800元</td>
        <td>上海</td>
        <td>6999</td>
        <td>1级</td>
    </tr>
    <tr>
        <td>1003</td>
        <td>洗衣机</td>
        <td>4800元</td>
        <td>北京</td>
        <td>3999</td>
        <td>2级</td>
    </tr>
    <tr>
        <td>1004</td>
        <td>电视机</td>
        <td>2800元</td>
        <td>上海</td>
        <td>8999</td>
        <td>2级</td>
    </tr>
    <tr>
        <td>1005</td>
        <td>热水器</td>
        <td>320元</td>
        <td>上海</td>
        <td>9999</td>
        <td>1级</td>
    </tr>
    <tr>
        <td>1006</td>
        <td>手机</td>
        <td>1800元</td>
        <td>上海</td>
        <td>9999</td>
        <td>1级</td>
    </tr>
    </tbody>
</table>
</body>
</html>
```

电脑端运行效果如图 14-19 所示。使用 Opera Mobile Emulator 模拟手机端运行效果如图 14-20 所示。

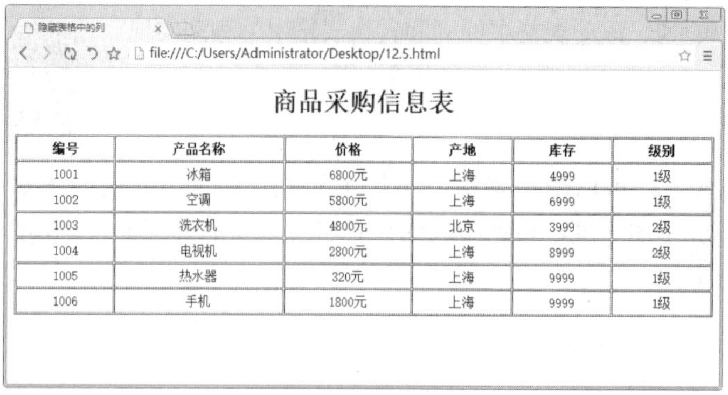

图 14-19　电脑端预览效果

图 14-20　隐藏表格中的列

14.8.2　滚动表格中的列

通过滚动条的方式，可以将手机端看不到的信息，进行滚动查看。实现此效果主要是利用媒体查询技术中的 media 关键字，获取当前设备屏幕的宽度，根据不同的设备宽度，改变表格的样式，将表头由横向排列变成纵向排列。

实例 6：滚动表格中的列

本案例将不改变表格的内容，通过滚动的方式查看表格中的所有信息。

```
<!DOCTYPE html>
<html>
<head>
    <meta name="viewport"
content="width=device-width, initial-
scale=1">
    <title>滚动表格中的列</title>

    <style>
        @media only screen and (max-
width: 650px ) {
            *:first-child+html .cf {
zoom: 1; }
            table { width: 100%;
border-collapse: collapse; border-
spacing: 0; }
            th,
            td { margin: 0; vertical-
align: top; }
            th { text-align: left; }
            table { display: block;
position: relative; width: 100%; }
            thead { display: block;
float: left; }
            tbody { display: block;
width: auto; position: relative;
```

```
overflow-x: auto; white-space: nowrap; }
            thead tr { display: block; }
            th { display: block; text-
align: right; }
            tbody tr { display:
inline-block; vertical-align: top; }
            td { display: block; min-
height: 1.25em; text-align: left; }
            th { border-bottom: 0;
border-left: 0; }
            td { border-left: 0;
border-right: 0; border-bottom: 0; }
            tbody tr { border-left:
1px solid #babcbf; }
            th:last-child,
            td:last-child { border-
bottom: 1px solid #babcbf; }
        }
    </style>
</head>
<body>
<h1 align="center">商品采购信息表</h1>
<table width="100%" cellspacing="1"
cellpadding="5" border="1">
    <thead>
    <tr>
        <th>编号</th>
        <th>产品名称</th>
        <th>价格</th>
        <th>产地</th>
        <th>库存</th>
        <th>级别</th>
```

```
    </tr>
    </thead>
    <tbody align="center">
    <tr>
        <td>1001</td>
        <td>冰箱</td>
        <td>6800元</td>
        <td>上海</td>
        <td>4999</td>
        <td>1级</td>
    </tr>
    <tr>
        <td>1002</td>
        <td>空调</td>
        <td>5800元</td>
        <td>上海</td>
        <td>6999</td>
        <td>1级</td>
    </tr>
    <tr>
        <td>1003</td>
        <td>洗衣机</td>
        <td>4800元</td>
        <td>北京</td>
        <td>3999</td>
        <td>2级</td>
    </tr>
    <tr>
        <td>1004</td>
        <td>电视机</td>
```

```
        <td>2800元</td>
        <td>上海</td>
        <td>8999</td>
        <td>2级</td>
    </tr>
    <tr>
        <td>1005</td>
        <td>热水器</td>
        <td>320元</td>
        <td>上海</td>
        <td>9999</td>
        <td>1级</td>
    </tr>
    <tr>
        <td>1006</td>
        <td>手机</td>
        <td>1800元</td>
        <td>上海</td>
        <td>9999</td>
        <td>1级</td>
    </tr>
    </tbody>
</table>
</body>
</html>
```

电脑端运行效果如图 14-21 所示。使用 Opera Mobile Emulator 模拟手机端运行效果如图 14-22 所示。

图 14-21　电脑端预览效果

图 14-22　滚动表格中的列

14.8.3　转换表格中的列

转换表格中的列就是将表格转化为列表。利用媒体查询技术中的 media 关键字，获取当前设备屏幕的宽度，然后利用 CSS 技术将表格转化为列表。

▎实例7：转换表格中的列

本实例将学生考试成绩表转化为列表。

```
<!DOCTYPE html>
<html>
<head>
    <meta name="viewport" content=
"width=device-width, initial-scale=1">
    <title>转换表格中的列</title>
    <style>
        @media only screen and（max-
width: 800px）{
            /* 强制表格为块状布局 */
            table, thead, tbody, th,
td, tr {
                display: block;
            }
            /* 隐藏表格头部信息 */
            thead tr {
                position: absolute;
                top: -9999px;
                left: -9999px;
            }
            tr { border: 1px solid #ccc; }
            td {
                /* 显示列 */
                border: none;
                border-bottom: 1px solid
#eee;
                position: relative;
                padding-left: 50%;
                white-space: normal;
                text-align:left;
            }
            td:before {
                position: absolute;
                top: 6px;
                left: 6px;
                width: 45%;
                padding-right: 10px;
                white-space: nowrap;
                text-align:left;
                font-weight: bold;
            }
            /*显示数据*/
            td:before { content: attr
(data-title); }
        }
    </style>
</head>
<body>
<h1 align="center">学生考试成绩表</h1>
<table width="100%" cellspacing="1"
cellpadding="5" border="1">
    <thead>
    <tr>
        <th>学号</th>
        <th>姓名</th>
        <th>语文成绩</th>
        <th>数学成绩</th>
        <th>英语成绩</th>
        <th>文综成绩</th>
        <th>理综成绩</th>
    </tr>
    </thead>
<tbody align="center">
<tr>
    <td>1001</td>
    <td>张飞</td>
    <td>126</td>
    <td>146</td>
    <td>124</td>
    <td>146</td>
    <td>106</td>
</tr>
<tr>
    <td>1002</td>
    <td>王小明</td>
    <td>106</td>
    <td>136</td>
    <td>114</td>
    <td>136</td>
    <td>126</td>
</tr>
<tr>
    <td>1003</td>
    <td>蒙华</td>
    <td>125</td>
    <td>142</td>
    <td>125</td>
    <td>141</td>
    <td>109</td>
</tr>
<tr>
    <td>1004</td>
    <td>刘蓓</td>
    <td>126</td>
    <td>136</td>
    <td>124</td>
    <td>116</td>
    <td>146</td>
</tr>
<tr>
    <td>1005</td>
    <td>李华</td>
    <td>121</td>
    <td>141</td>
    <td>122</td>
    <td>142</td>
    <td>103</td>
</tr>
<tr>
    <td>1006</td>
    <td>赵晓</td>
    <td>116</td>
    <td>126</td>
    <td>134</td>
    <td>146</td>
```

```
          <td>116</td>
      </tr>
        </tbody>
</table>
</body>
</html>
```

电脑端运行效果如图 14-23 所示。使用

Opera Mobile Emulator 模拟手机端运行效果
如图 14-24 所示。

图 14-23　电脑端预览效果　　图 14-24　转换表格中的列

14.9　新手常见疑难问题

▌疑问 1：设计移动设备端网站时需要考虑的因素有哪些？

不管选择什么技术来设计移动网站，都需要考虑以下因素。

1）屏幕尺寸小

需要了解常见的移动手机的屏幕尺寸，包括 320×240、320×480、480×800、640×960
以及 1136×640 等。

2）流量问题

虽然 5G 网络已经开始广泛应用，但是很多用户仍然为流量付出不菲的费用，所有图片
的大小在设计时仍然需要考虑。对于不必要的图片，可以进行舍弃。

3）字体、颜色与媒体问题

移动设备上安装的字体数量可能很有限，因此请用 em 单位或百分比来设置字号，选择
常见字体。部分早期的移动设备支持的颜色数量也不多，在选择颜色时也要注意尽量提高对
比度。此外还有许多移动设备并不支持 Adobe Flash 媒体。

▌疑问 2：响应式网页的优缺点是什么？

响应式网页的优点如下。

（1）跨平台友好显示。无论是电脑、平板或手机，响应式网页都可以适应并显示友好
的网页界面。

（2）数据同步更新。由于数据库是统一的，所以当后台数据库更新后，电脑端或移动
端都将同步更新，这样数据管理起来就比较及时和方便。

（3）减少成本。通过响应式网页设计，可以不用再开发一个独立的电脑端网站和移动
端的网站，从而减低了开发成本，同时也降低了维护的成本。

响应式网页的缺点如下。

（1）前期开发考虑的因素较多，需要考虑不同设备的宽度和分辨率等因素，以及图片、视频等多媒体是否能在不同的设备上优化地展示。

（2）由于网页需要提前判断设备的特征，同时要下载多套 CSS 样式代码，在加载页面中就会增加读取时间和加载时间。

14.10　实战技能训练营

▌实战 1：使用 <picture> 标签实现响应式图片布局。

本实例将通过使用 <picture> 标签、<source> 标签和 <img> 标签，根据不同设备屏幕的宽度，显示不同的图片。当屏幕的宽度大于 600 像素时，将显示 x1.jpg 图片，否则将显示默认图片 x2.jpg。

电脑端运行效果如图 14-25 所示。使用 Opera Mobile Emulator 模拟手机端运行效果如图 14-26 所示。

图 14-25　电脑端预览效果　　　　　图 14-26　模拟手机端预览效果

▌实战 2：隐藏招聘信息表中指定的列。

利用媒体查询技术中的 media 关键字，在移动端隐藏表格的第 4 列和第 5 列。

电脑端运行效果如图 14-27 所示。使用 Opera Mobile Emulator 模拟手机端运行效果如图 14-28 所示。

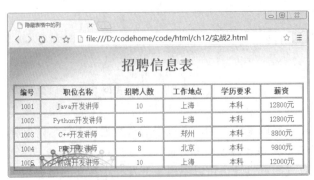

图 14-27　电脑端预览效果　　　　图 14-28　隐藏招聘信息表中指定的列

第15章 流行的响应式开发框架 Bootstrap

📖 **本章导读**

　　Bootstrap 是一款用于快速开发 Web 应用程序和网站的前端框架，它是基于 HTML、CSS 和 JavaScript 等技术开发的。本章将简单介绍 Bootstrap 的基本使用。

📘 **知识导图**

```
                                    ┌─ Bootstrap概述
                                    │
                                    ├─ 下载Bootstrap
                                    │
                                    ├─ 安装和使用Bootstrap
                                    │
                                    │              ┌─ 使用下拉菜单、按钮组和导航组件
流行的响应式开发框架Bootstrap ──┤              ├─ 绑定导航和下拉菜单
                                    │              │
                                    ├─ 使用常用组件 ─┼─ 使用面包屑和广告屏
                                    │              │
                                    │              ├─ 使用card（卡片）和进度条
                                    │              │
                                    │              └─ 使用模态框和滚动监听
                                    │
                                    └─ 胶囊导航选项卡（Tab栏）
```

15.1　Bootstrap 概述

Bootstrap 是由 Twitter 公司主导设计研发的，是基于 HTML、CSS、JavaScript 开发的简洁、直观的前端开发框架，使得 Web 开发更加快捷。Bootstrap 一经推出后颇受欢迎，一直是 GitHub 上的热门开源项目，可以说 Bootstrap 是目前最受欢迎的前端框架之一。

1. Bootstrap 特色

Bootstrap 是当前比较流行的前端框架，起源于 Twitter，是 Web 开发人员的一个重要工具，它拥有下面一些特色。

1）跨设备，跨浏览器

Bootstrap 可以兼容所有现代主流浏览器，Bootstrap 3 不兼容 IE7 及其以下的版本，Bootstrap 4 不再支持 IE8。自 Bootstrap3 起，框架包含了贯穿于整个库的移动设备优先的样式，重点支持各种平板电脑和智能手机等移动设备。

2）响应布局

从 Bootstrap2 开始，便支持响应式布局，能够自适应于台式机、平板电脑和手机，从而提供一致的用户体验。

3）列网格布局

Bootstrap 提供了一套响应式、移动设备优先的网格系统，随着屏幕或视口（viewport）尺寸的增加，系统会自动分为最多 12 列，也可以根据自己的需要定义列数。

4）较全面的组件

bootstrap 提供了实用性很强的组件，如导航，按钮，下拉菜单，表单，列表，输入框等，供开发者使用。

5）内置 jQuery 插件

Bootstrap 提供了很多实用性的 JQuery 插件，如模态框，旋转木马等，这些插件方便开发者实现 Web 中各种常规特效。

6）支持 HTML5 和 CSS3

Bootstrap 的使用要求在 HTML5 文档类型的基础上，所以支持 HTML5 标签和语法；Bootstrap 支持 CSS3 的属性和标准，并不断完善。

7）容易上手

只要具备 HTML 和 CSS 的基础知识，就可以开始学习 Bootstrap，并且使用它。

8）开源的代码

Bootstrap 是完全开源的，不管是个人或者是企业都可以免费使用。Bootstrap 全部托管于 GitHub，并借助 GitHub 平台实现社区化的开发和共建。

2. Bootstrap 4 重大更新

Bootstrap 4 相比较 Bootstrap 3 有较多重大的更新，下面是其中一些更新的亮点。

（1）不再支持 IE8，使用 rem 和 em 单位：Bootstrap 4 放弃对 IE8 的支持，这意味着开发者可以放心地利用 CSS 的优点，不必再研究 CSS hack 技巧或回退机制了。使用 rem 和 em 代替 px 单位，更适合做响应式布局，控制组件大小。如果要支持 IE8，只能继续用 Bootstrap 3。

（2）从 Less 到 Sass：现在，Bootstrap 已加入 Sass 的大家庭中，得益于 Libsass，Bootstrap 的编译速度比以前更快。

（3）支持选择弹性盒模型（Flexbox）：这是项划时代的功能——只要修改一个变量 Boolean 值，就可以让 Bootstrap 中的组件使用 Flexbox。

（4）废弃了 wells、thumbnails 和 panels，使用 cards（卡片）代替：Cards 是个全新概念，使用起来与 wells、thumbnails 和 panels 很像，但却更加方便。

（5）将所有 HTML 重置样式表整合到 Reboot 中：在一些地方用不了 Normalize.css 时，可以使用 Reboot 重置样式，它提供了更多选项。

（6）新的自定义选项：不再像上个版本一样，将 Flexbox、渐变、圆角、阴影等效果分放在单独的样式表中，而是将所有选项都移到一个 Sass 变量中。如果想要改变默认效果，只需要更新变量值，重新编译就可以了。

（7）重写所有 JavaScript 插件：为了利用 JavaScript 的新特性，Bootstrap 4 用 ES6 重写了所有插件。现在提供 UMD 支持、泛型拆解方法、选项类型检查等特性。

（8）更多变化：支持自定义窗体控件、空白和填充类，此外还包括新的实用程序类等。

15.2　下载 Bootstrap

Bootstrap 4 是 Bootstrap 的最新版本，与之前的版本相比，拥有更强大的功能。本节将教大家如何下载 Bootstrap 4。

Bootstrap 4 有两个版本的压缩包，一个是源码文件，供学习使用；另一个是编译版，供直接引用。

1. 下载源码版的 Bootstrap

我们知道 Bootstrap 全部托管于 GitHub，并借助 GitHub 平台实现社区化的开发和共建，所以可以到 GitHub 上去下载 Bootstrap 压缩包。使用谷歌浏览器访问 https://github.com/twbs/bootstrap/ 页面，单击 Download ZIP 按钮，下载最新版的 Bootstrap 压缩包，如图 15-1 所示。

图 15-1　在 GitHub 上下载源码文件

Bootstrap 4 源码下载完成后并解压，目录结构如图 15-2 所示。

图 15-2　源码文件的目录结构

2. 下载编译版 Bootstrap

如果用户需要快速使用 Bootstrap 开发网站，可以直接下载经过编译、压缩后的发布版本，使用浏览器访问 http://getbootstrap.com/docs/4.1/getting-started/download/ 页面，单击 Download 按钮，下载编译版本压缩文件，如图 15-3 所示。

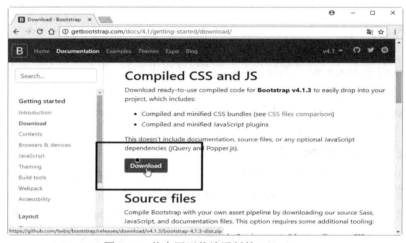

图 15-3　从官网下载编译版的 Bootstrap

编译版的压缩文件，仅包含编译好的 Bootstrap 应用文件，有 CSS 文件和 JS 文件，相比较于 Bootstrap 3 少了 fonts 字体文件，如图 15-4 所示。

图 15-4　编译文件的目录结构

其中 CSS 文件的目录结构如图 15-5 所示，JS 文件的目录结构如图 15-6 所示。

在网站目录中，导入相应的 CSS 文件和 JS 文件，便可以在项目中使用 Bootstrap 的效果和插件了。

图 15-5　CSS 文件目录结构

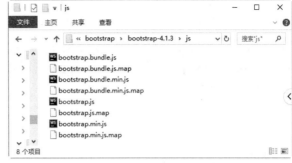

图 15-6　JS 文件目录结构

15.3　安装和使用 Bootstrap

Bootstrap 下载完成后，需要安装后才可以使用。

1. 本地安装 Bootstrap

Bootstrap 是本着移动设备优先的策略开发的，所以优先为移动设备优化代码，根据每个组件的情况并利用 CSS 媒体查询技术为组件设置合适的样式。为了确保在所有设备上能够正确渲染并支持触控缩放，需要将设置 viewport 属性的 <meta> 标签添加到 <head> 中。具体如下面代码所示。

```
<meta name="viewport" content="width=device-width, initial-scale=1, shrink-to-fit=no">
```

本地安装 Bootstrap 大致可以分为以下两步。

第一步：安装 Bootstrap 的基本样式，使用 <link> 标签引入 Bootstrap.css 样式表文件，将它放在其他所有的样式表之前，如下面代码所示。

```
<link rel="stylesheet" href="bootstrap-4.1.3/css/bootstrap.css">
```

第二步：调用 Bootstrap 的 JS 文件以及 jQuery 框架。要注意 Bootstrap 中的许多组件需要依赖 JavaScript 才能运行，它们依赖的是 jQuery、Popper.js，Popper.js 包含在我们引入的 bootstrap.bundle.js 中。具体引入顺序是 jQuery.js 必须放在最前面，然后是 bundle.js，最后是 Bootstrap.js，如下面的代码所示。

```
<script src="jquery.js"></script>
<script src="bootstrap-4.1.3/js/bootstrap.bundle.js"></script>
<script src="bootstrap-4.1.3/js/bootstrap.js"></script>
```

2. 初次使用 Bootstrap

Bootstrap 安装完成后，下面使用它来完成一个简单的小案例。

（1）在页面 <head> 中引入 Bootstrap 核心代码文件，如下面代码所示。

```
<meta name="viewport" content="width=device-width, initial-scale=1, shrink-to-fit=no">
```

```
<link rel="stylesheet" href="bootstrap-4.1.3/css/bootstrap.css">
<script src="jquery.js"></script>
<script src="bootstrap-4.1.3/js/bootstrap.bundle.js"></script>
<script src="bootstrap-4.1.3/js/bootstrap.js"></script>
```

（2）在 <body> 中添加一个 <h1> 标签，并添加 Bootstrap 中的 bg-dark 和 text-white 类，bg-dark 用于设置 <h1> 标签的背景色为黑色，text-white 设置 <h1> 标签的字体颜色为白色。具体代码如下所示。

```
<!DOCTYPE html>
<html>
<head>
<title></title>
    <meta name="viewport" content="width=device-width, initial-scale=1, shrink-to-
fit=no">
    <link rel="stylesheet" href="bootstrap-4.1.3/css/bootstrap.css">
    <script src="jquery.js"></script>
    <script src="bootstrap-4.1.3/js/bootstrap.bundle.js"></script>
    <script src="bootstrap-4.1.3/js/bootstrap.js"></script>
</head>
<body>
<!--.bg-dark类用来设置背景颜色为黑色，text-white用来设置文本颜色为白色-->
<h1 class="bg-dark text-white">hello world!</h1>
</body>
</html>
```

在 IE 11.0 浏览器中显示效果如图 15-7 所示。

图 15-7　初始 Bootstrap

注意：在 <head> 中引入的核心代码，在后续的内容中将省略，读者务必加上。

15.4　使用常用组件

Bootstrap 提供了大量可复用的组件，下面简单介绍其中一些常用组件，更详细的内容请参考官方文档。

15.4.1　使用下拉菜单

下拉菜单是网页中经常看到的效果之一，使用 Bootstrap 很容易实现。

在 Bootstrap 中可以使用一个按钮或链接来打开下拉菜单，按钮或链接需要添加 .dropdown-toggle 类和 data-toggle="dropdown" 属性。

在菜单元素中需要添加 .dropdown-menu 类来实现下拉，然后在下拉菜单的选项中添加 .dropdown-item 类。下面的案例中使用一个列表来设计菜单。

实例1：设计下拉菜单

```
<!DOCTYPE html>
<html>
<head>
<title> </title>
        <meta name="viewport" content=
"width=device-width, initial-scale=1,
shrink-to-fit=no">
        <link rel="stylesheet" href=
"bootstrap-4.1.3/css/bootstrap.css">
    <script src="jquery.js"></script>
        <script src="bootstrap-4.1.3/js/
bootstrap.bundle.js"></script>
        <script src="bootstrap-4.1.3/js/
bootstrap.js"></script>
</head>
<body>
<div class="container">
    <div>
                <!--.btn类设置a标签为按
钮，.dropdown-toggle类和data-
toggle="dropdown" 属性类别 用来激活下拉菜
单-->
        <a href="#" class=
"dropdown-toggle" data-toggle="dropdown"
>下拉菜单</a>
            <!--.dropdown-menu用来指定被激活
```

的菜单-->
```
        <ul class="dropdown-menu">
            <!--.dropdown-item添加列表元
素的样式-->
                <li><a href="#"
class="dropdown-item">新闻</a></li>
                <li><a href="#"
class="dropdown-item">电视</a></li>
                <li><a href="#"
class="dropdown-item">电影</a></li>
        </ul>
    </div>
</div>
</body>
</html>
```

运行的结果如图15-8所示。

图15-8 下拉菜单

15.4.2 使用按钮组

用含有 .btn-group 类的容器把一系列含有 .btn 类的按钮包裹起来，便形成了一个页面组件——按钮组。

实例2：设计按钮组

```
<!DOCTYPE html>
<html>
<head>
<title>按钮组</title>
        <meta name="viewport"
content="width=device-width, initial-
scale=1, shrink-to-fit=no">
        <link rel="stylesheet"
href="bootstrap-4.1.3/css/bootstrap.
css">
    <script src="jquery.js"></script>
        <script src="bootstrap-4.1.3/js/
bootstrap.bundle.js"></script>
        <script src="bootstrap-4.1.3/js/
bootstrap.js"></script>
</head>
<body>
<div class="container">
    <!--使用含有.btn-group类的div来包裹按
钮元素-->
```

```
    <div class="btn-group">
        <!--.btn btn-primary设置按钮为浅
蓝色；.btn btn-info设置为按钮深蓝色；.btn
btn-success设置按钮为绿色；.btn btn-
warning设置按钮为黄色；.btn btn-danger设置
按钮为红色；-->
        <button class="btn btn-primary">
首页</button>
        <button class="btn btn-success">
新闻</button>
        <button class="btn btn-info">电
视</button>
        <button class="btn btn-warning">
电影</button>
        <button class="btn btn-danger">
动漫</button>
    </div>
</div>
</body>
</html>
```

程序运行结果如图15-9所示。

图 15-9　按钮组

15.4.3　使用导航组件

一个简单的导航栏，可以通过在 <ul> 元素上添加 .nav 类、每个 <li> 元素上添加 .nav-item 类、每个链接上添加 .nav-link 类来实现。

▎实例 3：设计简单导航

```
<!DOCTYPE html>
<html>
<head>
<title>基本导航</title>
    <meta name="viewport" content=
"width=device-width, initial-scale=1,
shrink-to-fit=no">
    <link rel="stylesheet" href=
"bootstrap-4.1.3/css/bootstrap.css">
    <script src="jquery.js"></script>
    <script src="bootstrap-4.1.3/js/
bootstrap.bundle.js"></script>
    <script src="bootstrap-4.1.3/js/
bootstrap.js"></script>
</head>
<body>
<div class="container">
    <p>基本的导航：</p>
    <!--在ul中添加.nav类创建导航栏-->
    <ul class="nav">
        <!--在li中添加.nav-item,在a中添
加.nav-link设置导航的样式-->
        <li class="nav-item"><a
```

```
class="nav-link" href="#">小说</a></li>
        <li class="nav-item"><a
class="nav-link" href="#">音乐</a></li>
        <li class="nav-item"><a
class="nav-link" href="#">视频</a></li>
        <li class="nav-item"><a
class="nav-link" href="#">游戏</a></li>
    </ul>
</div>
</body>
</html>
```

运行结果如图 15-10 所示。

图 15-10　基本的导航

Bootstrap 的导航组件都是建立在基本的导航之上，可以通过扩展基础的 .nav 组件，来实现别样的导航样式。

1. 标签页导航

在基本导航中，为 <ul> 元素添加 .nav-tabs 类，对于选中的选项使用 .active 类，并为每个链接添加 data-toggle="tab" 属性类别，便可以实现标签页导航了。

▎实例 4：设计标签页导航

```
<!DOCTYPE html>
<html>
<head>
<title>标签页导航</title>
    <meta name="viewport" content=
```

```
"width=device-width, initial-scale=1,
shrink-to-fit=no">
    <link rel="stylesheet" href=
"bootstrap-4.1.3/css/bootstrap.css">
    <script src="jquery.js"></script>
    <script src="bootstrap-4.1.3/js/
bootstrap.bundle.js"></script>
```

```
        <script src="bootstrap-4.1.3/js/
bootstrap.js"></script>
</head>
<body>
<div class="container">
        <p>标签页导航</p>
        <!--在ul中添加.nav和.nav-tabs，.nav-
tabs用来设置标签页导航-->
        <ul class="nav nav-tabs">
                <!--在li中添加.nav-item，在a中添
加.nav-link，对于选中的选项添加.active类
-->
                <!--添加data-toggle="tab"属性类
别，是去掉a标签的默认行为，实现动态切换导航的
active属性效果-->
                <li class="nav-item"><a
class="nav-link active" href="#" data-
toggle="tab">健康</a></li>
                <li class="nav-item"><a
class="nav-link" href="#" data-
toggle="tab">时尚</a></li>
                <li class="nav-item"><a
class="nav-link" href="#" data-
toggle="tab">减肥</a></li>
                <li class="nav-item"><a
```

```
class="nav-link" href="#" data-
toggle="tab">美食</a></li>
                <li class="nav-item"><a
class="nav-link" href="#" data-
toggle="tab">交友</a></li>
                <li class="nav-item"><a
class="nav-link" href="#" data-
toggle="tab">社区</a></li>
        </ul>
</div>
</body>
</html>
```

运行结果如图 15-11 所示。

图 15-11　标签页导航

2. 胶囊导航

在基本导航中，为 <ul> 添加 .nav-pills 类，对于选中的选项使用 .active 类，并为每个链接添加 data-toggle="pill" 属性类别，便可以实现胶囊导航了。

▎实例 5：设计胶囊导航

```
<!DOCTYPE html>
<html>
<head>
<title>胶囊导航</title>
        <meta name="viewport" content=
"width=device-width, initial-scale=1,
shrink-to-fit=no">
        <link rel="stylesheet" href=
"bootstrap-4.1.3/css/bootstrap.css">
        <script src="jquery.js"></script>
        <script src="bootstrap-4.1.3/js/
bootstrap.bundle.js"></script>
        <script src="bootstrap-4.1.3/js/
bootstrap.js"></script>
</head>
<body>
<div class="container">
        <p>胶囊导航</p>
        <!--在ul中添加.nav和.nav-pills，.nav-
pills类用来设置胶囊导航-->
        <ul class="nav nav-pills">
                <!--在li中添加.nav-item，在a中添
加.nav-link，对于选中的选项添加.active类
-->
                <!--添加data-toggle="pill"属性类
```

```
别，是去掉a标签的默认行为，实现动态切换导航的
active属性效果-->
                <li class="nav-item"><a
class="nav-link active" href="#" data-
toggle="pill">健康</a></li>
                <li class="nav-item"><a
class="nav-link" href="#" data-
toggle="pill">时尚</a></li>
                <li class="nav-item"><a
class="nav-link" href="#" data-
toggle="pill">减肥</a></li>
                <li class="nav-item"><a
class="nav-link" href="#" data-
toggle="pill">美食</a></li>
                <li class="nav-item"><a
class="nav-link" href="#" data-
toggle="pill">交友</a></li>
                <li class="nav-item"><a
class="nav-link" href="#" data-
toggle="pill">社区</a></li>
        </ul>
</div>
</body>
</html>
```

运行结果如图 15-12 所示。

图 15-12　胶囊导航

15.4.4　绑定导航和下拉菜单

在 Bootstrap 中，下拉菜单可以与页面中的其他元素绑定使用，如导航、按钮等。本小节设计标签页导航下拉菜单。

标签页导航在前面一节介绍过，只需要在标签页导航选项中添加一个下拉菜单结构，为该标签选项添加 dropdown 类，为下拉菜单结构添加 dropdown-menu 类，便可以实现。

▌实例 6：绑定导航和下拉菜单

```
<!DOCTYPE html>
<html>
<head>
<title>绑定导航和下拉菜单</title>
    <meta name="viewport" content=
"width=device-width, initial-scale=1,
shrink-to-fit=no">
    <link rel="stylesheet" href=
"bootstrap-4.1.3/css/bootstrap.css">
    <script src="jquery.js"></script>
    <script src="bootstrap-4.1.3/js/
bootstrap.bundle.js"></script>
    <script src="bootstrap-4.1.3/js/
bootstrap.js"></script>
</head>
<body>
<div class="container">
    <p>绑定导航和下拉菜单</p>
    <!--在ul中添加.nav和.nav-tabs, .nav-
tabs用来设置标签页导航-->
    <ul class="nav nav-tabs">
        <!--在li中添加.nav-item,在a中添
加.nav-link,对于选中的选项添加.active类
-->
        <!--添加data-toggle="tab"属性类
别,是去掉a标签的默认行为,实现动态切换导航的
active属性效果-->
        <li class="nav-item"><a
class="nav-link" href="#">新闻</a></li>
        <!--.dropdown-toggle类和data-
toggle="dropdown" 属性类别 用来激活下拉菜
单-->
        <li class="nav-item"><a
class="nav-link active dropdown-toggle"
data-toggle="dropdown" href="#">教育</a>
```

```
        <!--.dropdown-menu用来指定被
激活的菜单-->
        <ul class="dropdown-menu">
            <li><a href="#"
class="dropdown-item">初中</a></li>
            <li><a href="#"
class="dropdown-item">高中</a></li>
            <li><a href="#"
class="dropdown-item">大学</a></li>
        </ul>
    </li>
        <li class="nav-item"><a
class="nav-link" href="#">旅游</a></li>
        <li class="nav-item"><a
class="nav-link" href="#">美食</a></li>
        <li class="nav-item"><a
class="nav-link" href="#">理财</a></li>
        <li class="nav-item"><a
class="nav-link" href="#">招聘</a></li>
    </ul>
</div>
</body>
</html>
```

运行结果如图 15-13 所示。

图 15-13　导航和下拉菜单绑定

15.4.5 使用面包屑

面包屑导航（Breadcrumbs）是一种基于网站层次信息的显示方式，它表示当前页面在导航层次结构内的位置。在 CSS 中利用 ::before 和 content 来添加分隔符。

▌实例 7：设计面包屑导航

```
<!DOCTYPE html>
<html>
<head>
<title>面包屑 </title>
    <meta name="viewport" content=
"width=device-width, initial-scale=1,
shrink-to-fit=no">
    <link rel="stylesheet" href=
"bootstrap-4.1.3/css/bootstrap.css">
    <script src="jquery.js"></script>
    <script src="bootstrap-4.1.3/js/
bootstrap.bundle.js"></script>
    <script src="bootstrap-4.1.3/js/
bootstrap.js"></script>
<style>
    /*利用::before 和content添加分隔线*/
    li::before {
        padding-right: 0.5rem;
        padding-left: 0.5rem;
        color: #6c757d;
        content: ">";/*添加分隔线为">"*/
    }
    /*去掉第一个li前面的分隔线*/
    li:first-child::before {
        content: "";/*设置第一个li元素
前面为空*/
    }
</style>
</head>
<body>
<div class="container">
    <!--在ul中添加.breadcrumb类，设置面包
```

```
屑-->
    <ul class="breadcrumb">
        <li><a href="#">学校</a></li>
        <li><a href="#">图书馆</a></li>
    </ul>
    <ul class="breadcrumb">
        <li><a href="#">学校</a></li>
        <li><a href="#">图书馆</a></li>
        <li><a href="#">图书</a></li>
    </ul>
    <ul class="breadcrumb">
        <li><a href="#">学校</a></li>
        <li><a href="#">图书馆</a></li>
        <li><a href="#">图书</a></li>
        <li><a href="#">编程类</a></li>
    </ul>
</div>
</body>
</html>
```

运行结果如图 15-14 所示。

图 15-14 面包屑组件

15.4.6 使用广告屏

通过在 <div> 元素中添加 .jumbotron 类来创建 jumbotron（超大屏幕），它是一个大的灰色背景框，里面可以设置一些特殊的内容和信息。里面可以放一些 HTML 标签，也可以是 Bootstrap 的元素。如果创建一个没有圆角的 jumbotron，可以在 .jumbotron-fluid 类里面的 div 添加 .container 或 .container-fluid 类来实现。

▌实例 8：设计广告屏

```
<!DOCTYPE html>
<html>
<head>
<title>广告牌</title>
```

```
    <meta name="viewport"
content="width=device-width, initial-
scale=1, shrink-to-fit=no">
    <link rel="stylesheet"
href="bootstrap-4.1.3/css/bootstrap.
css">
```

```
    <script src="jquery.js"></script>
        <script src="bootstrap-4.1.3/js/
bootstrap.bundle.js"></script>
        <script src="bootstrap-4.1.3/js/
bootstrap.js"></script>
</head>
<body>
<!--添加.jumbotron类创建广告屏-->
<div class="jumbotron">
    <h1>北京欢迎你!</h1>
        <p>北京，简称"京"，是中华人民共和国的首
都，文化中心、科技创新中心。</p>
    <hr>
    <p>Beijing, or "jing" for short, It
is the capital of the People's Republic
of China, cultural center、Technology
innovation center.</p>
    <p>
            <!--.btn类为按钮添加基本样
式，.btn-primary表示原始按钮样式（未被操作）
-->
```

```
        <button class="btn btn-
primary">了解更多</button>
    </p>
</div>
</body>
</html>
```

运行结果如图 15-15 所示。

图 15-15　广告屏组件

15.4.7　使用 card（卡片）

通过 Bootstrap4 的 .card 与 .card-body 类来创建一个简单的卡片，如下面代码所示：

```
<!DOCTYPE html>
<html>
<head>
<title></title>
    <meta name="viewport" content="width=device-width, initial-scale=1, shrink-to-
fit=no">
    <link rel="stylesheet" href="bootstrap-4.1.3/css/bootstrap.css">
    <script src="jquery.js"></script>
    <script src="bootstrap-4.1.3/js/bootstrap.bundle.js"></script>
    <script src="bootstrap-4.1.3/js/bootstrap.js"></script>
</head>
<body>
<div class="container">
<div class="card">
<div class="card-body">简单的卡片</div>
</div>
</div>
</body>
</html>
```

运行结果如图 15-16 所示。

图 15-16　简单的卡片

卡片是一个灵活的、可扩展的内容窗口。它包含了可选的卡片头和卡片脚、一个大范围的内容、上下文背景色以及强大的显示选项。卡片代替了 Bootstrap3 中的 panel、well 和 thumbnail 等组件。

实例 9：设计卡片

```
<!DOCTYPE html>
<html>
<head>
<title></title>
    <meta name="viewport"
content="width=device-width, initial-
scale=1, shrink-to-fit=no">
    <link rel="stylesheet"
href="bootstrap-4.1.3/css/bootstrap.
css">
    <script src="jquery.js"></script>
    <script src="bootstrap-4.1.3/js/
bootstrap.bundle.js"></script>
    <script src="bootstrap-4.1.3/js/
bootstrap.js"></script>
</head>
<body>
<div class="container">
    <!--添加.card类创建卡片，.bg-success类
设置卡片的背景颜色，.text-white设置卡片的文
本颜色-->
    <div class="card bg-success text-
white">
        <!--.card-header类用于创建卡片的头
部样式-->
        <div class="card-header">卡片头
</div>
        <div class="card-body">
            <!--给 <img> 添加 .card-img-
top可以设置图片在文字上方或添加.card-img-
bottom设置图片在文字下方。-->
                <img src="004.jpg" alt=""
width="100%" height="200px">
                <h4 class="card-title">乡间
小路</h4>
                <p class="card-text">太阳西
下，黄昏下的乡村小路，弯弯曲曲延伸到村子的尽
头，高低起伏的路面变幻莫测，只有叽叽喳喳在田间
嬉闹的麻雀，此时也飞得无影无踪，大地只留下一片
清凉。</p>
        </div>
        <!--.card-footer 类用于创建卡片的
底部样式-->
        <div class="card-footer">卡片脚
</div>
    </div>
</div>
</body>
</html>
```

运行结果如图 15-17 所示。

图 15-17　卡片组件

15.4.8　使用进度条

进度条主要用来表示用户的任务进度，如下载、删除、复制等。

创建一个基本的进度条有以下 3 个步骤：

（1）添加一个含有 .progress 类的 \<div\>。

（2）在上面的 \<div\> 中，添加一个含有 .progress-bar 的空的 \<div\>。

（3）为含有 .progress-bar 类的 \<div\> 添加一个带有百分比表示宽度的 style 属性，如 style="50%"，表示进度条在 50% 的位置。

实例 10：设计简单的进度条

```
<!DOCTYPE html>
<html>
<head>
<title></title>
    <meta name="viewport" content=
"width=device-width, initial-scale=1,
shrink-to-fit=no">
    <link rel="stylesheet" href=
"bootstrap-4.1.3/css/bootstrap.css">
    <script src="jquery.js"></script>
```

```
        <script src="bootstrap-4.1.3/js/
bootstrap.bundle.js"></script>
        <script src="bootstrap-4.1.3/js/
bootstrap.js"></script>
</head>
<body>
<div class="container">
    <p>基本的进度条</p>
    <div class="progress">
            <div class="progress-bar "
style="width:50%"></div>
    </div>
</div>
```

```
</body>
</html>
```

运行结果如图 15-18 所示。

图 15-18　基本的进度条

1. 设置高度和添加文本

读者可以在基本滚动条的基础上设置高度和添加文本，在含有 .progress 类的 <div> 中设置高度，在含有 .progress-bar 类的 <div> 中添加文本内容。

▌实例 11：为进度条设置高度和添加文本

```
<!DOCTYPE html>
<html>
<head>
<title></title>
        <meta name="viewport" content=
"width=device-width, initial-scale=1,
shrink-to-fit=no">
        <link rel="stylesheet" href=
"bootstrap-4.1.3/css/bootstrap.css">
        <script src="jquery.js"></script>
        <script src="bootstrap-4.1.3/js/
bootstrap.bundle.js"></script>
        <script src="bootstrap-4.1.3/js/
bootstrap.js"></script>
</head>
<body>
<div class="container">
    <p>设置高度和文本的滚动条</p>
        <!--设置滚动条高度20px，文本内容为
--60%-->
        <div class="progress" style=
"height:20px">
```

```
        <div class="progress-bar "
style="width:60%">60%</div>
    </div><br>
        <!--设置滚动条高度30px，文本内容为
--80%-->
        <div class="progress" style=
"height:30px">
        <div class="progress-bar " style=
"width:80%">80%</div>
    </div>
</div>
</body>
</html>
```

运行结果如图 15-19 所示。

图 15-19　设置高度和添加文本

2. 设置不同的背景颜色

可以发现，滚动条的默认背景颜色是蓝色，为了能给用户一个更好的体验，进度条和警告信息框一样，也根据不同的状态配置了不同的进度条颜色，我们可以通过添加 bg-success、bg-info、bg-warning 和 bg-danger 类来改变默认背景颜色，它们分别表示浅绿色、浅蓝色、浅黄色和浅红色。

▌实例 12：设置进度条的不同背景颜色

```
<!DOCTYPE html>
```

```
<html>
<head>
<title></title>
        <meta name="viewport" content=
```

```
"width=device-width, initial-scale=1,
shrink-to-fit=no">
        <link rel="stylesheet" href=
"bootstrap-4.1.3/css/bootstrap.css">
        <script src="jquery.js"></script>
        <script src="bootstrap-4.1.3/js/
bootstrap.bundle.js"></script>
        <script src="bootstrap-4.1.3/js/
bootstrap.js"></script>
</head>
<body>
<div class="container">
    <p>不同颜色的滚动条</p>
    <div class="progress">
            <div class="progress-bar"
style="width:30%">默认</div>
    </div>
    <br>
    <div class="progress">
            <div class="progress-bar bg-
success" style="width:40%">bg-success</
div>
    </div>
    <br>
    <div class="progress">
            <div class="progress-bar bg-
info" style="width:50%">bg-info</div>
    </div>
    <br>
```

```
    <div class="progress">
            <div class="progress-bar bg-
warning" style="width:60%">bg-warning</
div>
    </div>
    <br>
    <div class="progress">
            <div class="progress-bar bg-
danger" style="width:70%">bg-danger</
div>
    </div>
</div>
</body>
</html>
```

运行结果如图 15-20 所示。

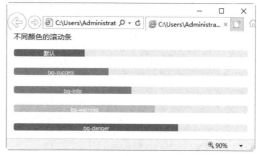

图 15-20   不同背景颜色的进度条

3. 设置动画条纹进度条

还可以为滚动条添加 progress-bar-striped 类和 progress-bar-animated 类，分别为滚动条添加彩色条纹和动画效果。

实例13：设置动画条纹进度条

```
<!DOCTYPE html>
<html>
<head>
<title></title>
        <meta name="viewport" content=
"width=device-width, initial-scale=1,
shrink-to-fit=no">
        <link rel="stylesheet" href=
"bootstrap-4.1.3/css/bootstrap.css">
    <script src="jquery.js"></script>
        <script src="bootstrap-4.1.3/js/
bootstrap.bundle.js"></script>
        <script src="bootstrap-4.1.3/js/
bootstrap.js"></script>
</head>
<body>
<div class="container">
    <p>设置滚动条纹效果</p>
    <!--添加.progress类，创建滚动条-->
```

```
    <div class="progress">
            <!--.progress-bar-striped类设置
滚动条条纹效果，.progress-bar-animated类设
置条纹滚动条的动画效果-->
            <div class="progress-bar
progress-bar-striped progress-bar-
animated" style="width:60%"></div>
    </div>
</div>
</body>
</html>
```

运行结果如图 15-21 所示。

图 15-21   动画条纹的进度条

4. 混合色彩的进度条

在进度条中，我们可以在含有 .progress 类的 <div> 中添加多个含有 .progress-bar 类的 <div>，然后分别为每个含有 .progress-bar 类的 <div> 设置不同的背景颜色，来实现混合色彩的进度条。

▌ 实例 14：设计混合色彩的进度条

```html
<!DOCTYPE html>
<html>
<head>
<title></title>
    <meta name="viewport" content=
"width=device-width, initial-scale=1,
shrink-to-fit=no">
    <link rel="stylesheet" href=
"bootstrap-4.1.3/css/bootstrap.css">
    <script src="jquery.js"></script>
    <script src="bootstrap-4.1.3/js/
bootstrap.bundle.js"></script>
    <script src="bootstrap-4.1.3/js/
bootstrap.js"></script>
</head>
<body>
<div class="container">
    <p>混合色彩的进度条</p>
    <div class="progress" style=
"height:30px">
        <div class="progress-bar bg-
```
```html
success" style="width:20%">bg-success</
div>
        <div class="progress-bar bg-
info" style="width:20%">bg-info</div>
        <div class="progress-bar bg-
warning" style="width:20%">bg-warning</
div>
        <div class="progress-bar bg-
danger" style="width:20%">bg-danger</
div>
    </div>
</div>
</body>
</html>
```

运行结果如图 15-22 所示。

图 15-22　混合色彩的进度条

15.4.9　使用模态框

模态框是一种灵活的、对话框式的提示，它是页面的一部分，是覆盖在父窗体上的子窗体。通常，目的是显示来自一个单独的源的内容，可以在不离开父窗体的情况下有一些互动。

模态框的基本结构如下面代码所示。

```html
<!--按钮——用于打开模态框-->
<button type="button" data-toggle="modal" data-target="#myModal">...</button>
<!--定义模态框-->
<div class="modal fade" id="myModal">
    <div class="modal-dialog">
        <div class="modal-content">
            <div class="modal-header">...</div>
            <div class="modal-body">...</div>
            <div class="modal-footer">...</div>
        </div>
    </div>
</div>
</div>
```

在上面的结构中，按钮中的属性类别分析如下。

（1）data-toggle="modal"：用于打开模态框。

（2）data-target="#myModal"：指定打开的模态框目标（使用哪个模态框，就把那个模态框的 id 写在其中）。

定义模态框中的属性类别分析如下。

（1）.modal 类：用来把 <div> 的内容识别为模态框。

（2）.fade 类：当模态框被切换时，设置模态框的淡入淡出。

（3）id="myModal"：被指定打开的目标 id。

（4）.modal-dialog：定义模态对话框层。

（5）.modal-content：定义模态对话框的样式。

（6）.modal-header：为模态框的头部定义样式的类。

（7）.modal-body：为模态框的主体定义样式的类。

（8）.modal-footer：为模态框的底部定义样式的类。

（9）data-dismiss="modal"：用于关闭模态窗口。

实例 15：设计模态框

```
<!DOCTYPE html>
<html>
<head>
<title></title>
    <meta name="viewport" content=
"width=device-width, initial-scale=1,
shrink-to-fit=no">
    <link rel="stylesheet" href=
"bootstrap-4.1.3/css/bootstrap.css">
    <script src="jquery.js"></script>
    <script src="bootstrap-4.1.3/js/
bootstrap.bundle.js"></script>
    <script src="bootstrap-4.1.3/js/
bootstrap.js"></script>
</head>
<body>
<div class="container">
<h3>模态框</h3>
<!-- 按钮:用于打开模态框 -->
<button type="button" class="btn btn-
primary" data-toggle="modal" data-
target="#myModal">
    打开模态框
 </button>
<!-- 模态框 -->
<div class="modal fade" id="my
Modal">
    <div class="modal-dialog">
        <div class="modal-content">
            <!-- 模态框头部 -->
            <div class="modal-header">
                <!--modal-title用于设置
标题在模态框头部垂直居中-->
                <h4 class="modal-title">
用户注册</h4>
                    <button type=
"button" class="close" data-
dismiss="modal">&times;</button>
            </div>
            <!-- 模态框主体 -->
            <div class="modal-body">
                <form action="#">
                    <p>姓名:<input
type="text"></p>
                    <p>密码:<input
type="password"></p>
                    <p>邮箱:<input
type="email"></p>
                </form>
            </div>
            <!-- 模态框底部 -->
            <div class="modal-footer">
                <button type="button"
class="btn btn-primary">提交</button>
                <button type="button"
class="btn btn-secondary" data-
dismiss="modal">
                    关闭
                </button>
            </div>
        </div>
    </div>
</div>
</div>
</body>
</html>
```

运行结果如图 15-23 所示；当单击"打开模态框"按钮将激活模态框，效果如图 15-24 所示。

图 15-23　模态框组件

图 15-24　打开模态框效果

15.4.10　使用滚动监听

滚动监听，即根据滚动条的位置自动更新对应的导航目标。

实现滚动监听可以分为以下三步：

（1）设计导航栏以及可滚动的元素，可滚动元素上的 id 值要匹配导航栏上的超链接的 href 属性，如可滚动元素的 id 属性值为 a，导航栏上的超链接的 href 属性值应该为 #a。

（2）为想要监听的元素添加 data-spy="scroll" 属性类别，然后添加 data-target 属性，它的值为导航栏的 id 或者 class 值，这样才可以联系上可滚动区域。监听的元素通常是 \<body\>。

（3）设置相对定位：使用 data-spy="scroll" 的元素需要将其 CSS 的 position 属性设置为 relative 才能起作用。

data-offset 属性用于计算滚动位置时距离顶部的偏移像素，默认为 10px。

▌实例 16：设计滚动监听

```
<!DOCTYPE html>
<html>
<head>
<title>滚动监听</title>
    <meta name="viewport" content=
"width=device-width, initial-scale=1,
shrink-to-fit=no">
    <link rel="stylesheet" href=
"bootstrap-4.1.3/css/bootstrap.css">
    <script src="jquery.js"></script>
    <script src="bootstrap-4.1.3/js/
bootstrap.bundle.js"></script>
<script src="bootstrap-4.1.3/js/
bootstrap.js"></script>
<style>
body {
    position: relative;
}
#navbar{
    position: fixed;
    top:200px;
     right: 50px;
}
</style>
</head>
```

```
<!--添加data-spy="scroll" 属性类别，设置监
听元素-->
<!--data-target="#navbar"属性类别指定导航
栏的id（navbar）-->
<body data-spy="scroll" data-
target="#navbar" data-offset="50">
<!--.navbar设置导航，.bg-dark类和.nav-
dark类设置黑色背景、白色文字-->
<nav class="navbar bg-dark navbar-dark"
id="navbar">
    <!--.navbar-nav是在导航.nav的基础上重
新调整了菜单项的浮动与内外边距。-->
    <ul class="navbar-nav">
        <!--在li中添加.nav-item ,在a中添
加.nav-link设置导航的样式-->
        <li class="nav-item">
            <a class="nav-link" href=
"#s1">Section 1</a>
        </li>
        <li class="nav-item">
            <a class="nav-link" href=
"#s2">Section 2</a>
        </li>
        <li class="nav-item">
            <!--.dropdown-toggle类和
data-toggle="dropdown" 属性类别 用来激活下
拉菜单-->
```

```
                    <a class="nav-link
dropdown-toggle" data-toggle="dropdown"
href="#">
                    Section 3
             </a>
             <!--.dropdown-menu用来指定被
激活的菜单-->
             <div class="dropdown-menu">
                    <!--.dropdown-item添加列
表元素的样式-->
                    <a class="dropdown-item"
 href="#s3">3.1</a>
                    <a class="dropdown-item"
 href="#s4">3.2</a>
             </div>
        </li>
    </ul>
</nav>
<div id="s1">
    <h1>Section 1</h1>
      <p><img src="005.jpg" alt=""
width="300px" height="300px"></p>
</div>
```

```
<div id="s2">
    <h1>Section 2</h1>
       <p><img src="006.jpg" alt=""
width="300px" height="300px"></p>
</div>
<div id="s3">
    <h1>Section 3.1</h1>
       <p><img src="007.jpg" alt=""
width="300px" height="300px"></p>
</div>
<div id="s4">
    <h1>Section 3.2</h1>
       <p><img src="008.jpg" alt=""
width="300px" height="300px"></p>
</div>
</body>
</html>
```

运行结果如图 15-25 所示；当滚动滚动条时，导航条会时时监听并更新当前被激活的菜单项，效果如图 15-26 所示。

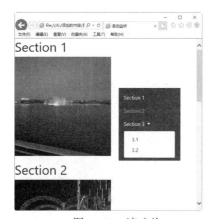

图 15-25　滚动前

图 15-26　滚动后

15.5　胶囊导航选项卡（Tab 栏）

选项卡是网页中一种常用的功能，用户点击或悬浮对应的菜单选项，能切换出对应的内容。

使用 Bootstrap 框架来实现胶囊导航选项卡只需要以下两部分内容便可完成：

（1）胶囊导航组件：对应的是 Bootstrap 中的 nav-pills。

（2）可以切换的选项卡面板：对应的是 Bootstrap 中的 tab-pane 类。选项卡面板的内容统一放在 tab-content 容器中，而且每个内容面板 tab-pane 都需要设置一个独立的选择符（ID）与选项卡中的 data-target 或 href 的值匹配。

> **注意：** 选项卡中链接的锚点要与对应的面板内容容器的 ID 相匹配。

实例17：设计胶囊导航选项卡

```html
<!DOCTYPE html>
<html>
<head>
<title></title>
    <meta name="viewport" content=
"width=device-width, initial-scale=1,
shrink-to-fit=no">
    <link rel="stylesheet" href=
"bootstrap-4.1.3/css/bootstrap.css">
    <script src="jquery.js"></script>
    <script src="bootstrap-4.1.3/js/
bootstrap.bundle.js"></script>
    <script src="bootstrap-4.1.3/js/
bootstrap.js"></script>
</head>
<body>
<div class="container">
    <h2>胶囊导航选项卡</h2>
    <!--在ul中添加.nav和.nav-pills, .nav-
pills类用来设置胶囊导航-->
    <ul class="nav nav-pills">
        <!--在li中添加.nav-item, 在a中添
加.nav-link, 对于选中的选项添加.active类
-->
        <!--添加data-toggle="pill"属性类
别, 是去掉a标签的默认行为, 实现动态切换导航的
active属性效果-->
        <!--给每个a标签的href属性添加属性
值, 用于绑定下面选项卡面板中对应的元素, 当导航
切换时, 显示对应的内容-->
        <li class="nav-item"><a class=
"nav-link active" data-toggle="pill"
href="#tab1">图片1</a></li>
        <li class="nav-item"><a
class="nav-link" data-toggle="pill"
href="#tab2">图片2</a></li>
        <li class="nav-item"><a
class="nav-link" data-toggle="pill"
href="#tab3">图片3</a></li>
        <li class="nav-item"><a
class="nav-link" data-toggle="pill"
href="#tab4">图片4</a></li>
    </ul>
    <!--选项卡面板-->
    <!-- 选项卡面板中tab-content类和.tab-
pane类 与data-toggle="pill"一同使用, 设置
标签页对应的内容随胶囊导航的切换而更改-->
    <div class="tab-content">
        <!--.active类用来设置胶囊导航默认
情况下激活的选项所对应的元素-->
        <div id="tab1" class="tab-pane
active">
            <img src="01.png" alt="景色
1" class="img-fluid">
        </div>
        <div id="tab2" class="tab-pane
fade">
            <img src="02.png" alt="景色
2" class="img-fluid">
        </div>
        <div id="tab3" class="tab-pane
fade">
            <img src="03.png" alt="景色
3" class="img-fluid">
        </div>
        <div id="tab4" class="tab-pane
fade">
            <img src="04.png" alt="景色
4" class="img-fluid">
        </div>
    </div>
</div>
</body>
</html>
```

运行结果如图15-27所示；单击nav4选
项卡面板内容切换，效果如图15-28所示。

图15-27　页面加载完成后效果

图15-28　单击nav4效果

15.6　新手常见疑难问题

▌疑问 1：如何使用 Bootstrap 创建缩略图？

使用 Bootstrap 创建缩略图的步骤如下。

（1）在图像周围添加带有 class .thumbnail 的 <a> 标签。

（2）这样会添加 4 个像素的内边距（padding）和一个灰色的边框。

（3）当鼠标悬停在图像上时，会动画显示出图像的轮廓。

▌疑问 2：如何使用 Bootstrap 实现轮播效果？

Bootstrap 轮播（Carousel）插件是一种灵活的响应式的向站点添加滑块的方式。除此之外，内容也很灵活，可以是图像、内嵌框架、视频或者其他您想要放置的任何类型的内容。

例如以下代码实现一个简单的图片轮播效果：

```html
<div id="myCarousel" class="carousel slide">
    <!-- 轮播（Carousel）指标 -->
    <ol class="carousel-indicators">
      <li data-target="#myCarousel" data-slide-to="0" class="active"></li>
      <li data-target="#myCarousel" data-slide-to="1"></li>
      <li data-target="#myCarousel" data-slide-to="2"></li>
    </ol>
    <!-- 轮播（Carousel）项目 -->
    <div class="carousel-inner">
      <div class="item active">
        <img src="01.png" alt="第1幅图">
      </div>
      <div class="item">
        <img src="02.png" alt="第2幅图">
      </div>
      <div class="item">
        <img src="03.png" alt="第3幅图">
      </div>
    </div>
    <!-- 轮播（Carousel）导航 -->
    <a class="left carousel-control" href="#myCarousel" role="button" data-slide="prev">
      <span class="glyphicon glyphicon-chevron-left" aria-hidden="true"></span>
      <span class="sr-only">Previous</span>
    </a>
    <a class="right carousel-control" href="#myCarousel" role="button" data-slide="next">
      <span class="glyphicon glyphicon-chevron-right" aria-hidden="true"></span>
      <span class="sr-only">Next</span>
    </a>
</div>
```

效果如图 15-29 所示。

图 15-29　图片轮播效果

15.7　实战技能训练营

▌实战 1：设计网上商城导航菜单。

本实例设计标签页导航下拉菜单，运行效果如图 15-30 所示。

图 15-30　网上商城导航菜单

▌实战 2：为商品添加采购信息页面。

本实例使用模块框为商品添加采购信息页面。单击任意商品名称，即可弹出提示输入信息页面，如图 15-31 所示。

图 15-31　为商品添加采购信息页面

第16章 项目实训1——开发时尚购物网站

本章导读

在物流与电子商务业务高速发展的今天，越来越多的商家由传统的销售渠道转向网络营销，导致大型 B2C（商家对顾客）模式的电子商务网站也越来越多。本章介绍如何开发一个时尚购物网站。

知识导图

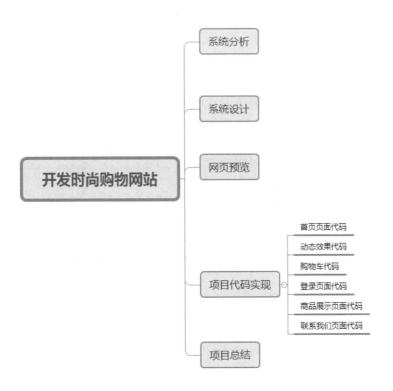

16.1　系统分析

计算机技术、网络通信技术和多媒体技术的飞速发展对人们的生产和生活方式产生了很大的影响，随着网上购物及快递物流行业的不断成熟，相信很多人们都愿意在网上进行购物。

16.2　系统设计

下面就来制作一个时尚购物网站，包括网站首页、女装/家居、男装/户外、童装/玩具、品牌故事等页面。

1. 系统目标

结合网上购物网站的特点以及实际情况，该时尚购物网站是一个以服装为主流的网站，主要有以下特点。

（1）操作简单方便、界面简洁美观

（2）能够全面展示商品的详细信息。

（3）浏览速度要快，尽量避免长时间打不开网页的情况发生。

（4）页面中的文字要清晰、图片要与文字相符。

（5）系统运行要稳定、安全可靠。

2. 系统功能结构

购物网站的系统功能大致结构如图 16-1 所示。

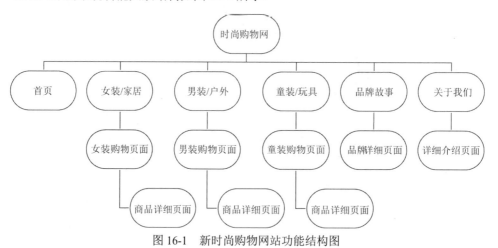

图 16-1　新时尚购物网站功能结构图

3. 开发环境介绍

购物网站在开发的过程中，需要使用的软件开发环境如下：

（1）操作系统：Windows 10。

（2）jQuery 版本：jquery-3.5.1.min.js。

（3）开发工具：WebStorm 2019.3.2。

4. 文件夹组织结构

时尚购物网站的文件夹组织结构如图 16-2 所示。

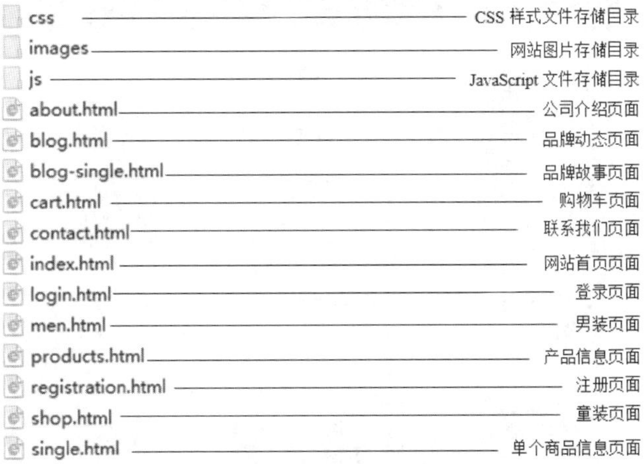

css	CSS 样式文件存储目录
images	网站图片存储目录
js	JavaScript 文件存储目录
about.html	公司介绍页面
blog.html	品牌动态页面
blog-single.html	品牌故事页面
cart.html	购物车页面
contact.html	联系我们页面
index.html	网站首页页面
login.html	登录页面
men.html	男装页面
products.html	产品信息页面
registration.html	注册页面
shop.html	童装页面
single.html	单个商品信息页面

图 16-2　新时尚购物网文件夹组织结构图

由上述结构可以看出，本项目是基于 HTML5、CSS3、JavaScript 的案例程序，案例主要通过 HTML5 确定框架、CSS3 确定样式、JavaScript 来完成调度，三者合作来实现网页的动态化，案例所用的图片全部保存在 images 文件夹中。

16.3　网页预览

设计新时尚购物网站时，应用了 CSS 样式、<div> 标签、JavaScript 和 jQuery 技术，从而制作了一个功能齐全，页面优美的购物网页，下面预览一下网页效果。

1. 网站首页效果

新时尚购物网的首页用于展示最新上架的商品信息，包括网站的导航菜单，购物车功能、登录功能等，首页页面的运行效果如图 16-3 所示。

2. "关于我们"效果

"关于我们"介绍页面主要内容包括本网站的介绍内容，以及该购物网站的一些品牌介绍，页面运行效果如图 16-4 所示。

当单击某个知名品牌后，会进入下一级品牌故事页面，在该页面中可以查看该品牌的一些介绍信息，页面运行效果如图 16-5 所示。

图 16-3　天虹网站首页

图 16-4　"关于我们"介绍页面　　　　　　　图 16-5　品牌故事页面

3. 商品展示效果

通过单击首页的导航菜单，可以进入商品展示页面，这里包括女装、男装、童装。页面运行效果如图 16-6 ～图 16-8 所示。

图 16-6　女装购买页面

图 16-7　男装购买页面

图 16-8　童装购买页面

4. 商品详情效果

在女装、男装或童装购买页面中，单击某个商品，就会进入该商品的详细介绍页面，这里包括商品名称、价格、数量以及添加购物车等功能，页面运行效果如图16-9所示。

图 16-9　商品详情页面

5. 购物车效果

在首页中单击"购物车"，即可进入购物车功能页面，在其中可以查看当前购物车的信息，订单详情等内容，页面运行效果如图16-10所示。

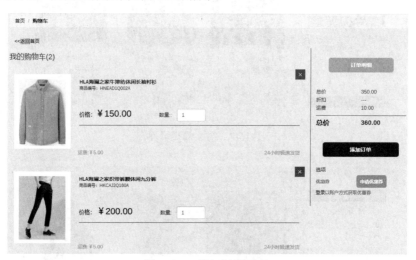

图 16-10　详细新闻页面

6. 品牌故事效果

在首页中单击"品牌故事导航"菜单，就可以进入品牌动态页面，包括具体的动态内容、品牌分类、知名品牌等，页面运行效果如图16-11所示。

图 16-11　品牌动态页面

7. 用户登录效果

在首页中单击"登录"超链接，即可进入登录页面，输入用户名与密码，即可以用户会员的身份登录到购物网站中，页面运行效果如图 16-12 所示。

图 16-12　商品详情页面

8. 用户注册效果

如果在登录页面中单击"创建一个账户"按钮，就可以进入用户注册页面，页面运行效果如图 16-13 所示。

首页 / 注册

注册新账户

欢迎注册，请输入以下信息以继续。
如果您之前已经在我们这里注册，**请单击此处**

注册成为会员后，您可以：
- 随意购买与本网站合作的各类品牌商品，轻松管理订单
- 查询、计划、管理您的预订信息
- 享受优质超低价格团购服务

姓名：

密码：

重新输入密码：

本网站的主要功能如下：
- 实现网上购物所必须的功能
- 保障交易安全所必须的功能
- 交付产品与/或服务功能

电子邮件：

手机号码：

现在注册

点击该按钮，您就同意了本网站的协议和条款。

图 16-13　用户注册页面

16.4　项目代码实现

下面来介绍新时尚购物网站各个页面的实现过程及相关代码。

16.4.1　首页页面代码

在网站首页中，一般会存在导航菜单，通过这个导航菜单实现在不同页面之间的跳转。导航菜单的运行结果如图 16-14 所示。

首页	女装家居	男装户外	童装/玩具	关于我们	品牌故事

童装	玩具	童鞋	潮玩动漫	婴儿装
套装	益智玩具	运动鞋	模型	哈衣
外套	拼装积木	学步鞋	手办	爬服
裤子	毛绒抱枕	儿童靴子	盲盒	雪衣
家居服	遥控玩具	儿童皮鞋	桌游	肚兜
羽绒服	户外玩具	儿童凉鞋	卡牌	护脐带
防晒衣	乐器玩具	儿童舞蹈鞋	动漫周边	睡袋

图 16-14　网站导航菜单

实现导航菜单的 HTML 代码如下：

```
<ul class="megamenu skyblue">
        <li class="active grid"><a class="color1" href="index.html">首页</a></li>
        <li class="grid"><a href="#">女装/家居</a>
            <div class="megapanel">
                <div class="row">
                    <div class="col1">
                    <div class="h_nav">
                            <h4>上装</h4>
                            <ul>
                                    <li><a href="products.html">卫衣</a></li>
                                    <li><a href="products.html">衬衫</a></li>
                                    <li><a href="products.html">T恤</a></li>
                                    <li><a href="products.html">毛衣</a></li>
                                    <li><a href="products.html">马甲</a></li>
                                    <li><a href="products.html">雪纺衫</a></li>
```

```
                </ul>
         </div>
       </div>
       <div class="col1">
        <div class="h_nav">
                <h4>外套</h4>
                <ul>
                        <li><a href="products.html">短外套</a></li>
                        <li><a href="products.html">女式风衣</a></li>
                        <li><a href="products.html">毛呢大衣</a></li>
                        <li><a href="products.html">女式西装</a></li>
                        <li><a href="products.html">羽绒服</a></li>
                        <li><a href="products.html">皮草</a></li>
                </ul>
        </div>
       </div>
       <div class="col1">
        <div class="h_nav">
                <h4>女裤</h4>
                <ul>
                        <li><a href="products.html">休闲裤</a></li>
                        <li><a href="products.html">牛仔裤</a></li>
                        <li><a href="products.html">打底裤</a></li>
                        <li><a href="products.html">羽绒裤</a></li>
                        <li><a href="products.html">七分裤</a></li>
                        <li><a href="products.html">九分裤</a></li>
                </ul>
        </div>

       </div>
       <div class="col1">
        <div class="h_nav">
                <h4>裙装</h4>
                <ul>
                        <li><a href="products.html">连衣裙</a></li>
                        <li><a href="products.html">半身裙</a></li>
                        <li><a href="products.html">旗袍</a></li>
                        <li><a href="products.html">无袖裙</a></li>
                        <li><a href="products.html">长袖裙</a></li>
                        <li><a href="products.html">职业裙</a></li>
                </ul>
        </div>
       </div>
       <div class="col1">
        <div class="h_nav">
                <h4>家居</h4>
                <ul>
                        <li><a href="products.html">保暖内衣</a></li>
                        <li><a href="products.html">睡袍</a></li>
                        <li><a href="products.html">家居服</a></li>
                        <li><a href="products.html">袜子</a></li>
                        <li><a href="products.html">手套</a></li>
                        <li><a href="products.html">围巾</a></li>
                </ul>
        </div>
      </div>
</div>
<div class="row">
   <div class="col2"></div>
```

```
                    <div class="col1"></div>
                    <div class="col1"></div>
                    <div class="col1"></div>
                    <div class="col1"></div>
                </div>
            </div>
        </li>
        <li><a href="#">男装/户外</a><div class="megapanel">
            <div class="row">
                <div class="col1">
                 <div class="h_nav">
                        <h4>上装</h4>
                        <ul>
                            <li><a href="men.html">短外套</a></li>
                            <li><a href="men.html">卫衣</a></li>
                            <li><a href="men.html">衬衫</a></li>
                            <li><a href="men.html">风衣</a></li>
                            <li><a href="men.html">夹克</a></li>
                            <li><a href="men.html">毛衣</a></li>
                        </ul>
                 </div>
                </div>
                <div class="col1">
                 <div class="h_nav">
                        <h4>裤子</h4>
                        <ul>
                            <li><a href="men.html">休闲长裤</a></li>
                            <li><a href="men.html">牛仔长裤</a></li>
                            <li><a href="men.html">工装裤</a></li>
                            <li><a href="men.html">休闲短裤</a></li>
                            <li><a href="men.html">牛仔短裤</a></li>
                            <li><a href="men.html">防水皮裤</a></li>
                        </ul>
                 </div>
                </div>
                <div class="col1">
                 <div class="h_nav">
                        <h4>特色套装</h4>
                        <ul>
                            <li><a href="men.html">运动套装</a></li>
                            <li><a href="men.html">时尚套装</a></li>
                            <li><a href="men.html">工装制服</a></li>
                            <li><a href="men.html">民风汉服</a></li>
                            <li><a href="men.html">老年套装</a></li>
                            <li><a href="men.html">大码套装</a></li>
                        </ul>
                 </div>

                </div>
                <div class="col1">
                 <div class="h_nav">
                        <h4>运动穿搭</h4>
                        <ul>
                            <li><a href="men.html">休闲鞋</a></li>
                            <li><a href="men.html">跑步鞋</a></li>
                            <li><a href="men.html">篮球鞋</a></li>
                            <li><a href="men.html">运动夹克</a></li>
                            <li><a href="men.html">运行长裤</a></li>
                            <li><a href="men.html">运动卫衣</a></li>
```

```html
                </ul>
            </div>
        </div>
        <div class="col1">
         <div class="h_nav">
                <h4>正装套装</h4>
                <ul>
                        <li><a href="men.html">西服</a></li>
                        <li><a href="men.html">西裤</a></li>
                        <li><a href="men.html">西服套装</a></li>
                        <li><a href="men.html">商务套装</a></li>
                        <li><a href="men.html">休闲套装</a></li>
                        <li><a href="men.html">新郎套装</a></li>
                </ul>
            </div>
        </div>
    </div>
    <div class="row">
        <div class="col2"></div>
        <div class="col1"></div>
        <div class="col1"></div>
        <div class="col1"></div>
        <div class="col1"></div>
    </div>
    </div>
</li>
<li><a href="#">童装/玩具</a>
<div class="megapanel">
    <div class="row">
        <div class="col1">
         <div class="h_nav">
                <h4>童装</h4>
                <ul>
                        <li><a href="shop.html">套装</a></li>
                        <li><a href="shop.html">外套</a></li>
                        <li><a href="shop.html">裤子</a></li>
                        <li><a href="shop.html">家居服</a></li>
                        <li><a href="shop.html">羽绒服</a></li>
                        <li><a href="shop.html">防晒衣</a></li>
                </ul>
            </div>
        </div>
        <div class="col1">
         <div class="h_nav">
                <h4>玩具</h4>
                <ul>
                        <li><a href="shop.html">益智玩具</a></li>
                        <li><a href="shop.html">拼装积木</a></li>
                        <li><a href="shop.html">毛绒抱枕</a></li>
                        <li><a href="shop.html">遥控玩具</a></li>
                        <li><a href="shop.html">户外玩具</a></li>
                        <li><a href="shop.html">乐器玩具</a></li>
                </ul>
            </div>
        </div>
        <div class="col1">
         <div class="h_nav">
                <h4>童鞋</h4>
                <ul>
```

```
                              <li><a href="shop.html">运动鞋</a></li>
                              <li><a href="shop.html">学步鞋</a></li>
                              <li><a href="shop.html">儿童靴子</a></li>
                              <li><a href="shop.html">儿童皮鞋</a></li>
                              <li><a href="shop.html">儿童凉鞋</a></li>
                              <li><a href="shop.html">儿童舞蹈鞋</a></li>
                      </ul>
                 </div>

             </div>
             <div class="col1">
              <div class="h_nav">
                      <h4>潮玩动漫</h4>
                      <ul>
                              <li><a href="shop.html">模型</a></li>
                              <li><a href="shop.html">手办</a></li>
                              <li><a href="shop.html">盲盒</a></li>
                              <li><a href="shop.html">桌游</a></li>
                              <li><a href="shop.html">卡牌</a></li>
                              <li><a href="shop.html">动漫周边</a></li>
                      </ul>
              </div>
             </div>
             <div class="col1">
              <div class="h_nav">
                      <h4>婴儿装</h4>
                      <ul>
                              <li><a href="shop.html">哈衣</a></li>
                              <li><a href="shop.html">爬服</a></li>
                              <li><a href="shop.html">罩衣</a></li>
                              <li><a href="shop.html">肚兜</a></li>
                              <li><a href="shop.html">护脐带</a></li>
                              <li><a href="shop.html">睡袋</a></li>
                      </ul>
              </div>
             </div>
           </div>
           <div class="row">
             <div class="col2"></div>
             <div class="col1"></div>
             <div class="col1"></div>
             <div class="col1"></div>
           · <div class="col1"></div>
           </div>
           </div>
        </li>
     <li class="grid"><a href="about.html">关于我们</a></li>
     <li class="grid"><a href="blog.html">品牌故事</a></li>
        </ul>
```

    上述代码定义了一个 ul 标签，然后通过调用 css 样式表来控制 div 标签的样式，并在 div 标签中插入无序列表以实现导航菜单效果。

    为实现导航菜单的动态页面，下面又调用了 megamenu.js 表，同时添加了 jQuery 相关代码。代码如下：

```
<link href="css/megamenu.css" rel="stylesheet" type="text/css" media="all" />
<script type="text/javascript" src="js/megamenu.js"></script>
```

```
<script>$（document）.ready（function(){$（".megamenu"）.megamenu();}）;</script>
```

在导航菜单下，是关于女装、男装、童装的产品详细页面，同时包括立即购买与加入购物车两个按钮。代码如下：

```html
<div class="features" id="features">
    <div class="container">
        <div class="tabs-box">
          <ul class="tabs-menu">
                <li><a href="#tab1">女装</a></li>
                <li><a href="#tab2">男装</a></li>
                <li><a href="#tab3">童装</a></li>
          </ul>
          <div class="clearfix"> </div>
        <div class="tab-grids">
          <div id="tab1" class="tab-grid1">

              <a href="single.html"><div class="product-grid">
                  <div class="more-product-info"><span>NEW</span></div>

                  <div class="product-img b-link-stripe b-animate-go  thickbox">
                   <img src="images/bs1.jpg" class="img-responsive" alt=""/>
                   <div class="b-wrapper">
                   <h4 class="b-animate b-from-left  b-delay03">
                   <button class="btns">立即抢购</button>
                   </h4>
                   </div>
                  </div></a>
                  <div class="product-info simpleCart_shelfItem">
                   <div class="product-info-cust">
                        <h4>长款连衣裙</h4>
                        <span class="item_price">￥187</span>
                        <input type="text" class="item_quantity" value="1" />
                        <input type="button" class="item_add" value="加入购物车">
                   </div>

                   <div class="clearfix"> </div>
                   </div>
              </div>
              <a href="single.html"><div class="product-grid">
                 <div class="more-product-info"><span>NEW</span></div>
                 <div class="more-product-info"></div>

                 <div class="product-img b-link-stripe b-animate-go  thickbox">
                 <img src="images/bs2.jpg" class="img-responsive" alt=""/>
                 <div class="b-wrapper">
                 <h4 class="b-animate b-from-left  b-delay03">

                 <button class="btns">立即抢购</button>
                 </h4>
                 </div>
                 </div> </a>
                 <div class="product-info simpleCart_shelfItem">
                  <div class="product-info-cust">
                        <h4>超短裙</h4>
                        <span class="item_price">￥187.95</span>
                        <input type="text" class="item_quantity" value="1" />
                        <input type="button" class="item_add" value="加入购物车">
```

```
      </div>

        <div class="clearfix"> </div>
      </div>
  </div>
  <a href="single.html"><div class="product-grid">
    <div class="more-product-info"><span>NEW</span></div>
    <div class="more-product-info"></div>

    <div class="product-img b-link-stripe b-animate-go  thickbox">
     <img src="images/bs3.jpg" class="img-responsive" alt=""/>
     <div class="b-wrapper">
     <h4 class="b-animate b-from-left  b-delay03">

     <button class="btns">立即抢购</button>
     </h4>
     </div>
   </div>   </a>
   <div class="product-info simpleCart_shelfItem">
    <div class="product-info-cust">
           <h4>蕾丝半身裙</h4>
           <span class="item_price">￥154</span>
           <input type="text" class="item_quantity" value="1" />
           <input type="button" class="item_add" value="加入购物车">
    </div>

    <div class="clearfix"> </div>
    </div>
  </div>
  <a href="single.html"><div class="product-grid">
    <div class="more-product-info"><span>NEW</span></div>
    <div class="more-product-info"></div>

    <div class="product-img b-link-stripe b-animate-go  thickbox">
     <img src="images/bs4.jpg" class="img-responsive" alt=""/>
     <div class="b-wrapper">
     <h4 class="b-animate b-from-left  b-delay03">

     <button class="btns">立即抢购</button>
     </h4>
     </div>
   </div></a>
   <div class="product-info simpleCart_shelfItem">
    <div class="product-info-cust">
           <h4>学院风连衣裤</h4>
           <span class="item_price">￥150.95</span>
           <input type="text" class="item_quantity" value="1" />
           <input type="button" class="item_add" value="加入购物车">
    </div>

    <div class="clearfix"> </div>
    </div>
  </div>
  <a href="single.html"><div class="product-grid">
    <div class="more-product-info"><span>NEW</span></div>

    <div  class="product-img  b-link-stripe  b-animate-go
thickbox">

     <img src="images/bs5.jpg" class="img-responsive" alt=""/>
```

```
        <div class="b-wrapper">
        <h4 class="b-animate b-from-left  b-delay03">

        <button class="btns">立即抢购</button>
        </h4>
        </div>
      </div>   </a>
      <div class="product-info simpleCart_shelfItem">
       <div class="product-info-cust">
            <h4>长款半身裙</h4>
            <span class="item_price">￥140.95</span>
            <input type="text" class="item_quantity" value="1" />
            <input type="button" class="item_add" value="加入购物车">
        </div>

        <div class="clearfix"> </div>
       </div>
    </div>
    <a href="single.html"><div class="product-grid">
      <div class="more-product-info"><span>NEW</span></div>
      <div class="more-product-info"></div>

      <div class="product-img b-link-stripe b-animate-go  thickbox">
       <img src="images/bs6.jpg" class="img-responsive" alt=""/>
       <div class="b-wrapper">
       <h4 class="b-animate b-from-left  b-delay03">

       <button class="btns">立即抢购</button>
       </h4>
       </div>
      </div></a>
      <div class="product-info simpleCart_shelfItem">
       <div class="product-info-cust">
            <h4>冬装套裙</h4>
            <span class="item_price">￥100.00</span>
            <input type="text" class="item_quantity" value="1" />
            <input type="button" class="item_add" value="加入购物车">
        </div>

        <div class="clearfix"> </div>
       </div>
    </div>
      <div class="clearfix"></div>
  </div>

  <div id="tab2" class="tab-grid2">
     <a href="single.html"><div class="product-grid">
         <div class="more-product-info"><span>NEW</span></div>
         <div class="more-product-info"></div>
         <div class="product-img b-link-stripe b-animate-go  thickbox">
          <img src="images/c1.jpg" class="img-responsive" alt=""/>
          <div class="b-wrapper">
          <h4 class="b-animate b-from-left  b-delay03">
          <button class="btns">立即抢购</button>
          </h4>
          </div>
         </div></a>
         <div class="product-info simpleCart_shelfItem">
          <div class="product-info-cust">
```

```
                        <h4>运动裤</h4>
                        <span class="item_price">￥187.95</span>
                        <input type="text" class="item_quantity" value="1" />
                        <input type="button" class="item_add" value="加入购物车">
                    </div>

                    <div class="clearfix"> </div>
                    </div>
                </div>
            <a href="single.html"><div class="product-grid">
                <div class="more-product-info"><span>NEW</span></div>
                <div class="more-product-info"></div>

                <div class="product-img b-link-stripe b-animate-go  thickbox">
                <img src="images/c2.jpg" class="img-responsive" alt=""/>
                <div class="b-wrapper">
                <h4 class="b-animate b-from-left  b-delay03">

                    <button class="btns">立即抢购</button>
                </h4>
                </div>
            </div>   </a>
                <div class="product-info simpleCart_shelfItem">
                <div class="product-info-cust">
                        <h4>休闲裤</h4>
                        <span class="item_price">￥120.95</span>
                        <input type="text" class="item_quantity" value="1" />
                        <input type="button" class="item_add" value="加入购物车">
                    </div>

                    <div class="clearfix"> </div>
                    </div>
                </div>
            <a href="single.html"><div class="product-grid">
                <div class="more-product-info"><span>NEW</span></div>

                <div class="product-img b-link-stripe b-animate-go  thickbox">
                <img src="images/c3.jpg" class="img-responsive" alt=""/>
                <div class="b-wrapper">
                <h4 class="b-animate b-from-left  b-delay03">
<button class="btns">立即抢购</button>
                </h4>
                </div>
            </div></a>
                <div class="product-info simpleCart_shelfItem">
                <div class="product-info-cust">
                        <h4>商务裤</h4>
                        <span class="item_price">￥187.95</span>
                        <input type="text" class="item_quantity" value="1" />
                        <input type="button" class="item_add" value="加入购物车">
                    </div>

                    <div class="clearfix"> </div>
                    </div>
                </div>
            <a href="single.html"><div class="product-grid">
                <div class="more-product-info"><span>NEW</span></div>

                <div class="product-img b-link-stripe b-animate-go  thickbox">
```

```html
        <img src="images/c4.jpg" class="img-responsive" alt=""/>
        <div class="b-wrapper">
        <h4 class="b-animate b-from-left  b-delay03">

        <button class="btns">立即抢购</button>
        </h4>
        </div>
      </div>   </a>
      <div class="product-info simpleCart_shelfItem">
      <div class="product-info-cust">
            <h4>九分裤</h4>
            <span class="item_price">￥187.95</span>
            <input type="text" class="item_quantity" value="1" />
            <input type="button" class="item_add" value="加入购物车">
      </div>

      <div class="clearfix"> </div>
      </div>
</div>
<a href="single.html"><div class="product-grid">
  <div class="more-product-info"><span>NEW</span></div>
  <div class="more-product-info"></div>

  <div class="product-img b-link-stripe b-animate-go  thickbox">
  <img src="images/c5.jpg" class="img-responsive" alt=""/>
  <div class="b-wrapper">
  <h4 class="b-animate b-from-left  b-delay03">

  <button class="btns">立即抢购</button>
  </h4>
  </div>
  </div></a>
  <div class="product-info simpleCart_shelfItem">
  <div class="product-info-cust">
        <h4>九分裤</h4>
        <span class="item_price">￥187.95</span>
        <input type="text" class="item_quantity" value="1" />
        <input type="button" class="item_add" value="加入购物车">
  </div>

  <div class="clearfix"> </div>
  </div>
</div>
 <a href="single.html"><div class="product-grid">
  <div class="more-product-info"><span>NEW</span></div>
  <div class="more-product-info"></div>
  <div class="product-img b-link-stripe b-animate-go  thickbox">
  <img src="images/c6.jpg" class="img-responsive" alt=""/>
  <div class="b-wrapper">
  <h4 class="b-animate b-from-left  b-delay03">
  <button class="btns">立即抢购</button>
  </h4>
  </div>
  </div></a>
  <div class="product-info simpleCart_shelfItem">
  <div class="product-info-cust">
        <h4>休闲裤</h4>
        <span class="item_price">￥180.95</span>
        <input type="text" class="item_quantity" value="1" />
```

```html
                     <input type="button" class="item_add" value="加入购物车">
                 </div>

                 <div class="clearfix"> </div>
               </div>
           </div>
           <div class="clearfix"></div>
    </div>
    <div id="tab3" class="tab-grid3">
         <a href="single.html"><div class="product-grid">
             <div class="more-product-info"><span>NEW</span></div>
             <div class="more-product-info"></div>

             <div class="product-img b-link-stripe b-animate-go  thickbox">
              <img src="images/t1.jpg" class="img-responsive" alt=""/>
              <div class="b-wrapper">
              <h4 class="b-animate b-from-left  b-delay03">
              <button class="btns">立即抢购</button>
              </h4>
              </div>
             </div>   </a>
             <div class="product-info simpleCart_shelfItem">
              <div class="product-info-cust">
                     <h4>男童棉服</h4>
                     <span class="item_price">￥160.95</span>
                     <input type="text" class="item_quantity" value="1" />
                     <input type="button" class="item_add" value="加入购物车">
              </div>

              <div class="clearfix"> </div>
              </div>
          </div>
          <a href="single.html"><div class="product-grid">
            <div class="more-product-info"><span>NEW</span></div>
            <div class="more-product-info"></div>

            <div class="product-img b-link-stripe b-animate-go  thickbox">
             <img src="images/t2.jpg" class="img-responsive" alt=""/>
             <div class="b-wrapper">
             <h4 class="b-animate b-from-left  b-delay03">

             <button class="btns">立即抢购</button>
             </h4>
             </div>
            </div>   </a>
            <div class="product-info simpleCart_shelfItem">
             <div class="product-info-cust">
                    <h4>女童棉服</h4>
                    <span class="item_price">￥187.95</span>
                    <input type="text" class="item_quantity" value="1" />
                    <input type="button" class="item_add" value="加入购物车">
             </div>

             <div class="clearfix"> </div>
             </div>
          </div>

          <a href="single.html"><div class="product-grid">
            <div class="more-product-info"><span>NEW</span></div>
```

```
         <div class="more-product-info"></div>
         <div class="product-img b-link-stripe b-animate-go  thickbox">
          <img src="images/t3.jpg" class="img-responsive" alt=""/>
          <div class="b-wrapper">
          <h4 class="b-animate b-from-left  b-delay03">
          <button class="btns">立即抢购</button>
          </h4>
          </div>
         </div></a>
          <div class="product-info simpleCart_shelfItem">
          <div class="product-info-cust">
                  <h4>女童冬外套</h4>
                  <span class="item_price">￥187.95</span>
                  <input type="text" class="item_quantity" value="1" />
                  <input type="button" class="item_add" value="加入购物车">
          </div>

          <div class="clearfix"> </div>
          </div>
   </div>
   <a href="single.html"><div class="product-grid">
     <div class="more-product-info"><span>NEW</span></div>
     <div class="more-product-info"></div>

     <div class="product-img b-link-stripe b-animate-go  thickbox">
      <img src="images/t4.jpg" class="img-responsive" alt=""/>
      <div class="b-wrapper">
      <h4 class="b-animate b-from-left  b-delay03">

      <button class="btns">立即抢购</button>
      </h4>
      </div>
     </div>   </a>
      <div class="product-info simpleCart_shelfItem">
      <div class="product-info-cust">
              <h4>男童羽绒裤</h4>
              <span class="item_price">￥187.95</span>
              <input type="text" class="item_quantity" value="1" />
              <input type="button" class="item_add" value="加入购物车">
      </div>

      <div class="clearfix"> </div>
      </div>
   </div>
   <a href="single.html"><div class="product-grid">
     <div class="more-product-info"><span>NEW</span></div>
     <div class="more-product-info"></div>

     <div class="product-img b-link-stripe b-animate-go  thickbox">
      <img src="images/t5.jpg" class="img-responsive" alt=""/>
      <div class="b-wrapper">
      <h4 class="b-animate b-from-left  b-delay03">

      <button class="btns">立即抢购</button>
      </h4>
      </div>
     </div>   </a>
      <div class="product-info simpleCart_shelfItem">
      <div class="product-info-cust">
```

```
                        <h4>男童羽绒服</h4>
                        <span class="item_price">￥187.95</span>
                        <input type="text" class="item_quantity" value="1" />
                        <input type="button" class="item_add" value="加入购物车">
                    </div>

                    <div class="clearfix"> </div>
                  </div>
               </div>
             <a href="single.html"><div class="product-grid">
               <div class="more-product-info"><span>NEW</span></div>
               <div class="more-product-info"></div>
               <div class="product-img b-link-stripe b-animate-go  thickbox">
                 <img src="images/t6.jpg" class="img-responsive" alt=""/>
                 <div class="b-wrapper">
                 <h4 class="b-animate b-from-left  b-delay03">
                 <button class="btns">立即抢购</button>
                 </h4>
                 </div>
               </div></a>
               <div class="product-info simpleCart_shelfItem">
               <div class="product-info-cust">
                        <h4>女童羽绒服</h4>
                        <span class="item_price">￥187.95</span>
                        <input type="text" class="item_quantity" value="1" />
                        <input type="button" class="item_add" value="加入购物车">
                    </div>
```

16.4.2　动态效果代码

网站页面中的"立即抢购"按钮起初是隐藏的，当鼠标放置在商品图片上时会自动滑动出现，要想实现这种功能，可以在自己的网站中应用 jQuery 库。要想在文件中引入 jQuery 库，需要在网页 <head> 标签中应用下面的引入语句。

```
<script type="text/javascript" src="js/jquery.min.js"></script>
```

例如，在本程序中使用 jQuery 库来实现按钮的自动滑动运行效果，代码如下：

```
<script>
$(document).ready(function() {
$("#tab2").hide();
$("#tab3").hide();
$(".tabs-menu a").click(function(event){
event.preventDefault();
var tab=$(this).attr("href");
$(".tab-grid1,.tab-grid2,.tab-grid3").not(tab).css("display","none");
$(tab).fadeIn("slow");
});
$("ul.tabs-menu li a").click(function(){
$(this).parent().addClass("active a");
$(this).parent().siblings().removeClass("active a");
});
});
</script>
```

运行之后，当把鼠标放置在网站首页中商品图片上时，"立即抢购"按钮就会自动滑动出现，如图16-15所示。当鼠标离开商品图片后，"立即抢购"按钮就会消失，如图16-16所示。

图16-15　按钮出现

图16-16　按钮消失

16.4.3　购物车代码

购物车是一个购物网站必备的功能，通过购物车可以实现商品的添加、删除、订单详情列表的查询等。实现购物车功能的主要代码如下：

```
<div class="cart">
    <div class="container">
        <ol class="breadcrumb">
         <li><a href="men.html">首页</a></li>
         <li class="active">购物车</li>
        </ol>
        <div class="cart-top">
          <a href="index.html"><<返回首页</a>
        </div>

        <div class="col-md-9 cart-items">
            <h2>我的购物车（2）</h2>
                <script>$(document).ready(function(c){
                    $('.close1').on('click', function(c){
                        $('.cart-header').fadeOut('slow', function(c){
                         $('.cart-header').remove();
                        });
                        });
                    });
                </script>
            <div class="cart-header">
                <div class="close1"> </div>
                <div class="cart-sec">
                    <div class="cart-item cyc">
                      <img src="images/pic-2.jpg"/>
                    </div>
                    <div class="cart-item-info">
                        <h3>HLA海澜之家牛津纺休闲长袖衬衫<span>商品编号：HNEAD1Q002A</span></h3>
```

```html
            <h4><span>价格:</span>￥150.00</h4>
            <p class="qty">数量::</p>
            <input min="1" type="number" id="quantity" name="quantity"
value="1" class="form-control input-small">
          </div>
          <div class="clearfix"></div>
          <div class="delivery">
            <p>运费:￥5.00</p>
            <span>24小时极速发货</span>
            <div class="clearfix"></div>
          </div>
        </div>
      </div>
    <script>
                    $(document).ready(function(c){
          $('.close2').on('click', function(c){
            $('.cart-header2').fadeOut('slow', function(c){
            $('.cart-header2').remove();
          });
          });
          });
    </script>
    <div class="cart-header2">
        <div class="close2"> </div>
         <div class="cart-sec">
            <div class="cart-item">
              <img src="images/pic-1.jpg"/>
            </div>
            <div class="cart-item-info">
              <h3>HLA海澜之家织带裤腰休闲九分裤<span>商品编号:HKCAJ2Q160A</
span></h3>
              <h4><span>价格: </span>￥200.00</h4>
              <p class="qty">数量:</p>
              <input min="1" type="number" id="quantity" name="quantity"
value="1" class="form-control input-small">
            </div>
            <div class="clearfix"></div>
            <div class="delivery">
              <p>运费:￥5.00</p>
              <span>24小时极速发货</span>
              <div class="clearfix"></div>
            </div>
          </div>
        </div>
      </div>
    </div>

    <div class="col-md-3 cart-total">
        <a class="continue" href="#">订单明细</a>
        <div class="price-details">
            <span>总价</span>
            <span class="total">350.00</span>
            <span>折扣</span>
            <span class="total">---</span>
            <span>运费</span>
            <span class="total">10.00</span>
            <div class="clearfix"></div>
        </div>
        <h4 class="last-price">总价</h4>
        <span class="total final">360.00</span>
        <div class="clearfix"></div>
```

```
            <a class="order" href="#">添加订单</a>
            <div class="total-item">
                    <h3>选项</h3>
                    <h4>优惠券</h4>
                    <a class="cpns" href="#">申请优惠券</a>
                    <p><a href="#">登录</a>以账户方式获取优惠券</p>
            </div>
        </div>
    </div>
</div>
```

16.4.4　登录页面代码

运行本案例的主页 index.html 文件，然后单击首页中的"登录"超链接，即可进入登录页面。下面给出登录页面的主要代码：

```
<div class="login">
    <div class="container">
        <ol class="breadcrumb">
        <li><a href="index.html">首页</a></li>
        <li class="active">登录</li>
    </ol>
    <div class="col-md-6 log">
                <p>欢迎登录，请输入以下信息以继续</p>
                <p>如果您之前已经登录我们，  <span>请点击这里</span></p>
                <form>
                    <h5>用户名:</h5>
                    <input type="text" value="">
                    <h5>密码:</h5>
                    <input type="password" value="">
                    <input type="submit" value="登录">
                     <a href="#">忘记密码?</a>
                </form>
    </div>
     <div class="col-md-6 login-right">
                <h3>新注册</h3>
                <p>通过注册新账户，您将能够更快地完成结账流程，添加多个送货地址，查看并跟踪订单
物流信息等等。</p>
                <a class="acount-btn" href="registration.html">创建一个账户</a>
    </div>
    <div class="clearfix"></div>

    </div>
</div>
```

16.4.5　商品展示页面代码

购物网站最重要的功能就是商品展示页面，本网站包括3个方面的商品展示，分别是女装、男装和童装。下面以女装为例，给出实现商品展示功能的代码：

```
<div class="product-model">
    <div class="container">
        <ol class="breadcrumb">
        <li><a href="index.html">首页</a></li>
        <li class="active">女装</li>
    </ol>
```

```
        <div class="col-md-9 product-model-sec">
            <a href="single.html"><div class="product-grid love-grid">
                <div class="more-product"><span> </span></div>

                <div class="product-img b-link-stripe b-animate-go  thickbox">
                    <img src="images/bs3.jpg" class="img-responsive" alt=""/>
                    <div class="b-wrapper">
                    <h4 class="b-animate b-from-left  b-delay03">

                    <button class="btns">立即抢购</button>
                    </h4>
                    </div>
                </div></a>
                <div class="product-info simpleCart_shelfItem">
                    <div class="product-info-cust prt_name">
                     <h4>蕾丝半身裙</h4>
                     <span class="item_price">￥154</span>
                     <input type="text" class="item_quantity" value="1" />
                     <input type="button" class="item_add items" value="加入购物车">
                    </div>

                    <div class="clearfix"> </div>
                </div>
            </div>

            <a href="single.html"><div class="product-grid love-grid">
                <div class="more-product"><span> </span></div>

                <div class="product-img b-link-stripe b-animate-go  thickbox">
                    <img src="images/ab2.jpg" class="img-responsive" alt=""/>
                    <div class="b-wrapper">
                    <h4 class="b-animate b-from-left  b-delay03">

                    <button class="btns">立即抢购</button>
                    </h4>
                    </div>
                </div></a>
                <div class="product-info simpleCart_shelfItem">
                    <div class="product-info-cust">
                     <h4>雪纺连衣裙</h4>
                     <span class="item_price">￥187</span>
                     <input type="text" class="item_quantity" value="1" />
                     <input type="button" class="item_add items" value="加入购物车">
                    </div>

                    <div class="clearfix"> </div>
                </div>
            </div>

            <a href="single.html"><div class="product-grid love-grid">
                <div class="more-product"><span> </span></div>

                <div class="product-img b-link-stripe b-animate-go  thickbox">
                    <img src="images/bs4.jpg" class="img-responsive" alt=""/>
                    <div class="b-wrapper">
                    <h4 class="b-animate b-from-left  b-delay03">

                    <button class="btns">立即抢购</button>
                    </h4>
```

```
            </div>
        </div> </a>
        <div class="product-info simpleCart_shelfItem">
            <div class="product-info-cust">
                <h4>学院风连衣裙</h4>
                <span class="item_price">￥169</span>
                <input type="text" class="item_quantity" value="1" />
                <input type="button" class="item_add items" value="加入购物车">
            </div>

            <div class="clearfix"> </div>
        </div>
</div>

<a href="single.html"><div class="product-grid love-grid">
    <div class="more-product"><span> </span></div>

    <div class="product-img b-link-stripe b-animate-go  thickbox">
        <img src="images/bs2.jpg" class="img-responsive" alt=""/>
        <div class="b-wrapper">
        <h4 class="b-animate b-from-left  b-delay03">

        <button class="btns">立即抢购</button>
        </h4>
        </div>
    </div></a>
    <div class="product-info simpleCart_shelfItem">
        <div class="product-info-cust">
         <h4>超短裙</h4>
         <span class="item_price">￥198</span>
         <input type="text" class="item_quantity" value="1" />
         <input type="button" class="item_add items" value="加入购物车">
        </div>

        <div class="clearfix"> </div>
    </div>
</div>

<a href="single.html"><div class="product-grid love-grid">
    <div class="more-product"><span> </span></div>

    <div class="product-img b-link-stripe b-animate-go  thickbox">
        <img src="images/bs1.jpg" class="img-responsive" alt=""/>
        <div class="b-wrapper">
        <h4 class="b-animate b-from-left  b-delay03">

        <button class="btns">立即抢购</button>
        </h4>
        </div>
    </div></a>
    <div class="product-info simpleCart_shelfItem">
        <div class="product-info-cust">
         <h4>长款连衣裙</h4>
         <span class="item_price">￥167</span>
         <input type="text" class="item_quantity" value="1" />
         <input type="button" class="item_add items" value="加入购物车">
        </div>

        <div class="clearfix"> </div>
    </div>
```

```
        </div>

    <a href="single.html"><div class="product-grid love-grid">
        <div class="more-product"><span> </span></div>

        <div class="product-img b-link-stripe b-animate-go  thickbox">
            <img src="images/bs5.jpg" class="img-responsive" alt=""/>
            <div class="b-wrapper">
            <h4 class="b-animate b-from-left  b-delay03">

            <button class="btns">立即抢购</button>
            </h4>
            </div>
        </div></a>
        <div class="product-info simpleCart_shelfItem">
            <div class="product-info-cust">
             <h4 class="love-info">长款半身裙</h4>
             <span class="item_price">￥187</span>
             <input type="text" class="item_quantity" value="1" />
             <input type="button" class="item_add items" value="加入购物车">
            </div>

            <div class="clearfix"> </div>
            </div>
        </div>
    </div>
```

在每个商品展示页面的左侧还给出了商品列表功能，通过这个功能可以了解商品信息，代码如下：

```
        <div class="rsidebar span_1_of_left">
            <section  class="sky-form">
              <div class="product_right">
                <h3 class="m_2">商品列表</h3>
                <div class="tab1">
                 <ul class="place">

                        <li class="sort">牛仔裤</li>
                        <li class="by"><img src="images/do.png" alt=""></li>
                            <div class="clearfix"> </div>
                  </ul>
                 <div class="single-bottom">
                        <a href="#"><p>牛仔长裤</p></a>
                        <a href="#"><p>破洞牛仔裤</p></a>
                        <a href="#"><p>牛仔短裤</p></a>
                        <a href="#"><p>七分牛仔裤</p></a>
                  </div>
                 </div>
                 <div class="tab2">
                 <ul class="place">

                        <li class="sort">衬衫</li>
                        <li class="by"><img src="images/do.png" alt=""></li>
                            <div class="clearfix"> </div>
                  </ul>
                 <div class="single-bottom">
                        <a href="#"><p>长袖衬衫</p></a>
                        <a href="#"><p>短袖衬衫</p></a>
```

```html
        <a href="#"><p>花格子衬衫</p></a>
        <a href="#"><p>纯色衬衫</p></a>
    </div>
  </div>
  <div class="tab3">
  <ul class="place">

        <li class="sort">裙装</li>
        <li class="by"><img src="images/do.png" alt=""></li>
            <div class="clearfix"> </div>
  </ul>
  <div class="single-bottom">
            <a href="#"><p>雪纺连衣裙</p></a>
            <a href="#"><p>蕾丝长裙</p></a>
            <a href="#"><p>超短裙</p></a>
            <a href="#"><p>半身裙</p></a>
    </div>
  </div>
  <div class="tab4">
  <ul class="place">

        <li class="sort">休闲装</li>
        <li class="by"><img src="images/do.png" alt=""></li>
            <div class="clearfix"> </div>
  </ul>
  <div class="single-bottom">
            <a href="#"><p>通勤休闲装</p></a>
            <a href="#"><p>户外运动装</p></a>
            <a href="#"><p>沙滩休闲装</p></a>
            <a href="#"><p>度假休闲装</p></a>
    </div>
  </div>
  <div class="tab5">
  <ul class="place">

        <li class="sort">短裤</li>
<li class="by"><img src="images/do.png" alt=""></li>
            <div class="clearfix"> </div>
  </ul>
  <div class="single-bottom">
            <a href="#"><p>沙滩裤</p></a>
            <a href="#"><p>居家短裤</p></a>
            <a href="#"><p>牛仔短裤</p></a>
            <a href="#"><p>平角短裤</p></a>
    </div>
  </div>
```

为实现商品列表功能的动态效果，又在代码中添加了相关的 JavaScript 代码，代码如下：

```html
<script>
                    $(document).ready(function(){
                        $(".tab1 .single-bottom").hide();
                        $(".tab2 .single-bottom").hide();
                        $(".tab3 .single-bottom").hide();
                        $(".tab4 .single-bottom").hide();
                        $(".tab5 .single-bottom").hide();

                        $(".tab1 ul").click(function(){
                            $(".tab1 .single-bottom").slideToggle
```

```
            (300);
                                    $(".tab2 .single-bottom").hide();
                                    $(".tab3 .single-bottom").hide();
                                    $(".tab4 .single-bottom").hide();
                                    $(".tab5 .single-bottom").hide();
                            })
                    $(".tab2 ul").click(function(){
                            $(".tab2 .single-bottom").slideToggle
            (300);
                                    $(".tab1 .single-bottom").hide();
                                    $(".tab3 .single-bottom").hide();
                                    $(".tab4 .single-bottom").hide();
                                    $(".tab5 .single-bottom").hide();
                            })
                    $(".tab3 ul").click(function(){
                            $(".tab3 .single-bottom").slideToggle
            (300);
                                    $(".tab4 .single-bottom").hide();
                                    $(".tab5 .single-bottom").hide();
                                    $(".tab2 .single-bottom").hide();
                                    $(".tab1 .single-bottom").hide();
                            })
                    $(".tab4 ul").click(function(){
                            $(".tab4 .single-bottom").slideToggle
            (300);
                                    $(".tab5 .single-bottom").hide();
                                    $(".tab3 .single-bottom").hide();
                                    $(".tab2 .single-bottom").hide();
                                    $(".tab1 .single-bottom").hide();
                            })
                    $(".tab5 ul").click(function(){
                            $(".tab5 .single-bottom").slideToggle
            (300);
                                    $(".tab4 .single-bottom").hide();
                                    $(".tab3 .single-bottom").hide();
                                    $(".tab2 .single-bottom").hide();
                                    $(".tab1 .single-bottom").hide();
                            })
                    });
                </script>
```

　　商品列表功能运行的效果如图 16-17 所示。当单击某个商品类别时，可以展开其下的具体商品列表，如图 16-18 所示。

图 16-17　商品列表效果　　　　图 16-18　展开商品详细列表

16.4.6 联系我们页面代码

运行本案例的主页 index.html 文件，然后单击首页下方的"联系我们"超链接，即可进入联系我们页面，下面给出联系我们页面的主要代码：

```html
<div class="contact-section-page">
    <div class="contact_top">
      <div class="container">
    <ol class="breadcrumb">
     <li><a href="index.html">首页</a></li>
     <li class="active">联系我们</li>
    </ol>
        <div class="col-md-6 contact_left">
               <h2>发送邮件</h2>
            <form>
          <div class="form_details">
              <input type="text" class="text" value="姓名" onfocus="this.value
= '';" onblur="if (this.value == ''){this.value = 'Name';}"/>
              <input type="text" class="text" value="邮件地址" onfocus="this.value
= '';" onblur="if (this.value == ''){this.value = 'Email Address';}"/>
               <input type="text" class="text" value="主题" onfocus="this.value
= '';" onblur="if (this.value == ''){this.value = 'Subject';}"/>
                  <textarea value="Message" onfocus="this.value = '';"
onblur="if (this.value == ''){this.value = 'Message';}">信息</textarea>
                  <div class="clearfix"> </div>
                  <input name="submit" type="submit" value="发信息">
              </div>
          </form>
      </div>
      <div class="col-md-6 company-right">
          <div class="contact-map">
              <iframe src="https://ditu.amap.com/"> </iframe>
           </div>
          <div class="company-right">
              <div class="company_ad">
              <h3>联系信息</h3>
               <address>
              <p>电子邮件:<a href="mail-to: info@example.com">xingouwu@163.
com</a></p>

              <p>联系电话:010-123456</p>
              <p>地址:北京市南第二大街28-7-169号</p>


              </address>
              </div>
          </div>
      </div>
      </div>
      </div>
  </div>
</div>
```

程序运行效果如图 16-19 所示。

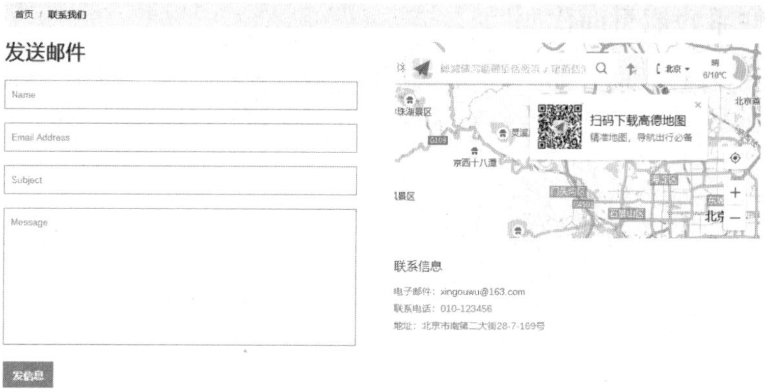

图 16-19　联系我们页面效果

16.5　项目总结

　　本实例是模拟制作一个在线购物网站，该网站的主体颜色为粉色，给人一种温馨浪漫的感觉，网站包括首页、女装 / 家居、男装 / 户外、童装 / 玩具以及关于我们等超链接，这些功能可以使用 HTML5 来实现。

　　对于首页中的导航菜单，均使用 JavaScript 来实现简单的动态消息，如图 16-20 所示为首页的导航菜单，当鼠标放置在某个菜单上时，就会显示其下面的菜单信息，如图 16-21 所示。

图 16-20　产品分类模块

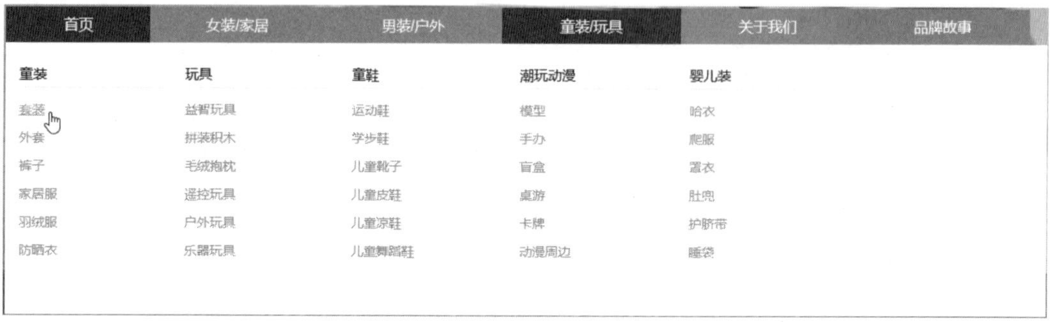

图 16-21　动态显示产品分类

第17章　项目实训2——开发连锁咖啡响应式网站

本章导读

　　本案例介绍如何制作咖啡销售网站，通过网站呈现咖啡理念和咖啡文化，页面布局设计独特，采用两栏的布局形式；页面风格设计简洁，为浏览者提供一个简单、时尚的设计风格，让人心情舒畅。

知识导图

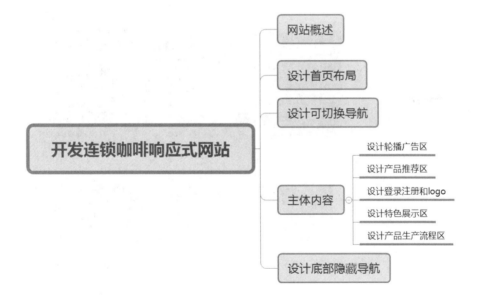

17.1 网站概述

网站主要设计首页效果。网站的设计思路和设计风格与 Bootstrap 框架风格完美融合，下面具体地介绍实现的步骤。

1. 网站结构

本案例目录文件说明如下。

（1）bootstrap-4.2.1-dist：Bootstrap 框架文件夹。

（2）font-awesome-4.7.0：图标字体库文件。下载地址：http://www.fontawesome.com.cn/。

（3）css：样式表文件夹。

（4）js：JavaScript 脚本文件夹，包含 index.js 文件和 jQuery 库文件。

（5）images：图片素材。

（6）index.html：首页。

2. 设计效果

本案例是咖啡网站应用，主要设计首页效果，其他页面设计可以套用首页模板。首页在大屏（≥ 992px）设备中显示，效果如图 17-1、图 17-2 所示。

在小屏设备（<768px）上时，底边栏导航将显示，效果如图 17-3 所示。

图 17-1　大屏上首页上半部分效果

图 17-2　大屏上首页下半部分效果

图 17-3　小屏上首页效果

3. 设计准备

应用 Bootstrap 框架的页面建议为 HTML5 文档类型。同时在页面头部区域导入框架的基本样式文件、脚本文件、jQuery 文件和自定义的 CSS 样式及 JavaScript 文件。本项目的配置文件如下：

```
<!DOCTYPE html>
<html>
<head>
    <meta charset="UTF-8">
```

```
        <title>Title</title>
        <meta name="viewport" content="width=device-width,initial-scale=1, shrink-to-
fit=no">
        <link rel="stylesheet" href="bootstrap-4.2.1-dist/css/bootstrap.css">
        <script src="jquery-3.3.1.slim.js"></script>
      <script src="https://cdn.staticfile.org/popper.js/1.14.6/umd/popper.js"></script>
        <script src="bootstrap-4.2.1-dist/js/bootstrap.min.js"></script>
        <!--css文件-->
        <link rel="stylesheet" href="style.css">
        <!--js文件-->
        <script src="js/index.js"></script>
        <!--字体图标文件-->
        <link rel="stylesheet" href="font-awesome-4.7.0/css/font-awesome.css">
</head>
<body>
</body>
</html>
```

17.2 设计首页布局

本案例首页分为三个部分：左侧可切换导航、右侧主体内容和底部隐藏导航栏，如图 17-4 所示。

左侧可切换导航和右侧主体内容使用 Bootstrap 框架的网格系统进行设计，在大屏设备（≥ 992px）中，左侧可切换导航占网格系统的 3 份，右侧主体内容占 9 份；在中、小屏设备（<992px）中左侧可切换导航和右侧主体内容各占一行。

底部隐藏导航栏使用无序列表进行设计，添加了 d-block d-sm-none 类，只在小屏设备上显示。

```
<div class="row">
    <!--左侧导航-->
    <div class="col-12 col-lg-3 left "></div>
    <!--右侧主体内容-->
    <div class="col-12 col-lg-9 right"></div>
</div>
<!--隐藏导航栏-->
<div >
    <ul>
        <li><a href="index.html"></a></li>
    </ul>
</div>
```

图 17-4　首页布局效果

还添加了一些自定义样式来调整页面布局，代码如下：

```
@media (max-width: 992px) {
    /*在小屏设备中，设置外边距，上下外边距为1rem，左右为0*/
    .left{
        margin:1rem 0;
    }
}
@media (min-width: 992px) {
    /*在大屏设备中，左侧导航设置固定定位，右侧主体内容设置左边外边距25%*/
    .left {
        position: fixed;
        top: 0;
        left: 0;
    }
    .right{
        margin-left:25% ;
    }
}
```

17.3 设计可切换导航

本案例左侧导航设计很复杂，在不同宽度的设备上有 3 种显示效果。

设计步骤如下。

01 设计切换导航的布局。可切换导航使用网格系统进行设计，在大屏（>992px）设备上占网格系统的 3 份，如图 17-5 所示；在中、小屏设备（<992px）的设备上占满整行，如图 17-6 所示。

图 17-5　大屏设备布局效果

图 17-6　中、小屏设备布局效果

```
<div class="col -12 col-lg-3"></div>
```

02 设计导航展示内容。导航展示内容包括导航条和登录注册两部分。导航条用网格系统布局，嵌套 Bootstrap 导航组件进行设计，使用 <ul class="nav"> 定义；登录注册使用了 Bootstrap 的按钮组件进行设计，使用 <a href="#" class="btn"> 定义。设计在小屏上隐藏登录注册，如图 17-7 所示，包裹在 <div class="d-none d-sm-block"> 容器中。

图 17-7　小屏设备上隐藏登录注册

```
<div class="col-sm-12 col-lg-3 left ">
<div id="template1">
<div class="row">
    <div class="col-10">
      <!--导航条-->
        <ul class="nav">
            <li class="nav-item">
                <a class="nav-link active" href="index.html">
                    <img width="40" src="images/logo.png" alt="" class=
circle">
                </a>
            </li>
            <li class="nav-item mt-1">
                <a class="nav-link" href="javascript:void(0);">账户</a>
            </li>
            <li class="nav-item mt-1">
                <a class="nav-link" href="javascript:void(0);">菜单</a>
            </li>
        </ul>
    </div>
    <div class="col-2 mt-2 font-menu text-right">
        <a id="a1" href="javascript:void(0); "><i class="fa fa-bars"></i></a>
    </div>
</div>
<div class="margin1">
    <h5 class="ml-3 my-3 d-none d-sm-block text-lg-center">
        <b>心情惬意，来杯咖啡吧</b>  <i class="fa fa-coffee"></i>
    </h5>
    <div class="ml-3 my-3 d-none d-sm-block text-lg-center">
        <a href="#" class="card-link btn  rounded-pill text-success"><i class="fa
fa-user-circle"></i> 登 录</a>
        <a href="#" class="card-link btn btn-outline-success rounded-pill text-
success">注 册</a>
    </div>
</div>
</div>
</div>
```

03 设计隐藏导航内容。隐藏导航内容包含在 id 为 #template2 的容器中，在默认情况下是隐藏的，使用 Bootstrap 隐藏样式 d-none 来设置。内容包括导航条、菜单栏和登录注册。

　　导航条用网格系统布局，嵌套 Bootstrap 导航组件进行设计，使用 <ul class="nav"> 定义。菜单栏使用 h6 标签和超链接进行设计，使用 <h6><a href="a.html"> 定义。登录注册使用按钮组件进行设计 <a href="#" class="btn"> 定义。

```
<div class="col-sm-12 col-lg-3 left ">
<div id="template2" class="d-none">
  <div class="row">
  <div class="col-10">
    <ul class="nav">
                    <li class="nav-item">
                        <a class="nav-link active" href="index.html">
                            <img width="40" src="images/logo.png" alt="" class=
"rounded-circle">
                        </a>
                    </li>
                    <li class="nav-item">
                        <a class="nav-link mt-2" href="index.html">
                            咖啡俱乐部
                        </a>
                    </li>
                </ul>
            </div>
            <div class="col-2 mt-2 font-menu text-right">
                <a id="a2" href="javascript:void(0);"><i class="fa fa-times">
</i></a>
            </div>
        </div>
        <div class="margin2">
            <div class="ml-5 mt-5">
                <h6><a href="a.html">门店</a></h6>
                <h6><a href="b.html">俱乐部</a></h6>
                <h6><a href="c.html">菜单</a></h6>
                <hr/>
                <h6><a href="d.html">移动应用</a></h6>
                <h6><a href="e.html">臻选精品</a></h6>
                <h6><a href="f.html">专星送</a></h6>
                <h6><a href="g.html">咖啡讲堂</a></h6>
                <h6><a href="h.html">烘焙工厂</a></h6>
                <h6><a href="i.html">帮助中心</a></h6>
                <hr/>
                <a href="#" class="card-link btn rounded-pill text-success pl-
0"><i class="fa fa-user-circle"></i> 登 录</a>
                    <a href="#" class="card-link btn btn-outline-success rounded-
pill text-success">注 册</a>
        </div>
    </div>
</div>
</div>
```

04 设计自定义样式，使页面更加美观。

```
.left{
    border-right: 2px solid #eeeeee;
}
.left a{
    font-weight: bold;
    color: #000;
}
@media (min-width: 992px){
    /*使用媒体查询定义导航的高度，当屏幕宽度大于992px时，导航高度为100vh*/
    .left{
        height:100vh;
```

309

```
        }
    }
    @media（max-width: 992px）{
        /*使用媒体查询定义字体大小*/
        /*当屏幕尺寸小于768px时，页面的根字体大小为14px*/
        .left{
            margin:1rem 0;
        }
    }
    @media（min-width: 992px）{
        /*当屏幕尺寸大于768px时，页面的根字体大小为15px*/
        .left {
            position: fixed;
            top: 0;
            left: 0;
        }
         .margin1{
            margin-top:40vh;
        }
    }
    .margin2 h6{
        margin: 20px 0;
        font-weight:bold;
    }
```

05 添加交互行为。在可切换导航中，为 <i class="fa fa-bars"> 图标和 <i class="fa fa-times"> 图标添加单击事件。在大屏设备中，为了页面更友好，设计在大屏设备上切换导航时，显示右侧主体内容，当单击 <i class="fa fa-bars"> 图标时，如图 17-8 所示，切换隐藏的导航内容；在隐藏的导航内容中，单击 <i class="fa fa-times"> 图标时，如图 17-9 所示，可切回导航展示内容。在中、小屏设备（<992px）上，隐藏右侧主体内容，单击 <i class="fa fa-bars"> 图标时，如图 17-10、图 17-12 所示，切换隐藏的导航内容；在隐藏的导航内容中，单击 <i class="fa fa-times"> 图标时，如图 17-11、图 17-13 所示，可切回导航展示内容。

实现导航展示内容和隐藏内容交互行为的脚本代码如下所示：

```
$（function(){
    $（"#a1"）.click（function () {
        $（"#template1"）.addClass（"d-none"）;
        $（".right"）.addClass（"d-none d-lg-block"）;
        $（"#template2"）.removeClass（"d-none"）;
    }）
    $（"#a2"）.click（function () {
        $（"#template2"）.addClass（"d-none"）;
        $（".right"）.removeClass（"d-none"）;
        $（"#template1"）.removeClass（"d-none"）;
    }）
}）
```

> **提示**：其中 d-none 和 d-lg-block 类是 Bootstrap 框架中的样式。Bootstrap 框架中的样式，在 JavaScript 脚本中可以直接调用。

图 17-8　大屏设备切换隐藏的导航内容

图 17-9　大屏设备切回导航展示的内容

图 17-10　中屏设备切换隐藏的导航内容

图 17-11　中屏设备切回导航展示的内容

图 17-12　小屏设备切换隐藏的导航内容　　　图 17-13　小屏设备切回导航展示的内容

17.4　主体内容

使页面排版具有可读性，可理解性、清晰明了至关重要。好的排版可以让网站感觉清爽而令人眼前一亮；另一方面，糟糕的排版选择令人分心。排版是为了内容更好地呈现，应以不增加用户认知负荷的方式来尊重内容。

本案例主体内容包括轮播广告、产品推荐区、logo 展示、特色展示区和产品生产流程 5 个部分，页面排版如图 17-14 所示。

图 17-14　主体内容排版设计

17.4.1　设计轮播广告区

Bootstrap 轮播插件结构比较固定，轮播包含框需要指明 ID 值和 carousel、slide 类。框内包含三部分组件：标签框（carousel-indicators）、图文内容框（carousel-inner）和左右导航按钮（carousel-control-prev、carousel-control-next）。通过 data-target="#carousel" 属性启动

轮播，使用 data-slide-to="0"、data-slide ="pre"、data-slide ="next" 定义交互按钮的行为。完整的代码如下：

```
<div id="carousel" class="carousel slide">
    <!—标签框-->
    <ol class="carousel-indicators">
        <li data-target="#carousel" data-slide-to="0" class="active"></li>
    </ol>
    <!—图文内容框-->
    <div class="carousel-inner">
        <div class="carousel-item active">
            <img src="images " class="d-block w-100" alt="...">
            <!—文本说明框-->
            <div class="carousel-caption d-none d-sm-block">
                <h5> </h5>
                <p> </p>
            </div>
        </div>
    </div>
    <!—左右导航按钮-->
    <a class="carousel-control-prev" href="#carousel" data-slide="prev">
        <span class="carousel-control-prev-icon"></span>
    </a>
    <a class="carousel-control-next" href="#carousel" data-slide="next">
        <span class="carousel-control-next-icon"></span>
    </a>
</div>
```

设计本案例轮播广告位结构。本案例没有添加标签框和文本说明框（<div class="carousel-caption">）。代码如下：

```
<div class="col-sm-12 col-lg-9 right p-0 clearfix">
        <div id="carouselExampleControls" class="carousel slide" data-
ride="carousel">
        <div class="carousel-inner max-h">
            <div class="carousel-item active">
                <img src="images/001.jpg" class="d-block w-100" alt="...">
            </div>
            <div class="carousel-item">
                <img src="images/002.jpg" class="d-block w-100" alt="...">
            </div>
            <div class="carousel-item">
                <img src="images/003.jpg" class="d-block w-100" alt="...">
            </div>
        </div>
         <a class="carousel-control-prev" href="#carouselExampleControls" data-
slide="prev">
            <span class="carousel-control-prev-icon"></span>
        </a>
         <a class="carousel-control-next" href="#carouselExampleControls" data-
slide="next">
            <span class="carousel-control-next-icon" ></span>
        </a>
    </div>
</div>
```

为了避免轮播中的图片过大而影响整体页面，这里为轮播区设置一个最大高度 max-h 类。

```
.max-h{
    max-height:300px;                    /*居中对齐*/
}
```

在 IE 浏览器中运行，轮播效果如图 17-15 所示。

图 17-15　轮播效果

17.4.2　设计产品推荐区

产品推荐区使用 Bootstrap 中卡片组件进行设计。卡片组件中有 3 种排版方式，分别为卡片组、卡片阵列和多列卡片浮动排版。本案例使用多列卡片浮动排版。多列卡片浮动排版使用 <div class="card-columns"> 进行定义。

```
<div class="p-4 list">
<h5 class="text-center my-3">咖啡推荐</h5>
<h5 class="text-center mb-4 text-secondary">
<small>在购物旗舰店可以发现更多咖啡心意</small>
</h5>
<!—多列卡片浮动排版-->
<div class="card-columns">
<div class="my-4 my-sm-0">
<img class="card-img-top" src="images/006.jpg" alt="">
</div>
<div class="my-4 my-sm-0">
<img class="card-img-top" src="images/004.jpg" alt="">
</div>
<div class="my-4 my-sm-0">
<img class="card-img-top" src="images/005.jpg" alt="">
</div>
</div>
</div>
```

为推荐区添加自定义样式，包括颜色和圆角效果。

```
.list{
    background: #eeeeee;                    /*定义背景颜色*/
}
.list-border{
    border: 2px solid #DBDBDB;           /*定义边框*/
    border-top:1px solid #DBDBDB ;       /*定义顶部边框*/
}
```

在 IE 浏览器中运行，产品推荐区如图 17-16 所示。

图 17-16　产品推荐区效果

17.4.3　设计登录注册和 logo

登录注册和 logo 使用网格系统布局，并添加响应式设计。在中、大屏设备（≥768px）中，左侧是登录注册，右侧是公司 Logo，如图 17-17 所示；在小屏设备（<768px）中，登录注册和 Logo 将各占一行显示，如图 17-18 所以。

图 17-17　中、大屏设备显示效果

图 17-18　小屏设备显示效果

对于左侧的登录注册，使用卡片组件进行设计，并且添加了响应式的对齐方式 .text-center 和 text-sm-left。在小屏设备（<768px）中，内容居中对齐；在中、大屏设备（≥768px）中，内容居左对齐。代码如下：

```
<div class="row py-5">
    <div class="col-12 col-sm-6 pt-2">
    <div class="card border-0 text-center text-sm-left">
    <div class="card-body ml-5">
    <h4 class="card-title">咖啡俱乐部</h4>
    <p class="card-text">开启您的星享之旅，星星越多、会员等级越高、好礼越丰富。</p>
    <a href="#" class="card-link btn btn-outline-success">注册</a>
    <a href="#" class="card-link btn btn-outline-success">登录</a>
    </div>
    </div>
    </div>
    <div class="col-12 col-sm-6 text-center mt-5">
    <a href=""><img src="images/007.png" alt="" class="img-fluid"></a>
    </div>
</div>
```

17.4.4　设计特色展示区

特色展示内容使用网格系统进行设计，并添加响应类。在中、大屏（≥ 768px）设备显示为一行四列，如图 17-19 所示；在小屏幕（<768px）设备显示为一行两列，如图 17-20 所示；在超小屏幕（<576px）设备显示为一行一列，如图 17-21 所示。

特色展示区实现代码如下：

```
<div class="p-4 list">
<h5 class="text-center my-3">咖啡精选</h5>
<h5 class="text-center mb-4 text-secondary">
<small>在购物旗舰店可以发现更多咖啡心意</small>
</h5>
<div class="row">
    <div class="col-12 col-sm-6 col-md-3 mb-3 mb-md-0">
    <div class="bg-light p-4 list-border rounded">
        <img class="img-fluid" src="images/008.jpg" alt="">
        <h6 class="text-secondary text-center mt-3">套餐一</h6>
    </div>
    </div>
    <div class="col-12 col-sm-6 col-md-3 mb-3 mb-md-0">
        <div class="bg-white p-4 list-border rounded">
        <img class="img-fluid" src="images/009.jpg" alt="">
        <h6 class="text-secondary text-center mt-3">套餐二</h6>
        </div>
    </div>
    <div class="col-12 col-sm-6 col-md-3 mb-3 mb-md-0">
    <div class="bg-light p-4 list-border rounded">
    <img class="img-fluid" src="images/010.jpg" alt="">
    <h6 class="text-secondary text-center mt-3">套餐三</h6>
    </div>
    </div>
    <div class="col-12 col-sm-6 col-md-3 mb-3 mb-md-0">
        <div class="bg-light p-4 list-border rounded">
            <img class="img-fluid" src="images/011.jpg" alt="">
            <h6 class="text-secondary text-center mt-3">套餐四</h6>
        </div>
    </div>
    </div>
</div>
```

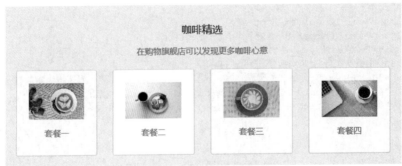

图 17-19　中、大屏设备显示效果

图 17-20　小屏设备显示效果

图 17-21　超小屏设备显示效果

17.4.5　设计产品生产流程区

（1）设计结构。产品制作区主要由标题和图片展示组成。标题使用 h 标签设计，图片展示使用 ul 标签设计。在图片展示部分还添加了左右两个箭头，使用 font-awesome 字体图标进行设计。代码如下：

```
<div class="p-4">
```

```html
            <h5 class="text-center my-3">咖啡讲堂</h5>
             <h5 class="text-center mb-4 text-secondary"><small>了解更多咖啡文化</small>
</h5>
            <div class="box">
                <ul id="ulList" class="clearfix">
                    <li class="list-border rounded">
                        <img src="images/015.jpg" alt="" width="300">
                        <h6 class="text-center mt-3">咖啡种植</h6>
                    </li>
                    <li class="list-border rounded">
                        <img src="images/014.jpg" alt="" width="300">
                        <h6 class="text-center mt-3">咖啡调制</h6>
                    </li>
                    <li class="list-border rounded">
                        <img src="images/014.jpg" alt="" width="300">
                        <h6 class="text-center mt-3">咖啡烘焙</h6>
                    </li>
                    <li class="list-border rounded">
                        <img src="images/012.jpg" alt="" width="300">
                        <h6 class="text-center mt-3">手冲咖啡</h6>
                    </li>
                </ul>
                <div id="left">
                    <i class="fa fa-chevron-circle-left fa-2x text-success"></i>
                </div>
                <div id="right">
                    <i class="fa fa-chevron-circle-right fa-2x text-success"></i>
                </div>
            </div>
        </div>
```

（2）设计自定义样式。

```css
.box{
    width:100%;                 /*定义宽度*/
    height: 300px;              /*定义高度*/
    overflow: hidden;           /*超出隐藏*/
    position: relative;         /*相对定位*/
}
#ulList{
    list-style: none;           /*去掉无序列表的项目符号*/
    width:1400px;               /*定义宽度*/
    position: absolute;         /*定义绝对定位*/
}
#ulList li{
    float: left;                /*定义左浮动*/
    margin-left: 15px;          /*定义左边外边距*/
    z-index: 1;                 /*定义堆叠顺序*/
}
#left{
    position:absolute;          /*定义绝对定位*/
    left:20px;top: 30%;         /*距离左侧和顶部的距离*/
    z-index: 10;                /*定义堆叠顺序*/
    cursor:pointer;             /*定义鼠标指针显示形状*/
}
#right{
    position:absolute;          /*定义绝对定位*/
    right:20px; top: 30%;       /*距离右侧和顶部的距离*/
    z-index: 10;                /*定义堆叠顺序*/
```

```
    cursor:pointer;                 /*定义鼠标指针显示形状*/
 }
.font-menu{
    font-size: 1.3rem;        /*定义字体大小*/
}
```

（3）添加用户行为。

```
<script src="jquery-1.8.3.min.js"></script>
<script>
    $(function(){
        var nowIndex=0;                              //定义变量nowIndex
        var liNumber=$("#ulList li").length;         //计算li的个数
        function change(index){
            var ulMove=index*300;                    //定义移动距离
             $("#ulList").animate({left:"-"+ulMove+"px"},500);  /*定义动画,动画时间
为0.5秒*/
        }
        $("#left").click(function(){
             nowIndex = (nowIndex > 0)? (--nowIndex):0;       /*使用三元运算符判断
nowIndex*/
            change(nowIndex);                                //调用change()方法
        })
        $("#right").click(function(){
        nowIndex=(nowIndex<liNumber-1)? (++nowIndex):(liNumber-1);
//使用三元运算符判断nowIndex
            change(nowIndex);                        //调用change()方法
        });
    })
</script>
```

在 IE 浏览器中运行，效果如图 17-22 所示；单击右侧箭头，#ulList 向左移动，效果如图 17-23 所示。

图 17-22　生产流程页面效果

图 17-23　滚动后效果

319

17.5　设计底部隐藏导航

设计步骤如下。

01▶设计底部隐藏导航布局。定义一个容器 <div id="footer">，用来包裹导航。在该容器上添加一些 bootstrap 通用样式，使用 fixed-bottom 固定在页面底部，使用 bg-light 设置高亮背景，使用 border-top 设置上边框，使用 d-block 和 d-sm-none 设置导航只在小屏幕上显示。

```
<!--footer——在sm型设备尺寸下显示-->
<div class="row fixed-bottom d-block d-sm-none bg-light border-top py-1" id="footer">
  <ul class="text-center p-0" id="myTab">
      <li><a class="ab" href="index.html"><i class="fa fa-home fa-2x p-1"></i><br/>主页</a></li>
        <li><a href="javascript:void(0);"><i class="fa fa-calendar-minus-o fa-2x p-1"></i><br/>门店</a></li>
      <li><a href="javascript:void(0);"><i class="fa fa-user-circle-o fa-2x p-1"></i><br/>我的账户</a></li>
        <li><a href="javascript:void(0);"><i class="fa fa-bitbucket-square fa-2x p-1"></i><br/>菜单</a></li>
      <li><a href="javascript:void(0);"><i class="fa fa-table fa-2x p-1"></i><br/>更多</a></li>
    </ul>
</div>
```

02▶设计字体颜色及每个导航元素的宽度。

```
.ab{
    color:#00A862!important;     /*定义字体颜色*/
}
#myTab li{
    width: 20vw;                 /*定义宽度*/
    min-width: 30px;             /*定义最小宽度*/
    font-size: 0.8rem;           /*定义字体大小*/
    color: #919191;              /*定义字体颜色*/
}
```

03▶为导航元素添加单击事件，被单击元素添加 .ab 类，其他元素则删除 .ab 类。

```
$(function(){
    $("#footer ul li").click(function(){
        $(this).find("a").addClass("ab");
        $(this).siblings().find("a").removeClass("ab");
    })
})
```

在 IE 浏览器中运行，底部隐藏导航效果如图 17-24 所示；单击"门店"，将切换到门店页面。

图 17-24

第18章 项目实训3——连锁酒店订购系统APP

📖 本章导读

　　本章节将会学习一个酒店订购系统的开发，这里将使用前面学习的 local Storage 来处理订单的存储和查询。该系统主要功能为订购房间、查询连锁分店、查询订单、查看酒店介绍等功能。通过本章的学习，用户可以了解在线订购系统的制作方法、使用 localStorage 模拟在线订购和查询订单的方法和技巧。

📝 知识导图

```
                              ┌─ 连锁酒店订购的需求分析
                              │
                              ├─ 网站的结构
    连锁酒店订购系统APP ──────┤
                              │                  ┌─ 设计首页
                              │                  ├─ 设计订购页面
                              └─ 连锁酒店系统的代码实现 ├─ 设计连锁分店页面
                                                 ├─ 设计查看订单页面
                                                 └─ 设计酒店介绍页面
```

18.1 连锁酒店订购的需求分析

需求分析是连锁酒店订购系统开发的必要环节，该系统的需求如下。

（1）用户可以预定不同的房间级别，定制个性化的房间，而且还可以快速搜索自己需要的房间类型。

（2）用户可以查看全国连锁酒店的分店情况，并且可以自主联系酒店的分店。

（3）用户可以查询预定过的订单详情，还可以删除不需要的订单。

（4）用户可以查看连锁酒店的介绍。

制作完成后的主页效果如图18-1所示。

图 18-1　首页效果

18.2 网站的结构

分析完网站的功能后，开始分析整个网站的结构，主要分为以下5个页面，如图18-2所示。

图 18-2　网站的结构

各个页面的主要功能如下。

（1）index.html：该页面的系统主页面，主要是网站的入口，通过主页可以链接到订购页面、连锁分店页面、我的订单页面和酒店介绍页面。

（2）dinggou.html：该页面是酒店订购页面，主要包括 3 个 page：①选择房间类型；②选择房间的具体参数；③显示订单完成信息。

（3）liansuo.html：该页面主要显示连锁分店的具体信息。

（4）dingdan.html：该页面主要显示用户已经订购的订单信息。

（5）about.html：该页面主要显示关于连锁酒店的简单介绍。

18.3　连锁酒店系统的代码实现

下面来分析连锁酒店系统的代码是如何实现的。

18.3.1　设计首页

首页中主要包括一个图片和 4 个按钮，分别连接到定购页面、连锁分店页面、我的订单页面和酒店介绍页面。主要代码如下：

```
<div data-role="page" data-title="Happy" id="first" data-theme="a">
<div data-role="header">
<h1>千谷连锁酒店系统</h1>
</div>
<div data-role="content" id="content" class="firstcontent">
    <img src="images/zhu.png" id="logo"><br/>
    <a href="caigou.html" data-ajax="false" data-role="button" data-icon="home"
data-iconpos="top" data-mini="true" data-inline="true"><img src="images/cai.
png"><br>立即预定</a>
    <a href="liansuo.html" data-ajax="false" data-role="button" data-icon="search"
data-iconpos="top" data-mini="true" data-inline="true"><img src="images/lian.
png"><br>连锁分店</a>
    <a href="dingdan.html" data-ajax="false" data-role="button" data-icon="gear"
data-iconpos="top" data-mini="true" data-inline="true"><img src="images/ding.
png"><br>我的订单</a>
    <a href="about.html" data-ajax="false" data-role="button" data-icon="gear"
data-iconpos="top" data-mini="true" data-inline="true"><img src="images/ding.
png"><br>关于千谷</a>
</div>
<div data-role="footer" data-position="fixed" style="text-align:center">
    订购专线:12345678
</div>
</div>
```

其中 data-ajax="false" 表示停用 Ajax 加载网页；data-role="button" 表示该链接的外观以按钮的形式显示；data-icon="home" 表示按钮的图标效果；data-iconpos="top" 表示小图标在按钮上方显示；data-inline="true" 表示以最小宽度显示。效果如图 18-3 所示。

其中页脚部分通过设置属性 data-position="fixed"，可以让页脚内容一直显示在页面的最下方。通过设置 style="text-align：center"，可以让页脚内容居中显示。如图 18-4 所示。

图 18-3　链接的样式效果

图 18-4　页脚的样式效果

18.3.2 设计订购页面

订购页面主要包含 3 个 page，主要包括选择房间类型 page（id=first）、选择房间的具体参数 page（id=second）和显示订单完成信息 page（id=third）。

1. 选择房间类型 page

其中选择房间类型 page 中包括房间列表、返回到上一页、快速搜索房间等功能。代码如下：

```
<div data-role="page" data-title="房间列表" id="first" data-theme="a">
<div data-role="header">
<a href="index.html" data-icon="arrow-l" data-iconpos="left" data-
ajax="false">Back</a> <h1>房间列表</h1>
</div>
<div data-role="content" id="content">
    <ul data-role="listview" data-inset="true" data-filter="true" data-filter-
placeholder="快速搜索房间">
        <li>
            <a href="#second">
            <img src="images/putong.png" />
            <h3>普通间</h3>
            <p>24小时有热水</p>
            </a>
            <a href="#second" data-icon="plus"></a>
        </li>
        <li>
            <a href="#second">
              <img src="images/wangluo.png" />
              <h3>网络间</h3>
              <p>有网络和电脑、24小时热水</p>
            </a>
            <a href="#second" data-icon="plus"></a>
        </li>
        <li>
            <a href="#second">
              <img src="images/haohua.png" />
              <h3>豪华间</h3>
              <p>免费提供三餐、有网络和电脑、24小时热水</p>
            </a>
            <a href="#second" data-icon="plus"></a>
        </li>
        <li>
            <a href="#second">
              <img src="images/zongtong.png" />
              <h3>总统间</h3>
              <p>24小时客服、有网络和电脑、24小时热水、免费提供三餐</p>
            </a>
            <a href="#second" data-icon="plus"></a>
        </li>
    </ul>
    </div>
<div data-role="footer" data-position="fixed" style="text-align:center">
    订购专线:12345678
</div>
</div>
```

效果如图 18-5 所示。

页面中有一个 Back 按钮，主要作用是返回到主页上，通过以下代码来控制：

```
<a href="index.html" data-icon="arrow-l" data-iconpos="left" data-
ajax="false">Back</a>
```

房间列表使用 listview 组件，通过设置 data-filter="true"，就会在列表上方显示搜索框；通过设置 data-inset="true"，可以让 listview 组件添加圆角效果，而且不与屏幕同宽；其中 data-filter-placeholder 属性用于设置搜索框内显示的内容，当输入搜索内容时，将查询出相关的记账信息。如图 18-6 所示。

图 18-5　房间列表页面效果

图 18-6　快速搜索房间

2. 选择房间的具体参数 page

选择房间的具体参数 page 的 id 为 second，主要让用户选择楼层、是否带窗口、是否需要接送、订购数量和用户联系方式如图 18-7 所示。

这个页面的 Back 按钮的设置方法和上一个 page 不同，通过设置属性 data-add-back-btn="true" 实现返回上一页的功能，代码如下：

```
<div data-role="page" data-title="选择房间" id="second" data-theme="a" data-add-
back-btn="true">
```

该页面包含选择菜单（Select menu）、2 个单选按钮组件（Radio button）、范围滑块（Slider）、文本框（text）和按钮组件（button）。

其中添加选择菜单（Select menu）的代码如下：

```
<div data-role="content" id="content">
    选择楼层：
    <select name="selectitem" id="selectitem">
        <option value="一楼">一楼</option>
        <option value="二楼">二楼</option>
        <option value="三楼">三楼</option>
    </select>
```

预览效果如图 18-8 所示。

图 18-7　选择房间页面　　　　　　　图 18-8　选择菜单效果

2 个单选按钮组的代码如下：

```
<fieldset data-role="controlgroup">
      <legend>选择是否带窗口:</legend>
          <input type="radio" name="flavoritem" id="radio-choice-1" value="有窗口"
checked />
          <label for="radio-choice-1">有窗户</label>
          <input type="radio" name="flavoritem" id="radio-choice-2" value="无窗户"  />
          <label for="radio-choice-2">无窗户</label>
<fieldset data-role="controlgroup1">
      <legend>选择是否接送:</legend>
          <input type="radio" name="flavoritem1" id="radio-choice-3" value="需要接送"
checked />
          <label for="radio-choice-3">需要接送</label>
          <input type="radio" name="flavoritem1" id="radio-choice-4" value="无需接送"  />
          <label for="radio-choice-4">无需接送</label>
```

预览效果如图 18-9 所示。

使用 <fieldset> 标签创建单选按钮组，通过设置属性 data-role="controlgroup"，可以让各个单选按钮外观像一个组合，整体效果比较好。

范围滑块的代码如下：

```
<input type="range" name="num" id="num" value="1" min="0" max="100" data-
highlight="true" />
```

预览效果如图 18-10 所示。

文本框的代码如下：

```
<input type="text" name="text1" id="text1" size="10" maxlength="10" />
```

其中 size 属性用于设置文本框的长度，maxlength 属性设置输入的最大值。

预览效果如图 18-11 所示。

确认按钮的代码如下：

```
<input type="button" id="addToStorage" value="确认订单" />
```

预览效果如图 18-12 所示。

图 18-9　单选按钮组效果

图 18-10　范围滑块效果

图 18-11　文本框效果

图 18-12　确认按钮效果

3. 显示订单完成信息 page

显示订单完成信息 page 的代码如下：

```
<div data-role="page" id="third">
<div data-role="header">
<a href="index.html" data-icon="arrow-l" data-iconpos="left" data-ajax="false">回首
页</a> <h1>订购完成</h1>
</div>
<div data-role="content" id="content">
<img src="images/ding.png" /><br>
<font style="font-size:20px;">感谢您选择我们酒店<br>
以下为您的订购房间信息:</font>
<p><div id="message" style="font-size:25px;color:#ff0000"></div>
</div>
<div data-role="footer" data-position="fixed" style="text-align:center">
  订购专线:12345678
</div>
</div>
```

预览效果如图 18-13 所示。

图 18-13　确认按钮效果

接收订单的功能是通过 JavaScript 来完成的，代码如下：

```
<script type="text/javascript">
 var orderitem = "orderitem";
 var flavor = "itemflavor";
var flavor1 = "itemflavor1";
 var num = "num";
 var text1 = "text1";
        $("#second").live('pagecreate', function() {
            $('#addToStorage').click(function() {
                localStorage.orderitem=$("select#selectitem").val();
                localStorage.flavor=$('input[name="flavoritem"]:checked').val();
                            localStorage.flavor1=$('input[name="flavoritem1"]:c
hecked').val();
                localStorage.num=$('#num').val();
                            localStorage.text1=$('#text1').val();
                $.mobile.changePage($('#third'),{transition:'slide'});
            });
        });
        $('#third').live('pageinit', function() {
                var itemflavor = "房间楼层:"+ localStorage.orderitem+"<br>是否
带窗户:"+localStorage.flavor+"<br>是否需接送:"+localStorage.flavor1+"<br>房间数
量:"+localStorage.num+"<br>客户联系方式:
"+localStorage.text1;
                $('#message').html(itemflavor);
                //document.getElementById("message").innerHTML= itemflavor
        });
</script>
```

其中 $ 符号代表组件，例如 $("#second")表示 id 为 second 的组件。live() 函数为文件页面附加事件处理程序，并规定事件发生时执行的函数，例如下面的代码表示当 id 为 second 的页面发生 pagecreate 事件时，就执行相应的函数。

```
$("#second").live('pagecreate', function() {…});
```

当 id 为 second 的页面确认订单时，将会把订单的信息保存到 localStorage。当加载到 id 为 third 的页面加载时，将 localStorage 存放的内容取出来并显示在 id 为 message 的 <div> 组件中。代码如下：

```
    $('#third').live('pageinit', function() {
                var itemflavor = "房间楼层:"+ localStorage.orderitem+"<br>是否
带窗户:"+localStorage.flavor+"<br>是否需接送:"+localStorage.flavor1+"<br>房间数
量:"+localStorage.num+"<br>客户联系方式:
"+localStorage.text1;
                $('#message').html(itemflavor);
        });
```

其中 $('#message').html（itemflavor）；的语法作用和下面的代码一样，都是用 itemflavor 字符串替代 <div> 组件中的内容。

```
document.getElementById("message").innerHTML= itemflavor;
```

18.3.3 设计连锁分店页面

连锁分店页面为 liansuo.html，主要代码如下：

```html
<div data-role="page" data-title="全国连锁酒店" id="first" data-theme="a">
<div data-role="header">
<a href="index.html" data-icon="arrow-l" data-iconpos="left" data-ajax="false">回首
页</a>
<h1>全国连锁酒店</h1>
</div>
<div data-role="content" id="content">
    <ul data-role="listview" data-inset="true">
            <li>
                <a href="#" onclick="getmap('上海连锁酒店')" id=btn>
                    <img src="images/shanghai.png" />
                    <h3>上海连锁酒店</h3>
                    <p>咨询热线:19912345678</p>
                </a>

            </li>
            <li>
                <a href="#" onclick="getmap('北京连锁酒店')" id=btn>
                    <img src="images/beijing.png" />
                    <h3>北京连锁酒店</h3>
                    <p>咨询热线:18812345678</p>
                </a>

            </li>
            <li>
                <a href="#" onclick="getmap('厦门连锁酒店')" id=btn>
                    <img src="images/xiamen.png" />
                    <h3>厦门连锁酒店</h3>
                    <p>咨询热线:16612345678</p>
                </a>

            </li>
        </ul>

</div>
<div data-role="footer" data-position="fixed" style="text-align:center">
   连锁酒店总部热线:12345678
</div>
</div>
```

预览效果如图 18-14 所示。

图 18-14　连锁分店页面效果

其中使用 listview 组件来完成列表的功能。通过链接的方式返回到首页，代码如下：

```
<a href="index.html" data-icon="arrow-l" data-iconpos="left" data-ajax="false">回首
页</a>
```

18.3.4 设计查看订单页面

查询订单页面为 dingdan.html，显示内容的代码如下：

```
<div data-role="page" data-title="订单列表" id="first" data-theme="a">
<div data-role="header">
<a href="index.html" data-icon="arrow-l" data-iconpos="left" data-ajax="false">回首
页</a><h1>订单列表</h1>
</div>
<div data-role="content" id="content">
<a href="#" data-role="button" data-inline="true" onclick="deleteOrder();">删除订单
</a>
以下为您的订购列表：
<div class="ui-grid-b">
  <div class="ui-block-a ui-bar-a">房间楼层</div>
  <div class="ui-block-b ui-bar-a">是否带窗户</div>
 <div class="ui-block-b ui-bar-a">是否需接送</div>

  <div class="ui-block-a ui-bar-b" id="orderitem"></div>
  <div class="ui-block-b ui-bar-b" id="flavor"></div>
 <div class="ui-block-b ui-bar-b" id="flavor1"></div>
 <div class="ui-block-c ui-bar-a">订购数量</div>
  <div class="ui-block-c ui-bar-a">客户联系方式</div>
 <div class="ui-block-c ui-bar-a"></div>
  <div class="ui-block-c ui-bar-b" id="num"></div>
  <div class="ui-block-c ui-bar-b" id="text1"></div>
</div>
</div>
<div data-role="footer" data-position="fixed" style="text-align:center">
  订购专线：12345678
</div>
```

预览效果如图 18-15 所示。

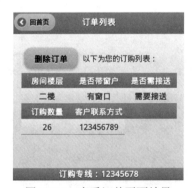

图 18-15 查看订单页面效果

该页面的主要功能是将 localStorage 的数据取出并显示在页面上，主要有以下代码实现：

```
<script type="text/javascript">
$('#first').live('pageinit', function() {
    $('#orderitem').html(localStorage.orderitem);
```

```
$('#flavor').html(localStorage.flavor);
    $('#flavor1').html(localStorage.flavor1);
$('#num').html(localStorage.num);
    $('#text1').html(localStorage.text1);
});
</script>
```

通过单击页面中"删除订单"按钮，可以删除订单，通过以下函数实现删除功能。

```
function deleteOrder(){
    localStorage.clear();
    $(".ui-grid-b").html("已取消订单!");
}
```

18.3.5　设计酒店介绍页面

酒店介绍页面为 about.html，该页面的主要代码如下：

```
<div data-role="page" data-title="全国连锁酒店" id="first" data-theme="a">
<div data-role="header">
<a href="index.html" data-icon="arrow-l" data-iconpos="left" data-ajax="false">回首
页</a><h1>千谷连锁酒店</h1>
</div>
<div data-role="content" id="content">

<img src="images/about.png" /><br>
<font  style="font-size:20px;">千谷连锁酒店集团定位于全国连锁高级酒店的发展,完善的酒店预订系
统,让您预订酒店客房更加轻松快捷,是您出差、旅游的好选择。</font>

</div>
<div data-role="footer" data-position="fixed" style="text-align:center">
  连锁酒店总部热线:12345678
</div>
</div>
```

预览效果如图 18-16 所示。

图 18-16　酒店介绍页面效果

18.4　APP 的打包和测试

各个页面设计完成后，就可以进行 App 的打包和测试。这里需要用到 Apache Cordova
打包工具。Apache Cordova 是免费而且开源代码的移动开发框架，提供了一组与移动设备相

关的 API，通过这组 API，可以将 HTML5+CSS3+JavaScript 开发的移动网站封装成跨平台的
App。

APP 的打包和测试基本流程如下：

1. 配置 Android 开发环境

在 Apache Cordova 之前，需要配置 Android 开发环境，主要需要安装 3 个工具包括 Java
JDK、Android SDK 和 Apache Ant。

2. 下载与安装 Apache Cordova

在安装 Apache Cordova 之前，首先需要安装 NodeJS，下载地址为：https://nodejs.org/。

NodeJS 下载完成后即可进行安装。安装完成后就可以使用 npm 命令安装 Apache
Cordova 了。打开的命令提示符窗口，输入安装 Apache Cordova 的命令如下：

```
npm install -g cordova
```

3. 将网页转换为 Android APP

当需要的工具安装和设置完成后，就可以在 DOS 窗口中使用命令调用 Cordova 把网页
转换为 APP。基本思路如下：

（1）创建项目。

（2）添加 Android 平台。

（3）导入网页程序。

（4）转化为 APP。